業種別会計シリーズ　改訂版

食品製造業

EY新日本有限責任監査法人 編

第一法規

発刊にあたって

本書の初版が刊行されたのは、リーマンショックを契機とした急激な景気悪化の影響による雇用情勢の悪化、個人消費の低迷などで消費者心理の冷え込み、販売競争が激化するといった事業環境下にあった平成22年10月のことでした。その後、刊行から10年以上が経過し、その間に食品製造業を取り巻く環境も大きく変化してきました。

会計の局面では、食品製造業において、グローバルな事業展開を推進していることから、資本市場の財務情報の国際的な比較可能性の向上、グループ内での会計処理統一を目的とした国際財務報告基準（IFRS）を任意適用する企業が増加しています。また、日本基準の国際基準への統一化が進展し、IFRS 第15号の定めを取り入れた、日本で初めての収益認識に関する包括的な会計基準である「収益認識に関する会計基準」が令和３年４月１日以降開始する事業年度から原則適用となりました。当該会計基準の適用により、食品製造業ではリベートの会計処理などで影響を受けています。

監査の局面では、監査プロセスの透明性を向上させることを目的として、令和３年３月31日以後終了する事業年度から監査人が財務諸表監査において、職業的専門家として特に重要であると判断した事項を「監査上の主要な検討事項（Key Audit Matters：KAM）」として監査報告書に記載することが求められることとなり、会計実務、監査実務に大きな影響を与えています。

開示の局面では、サステナビリティ情報の重要性の高まりを受け、サステナビリティ情報開示の拡充に向けた取組みが行われています。令和５年１月に「企業内容等の開示に関する内閣府令」等が公布・施行され、令和５年３月31日以後に終了する事業年度に係る有価証券報告書等から、サステナビリティ情報の開示が義務付けられました。また、近年の資本市場からの期待が、単なる利益指標から資本効率性に変化してきており、食品製造業に属する各社の掲げるKPIについても、それに応じる形で変遷してきています。

今般の改訂版は、そうした食品製造業界をめぐる動向や会計実務、監査実務への影響を反映させたものとなっています。

本書の執筆者は、いずれも弊監査法人内の消費財セクターに属するパートナー、シニアマネージャー、マネージャーから構成されており、食品製造業クライアントの会計監査やアドバイザリー業務を実務の第一線で展開している公認会計士です。本書には弊監査法人の食品製造業に関するナレッジを凝縮していますので、この改訂版が初版以上に皆様の業務の一助となれば幸いです。

なお、文中意見に係る部分は、私ども執筆者の私見であり、弊監査法人の公式見解ではないこと、個々の会計処理はその取引実態によって変わり得ることをあらかじめ申し添えます。

最後に、本書の企画から発刊までご尽力いただいた第一法規株式会社の星浩之氏、新田拓己氏にこの場を借りてお礼申し上げます。

なお、本書の印税は、執筆者の合意により、EYプロフェッショナルが推進するより良い社会の構築に貢献するEY Ripplesプログラムを通じ、一般社団法人ピリカに全額寄附することにしました。同団体は、Purposeに「科学技術の力であらゆる環境問題を克服する」を掲げ、「2040年までに自然界に流出するごみの量と回収されるごみの量を逆転させる」をMissionに、日々精力的な活動を展開されています。

令和6年8月

EY新日本有限責任監査法人
消費財セクターナレッジリーダー
佐藤　重義

執筆者一覧

EY 新日本有限責任監査法人

岸　　佳祐　公認会計士　パートナー

佐藤重義　公認会計士　パートナー

中澤範之　公認会計士　シニアマネージャー

服部敏久　公認会計士　シニアマネージャー

原坂勇一郎　公認会計士　シニアマネージャー

吉田圭佑　公認会計士　シニアマネージャー

大関直人　公認会計士　マネージャー

依田慶士　公認会計士　マネージャー

＜編　集＞
田村友信　公認会計士　シニアマネージャー

凡　　例

解説中に引用した法令、会計基準等は、正式名称または以下の略称を用いて、条名は数字のみで引用した（例えば、金商法５Ⅱ③は、金融商品取引法第５条第２項第３号の意味）。

〔略　語〕	〔正式名称〕
金商法	金融商品取引法（昭和23年法律第25号）
景品表示法	不当景品類及び不当表示防止法（昭和37年法律第134号）
食糧法	主要食糧の需給及び価格の安定に関する法律（平成６年法律第113号）
措　法	租税特別措置法（昭和21年法律第15号）
財務諸表等規則（財規）	財務諸表等の用語、様式及び作成方法に関する規則（昭和38年大蔵省令第59号）
連結財務諸表規則	連結財務諸表の用語、様式及び作成方法に関する規則
財規ガイドライン	「財務諸表等の用語，様式及び作成方法に関する規則」の取扱いに関する留意事項について
外貨建基準	外貨建取引等会計処理基準（企業会計審議会）
外貨建基準注解	外貨建取引等会計処理基準注解（企業会計審議会）
企業結合会計基準	企業結合に関する会計基準（企業会計基準第21号）
金融商品会計基準	金融商品に関する会計基準（企業会計基準

	第10号）
金融商品適用指針	金融商品の時価等の開示に関する適用指針（企業会計基準適用指針第19号）
原価計算基準	固定資産の減損に係る会計基準（企業会計審議会）
事業分離会計基準	事業分離等に関する会計基準（企業会計基準第７号）
収益認識会計基準	収益認識に関する会計基準（企業会計基準第29号）
収益認識適用指針	収益認識に関する会計基準の適用指針（企業会計基準適用指針第30号）
棚卸資産会計基準	棚卸資産の評価に関する会計基準（企業会計基準第９号）
リース会計基準	リース取引に関する会計基準（企業会計基準第13号）
連結財務諸表会計基準	連結財務諸表に関する会計基準（企業会計基準第22号）
リモート棚卸立会の留意事項	リモート棚卸立会の留意事項（リモートワーク対応第２号）
ASBJ	企業会計基準委員会
FASF	公益財団法人会計基準機構
IAASB	国際監査・保証基準審議会
IAS	国際会計基準
IFRIC	国際財務報告基準解釈指針
IFRS	国際財務報告基準
ISAE	国際保証業務基準
ISO	国際標準化機構
ISSA	国際サステナビリティ保証基準
ISSB	国際サステナビリティ基準審議会

Scope1	事業者自らによる温室効果ガスの直接排出（燃料の燃焼、工業プロセス）
Scope2	他社から供給された電気、熱・蒸気の使用に伴う間接排出
Scope3	Scope1、Scope2以外の間接排出（事業者の活動に関連する他社の排出）
SSBJ	サステナビリティ基準委員会
TCFD	気候関連財務情報開示タスクフォース
TNFD	自然関連財務情報開示タスクフォース

目　　次

第 1 章

食品製造業の概要

第1節
食品製造業とは

1 食品製造業の範囲

(1) 食品製造業の定義

食品製造業とは、生ものである原材料を購入し、工業規模で食品・飲料の製造を行い、製造した製品を販売することで収益を得るものをいう。人間の「食べる」という行為を支えている重要な産業であり、国民の栄養状態、健康状態に影響を及ぼすため、その安全性には特に注意を払わなければならない産業である。

総務省が作成・公表している「日本標準産業分類」によれば、パンや肉製品、調味料などの製造は「食料品製造業」に分類され、ビールや清酒、清涼飲料、たばこなどの製造は「飲料・たばこ・飼料製造業」に分類されている。ここでは、食料品製造業と飲料・たばこ・飼料製造業を合わせたものを食品製造業と定義して使用することとする。

(2) 食品の特徴

食品製造業のうち、特に一次加工品を取り扱う製粉業、製糖業および製油業や、即席めんや調味料などの二次加工品であっても、製造する企業が大企業であれば、装置産業としての色彩が濃い。そのため、製造設備である工場を建設し、製造のための機械装置を購入し、原材料を調達して製造ラインに乗せてこれを加工し、完成した製品を卸売し、小売の流通に乗せて消費者に提供するというプロセスは、他の製造業と大きく変わりはないといえる。

しかし、食品製造業では、原材料、半製品、製品などの棚卸資産が鉱物等ではなく生ものである点で、他の製造業と大きく異なっている。その生ものであることの性格は、以下のようにまとめられる。

① 原料の入手時期に季節性があること

② 生産数量が、原料の豊凶の差に依存すること

③ 保存性に乏しいこと（時間の経過により劣化すること、消費期限があること）

④ 加工しやすいこと（鉱物に比べ柔らかい）

⑤ 消費者の口に入るものであり、安全性が求められること

②については、その豊凶の差によって原料を仕入れる際に仕入単価に影響がある点に留意が必要である。また、現在では、原材料として使用されることのある大豆やトウモロコシなどの穀物について、先物取引などのデリバティブ取引の市場が活発であり、投機資金の流れによって、その仕入単価が大きく影響を受ける可能性がある。

③の保存性に乏しい特徴から、原材料、仕掛品、製品の品質を維持するための保管方法、製造工程での品質管理、流通方法などの工夫がなされている。

⑤の製品が最終消費者の口に入るものであるという特徴から、採取、製造、加工（調理）、貯蔵、包装、運搬、販売のすべてのプロセスにおいて、病原菌による汚染、腐敗等による変質、有毒な化学物質や髪の毛などの異物混入などがないように対策が講じられている。

(3) 食品の種類

食品の種類を考えようとすれば、地球全体での人間が食することのできる動植物の種類から始まり、民族によってその原材料とする植物、動物も異なれば、調理の方法も千差万別であり、数えるのは、ほぼ不可能であると考えてよいであろう。食品製造業において食料品とされるもの

は、何らかの人手が加わった加工物であり、総務省の「日本標準産業分類」に基づけば、以下のように分類される。

図表1-1-1　日本標準産業分類に基づく食品の種類

中分類	小分類	細分類
食料品製造業	畜産食料品	部分肉・冷凍肉、肉加工品、処理牛乳・乳飲料、乳製品、その他の畜産食料品
	水産食料品	水産缶詰・瓶詰、海藻加工品、水産練製品、塩干・塩蔵品、冷凍水産物、冷凍水産食品、その他の水産食料品
	野菜缶詰・果実缶詰・農産保存食料品	野菜缶詰・果実缶詰・農産保存食料品、野菜漬物
	調味料	味そ、しょう油・食用アミノ酸、ソース、食酢、その他の調味料
	糖類	砂糖、ぶどう糖・水あめ・異性化糖
	精穀・製粉	精米、精麦、小麦粉、その他の精穀・製粉
	パン・菓子	パン、生菓子、ビスケット類・干菓子、米菓、その他のパン・菓子
	動植物油脂	動植物油脂、食用油脂
	その他の食料品	でんぷん、めん類、豆腐・油揚、あん類、冷凍調理食品、そう（惣）菜、すし・弁当・調理パン、レトルト食品、他に分類されない食料品
飲料・たばこ・飼料製造業	清涼飲料	清涼飲料
	酒類	果実酒、ビール、清酒、蒸留酒・混成酒
	茶・コーヒー	製茶、コーヒー
	製氷	製氷
	たばこ	たばこ、葉たばこ
	飼料・有機質肥料	配合飼料、単体飼料、有機質肥料

（出典：総務省「日本標準産業分類（平成25年10月改定）」より作成）

なお、後述の経済産業省が作成・公表している「2022年経済構造実態調査（製造業事業所調査）」は、原則として日本標準産業分類（平成25年10月改定）に準拠して調査・集計を行っている。

2 食品製造業の全体像

(1) 世界における日本の経済

令和４年の指標においてわが国の名目GDP（Gross Domestic Product：国内総生産）は４兆2,322億ドルであり、米国、中国に次ぐ第３位である。１人当たりGNI（Gross National Income：国民総所得）は４万2,440ドルであり、他の主要先進国と比べると伸び悩んでいる状態にはあるものの、わが国は依然として世界でもトップクラスの経済大国といえる。また、日本は世界有数の製造業国としても知られており、自動車、電子機器、重工業などの分野で多くのグローバル企業を擁している。

図表1-1-2　主要国の名目GDP、１人当たり名目GNI（令和４年）

	名目GDP（億ドル）	１人当たり名目GNI（ドル）
米国	254,397	76,770
中国	179,632	12,850
日本	42,322	42,440
ドイツ	40,825	54,030
インド	34,166	2,390
英国	30,891	49,240

（出典：外務省「主要経済指標（2023年12月）」より作成）

(2) 製造業における食品製造業

① 製造業の規模

令和４年において、わが国のGDPは559兆円（４兆2,322億ドル）である。GDPの内訳を構成比とともに一覧にしたのが図表1-1-3である。わが国の製造業は、ものづくり大国と称されるほど重要な基幹産業の１つであり、GDPは19.2%のシェアを占め107兆円となっている。近年では新型コロナウイルス感染症の拡大により、需要減・受注減に加え、調達・物流などのサプライチェーンの支障をきたし供給面にも影響を与えた。その影響で一時的に売上高が大きく低下したものの、その後は経済活動の正常化も進み、現在も製造業がわが国の産業の中で重要な地位を占めていることに変わりはない。

図表1-1-3　経済活動別国内総生産（令和４年）

経済活動の種類／項目	金　額（十億円）	構成比
1　農林水産業	5,695.6	1.0%
2　鉱　　業	446.5	0.1%
3　製　造　業	107,617.8	19.2%
4　電気・ガス・水道・廃棄物処理業	13,417.3	2.4%
5　建　設　業	29,172.4	5.2%
6　卸売・小売業	80,105.0	14.3%
7　運輸・郵便業	26,372.5	4.7%
8　宿泊・飲食サービス業	8,917.9	1.6%
9　情報通信業	27,243.3	4.9%
10　金融・保険業	25,411.9	4.5%
11　不動産業	64,769.2	11.6%
12　専門・科学技術、業務支援サービス業	50,711.2	9.1%
13　公　　務	28,876.8	5.2%
14　教　　育	19,217.1	3.4%
15　保健衛生・社会事業	46,388.6	8.3%
16　その他のサービス	21,555.1	3.9%
小　　計	555,918.3	99.3%
輸入品に課される税・関税	14,769.1	2.6%
（控除）総資本形成に係る消費税	8,844.4	1.6%
国内総生産（不突合含まず）	561,843.0	100.4%
統計上の不突合	−2,132.8	−0.4%
合　　計	559,710.1	100.0%

（出典：経済産業省「国民経済計算」より作成）

② 製造業における食品製造業のランク

経済産業省による「2022年経済構造実態調査（製造業事業所調査）」

によれば、個人経営を除く事業所についてわが国の製造業全体の出荷額は330兆円、付加価値額は106兆円である。これをさらに24の産業小分類に細分したとき、食品製造業の出荷額は39兆円、付加価値額は12兆円（出荷額、付加価値額ともに食料品製造業と飲料・たばこ・飼料製造業の合計である）と、全産業の10％を超える割合を占めている。これは、輸送用機械器具製造業に次ぐ第２位の出荷額、付加価値額であり、食品製造業は国内製造業における主要産業であるといえる。

図表1-1-4　産業別製品出荷額、付加価値額（令和3年）

産業	製造品出荷額		付加価値額	
	金額	構成比	金額	構成比
食料品製造業	百万円 29,934,790	9.1%	百万円 10,155,387	9.5%
飲料・たばこ・飼料製造業	9,570,486	2.9%	2,763,120	2.6%
繊維工業	3,652,524	1.1%	1,468,245	1.4%
木材・木製品製造業（家具を除く）	3,246,293	1.0%	1,048,906	1.0%
家具・装備品製造業	2,008,550	0.6%	768,692	0.7%
パルプ・紙・紙加工品製造業	7,214,393	2.2%	2,212,488	2.1%
印刷・同関連業	4,855,506	1.5%	2,234,242	2.1%
化学工業	31,708,237	9.6%	11,965,166	11.2%
石油製品・石炭製品製造業	14,432,908	4.4%	1,821,611	1.7%
プラスチック製品製造業（別掲を除く）	13,029,888	3.9%	4,899,655	4.6%
ゴム製品製造業	3,375,532	1.0%	1,487,025	1.4%
なめし革・同製品・毛皮製造業	280,448	0.1%	111,716	0.1%
窯業・土石製品製造業	7,974,691	2.4%	3,373,596	3.2%
鉄鋼業	19,718,771	6.0%	4,129,261	3.9%
非鉄金属製造業	11,950,710	3.6%	2,940,132	2.8%
金属製品製造業	15,881,062	4.8%	6,188,037	5.8%
はん用機械器具製造業	12,215,264	3.7%	4,380,259	4.1%
生産用機械器具製造業	22,879,468	6.9%	8,522,798	8.0%
業務用機械器具製造業	6,576,922	2.0%	2,514,324	2.4%
電子部品・デバイス・電子回路製造業	16,442,359	5.0%	6,758,110	6.3%

産　業	製造品出荷額		付加価値額	
	金　額	構成比	金　額	構成比
電気機械器具製造業	19,499,256	5.9%	6,844,938	6.4%
情報通信機械器具製造業	6,134,533	1.9%	1,876,314	1.8%
輸送用機械器具製造業	63,119,837	19.1%	16,256,515	15.2%
その他の製造業	4,517,576	1.4%	1,893,498	1.8%
製　造　業　計	330,220,006	100.0%	106,614,034	100.0%

（出典：経済産業省「2022年経済構造実態調査（製造業事業所調査）」より作成

(3)　食品製造業の特色

①　多業種多様形態

普段我々が食している食品が多様であることからもわかるとおり、食品の種類は数多く、一説によれば40万種類に及ぶともいわれている。この多様な食品を製造する食品製造業も多種多様であり、経済産業省が作成している「2022年経済構造実態調査（製造業事業所調査）」に基づけば、図表1-1-5のように分類することができる。

図表1-1-5　産業の小分類別製品出荷額（令和3年）

産業小分類	細分類	製造品出荷額（百万円）
畜産食料品製造業	部分肉・冷凍肉、肉加工品、処理牛乳・乳飲料、乳製品、その他の畜産食料品	7,147,848
水産食料品製造業	水産缶詰・瓶詰、海藻加工業、水産練製品、塩干・塩蔵品、冷凍水産物、冷凍水産食品、その他の水産食料品	3,488,960
野菜缶詰・果実缶詰・農産保存食料品製造業	野菜缶詰・果実缶詰・農産保存食品、野菜漬物	839,708
調味料製造業	味そ、しょう油・食用アミノ酸、ソース、食酢、その他の調味料	1,819,389
糖類製造業	砂糖製造、砂糖精製、ぶどう糖・水あめ・異性化糖	437,294
精穀・製粉業	精米、精麦、小麦粉、その他の精穀・製粉	1,466,029
パン・菓子製造業	パン、生菓子、ビスケット類・干菓子、米菓、その他のパン・菓子	5,095,443
動植物油脂製造業	動植物油脂、食用油脂加工	1,205,901

産業小分類	細分類	製造品出荷額（百万円）
その他の食料品製造業	でんぷん、めん類、豆腐・油揚、あん類、冷凍調理食品、惣菜、すし・弁当・調理パン、レトルト食品、他に分類されない食料品	8,434,219
食料品製造業計		29,934,790
清涼飲料製造業	清涼飲料	2,388,922
酒類製造業	果実酒、ビール、清酒、蒸留酒・混成酒	3,199,279
茶・コーヒー製造業	製茶、コーヒー	574,283
製氷業	製氷	64,186
たばこ製造業	たばこ、葉たばこ	1,588,957
飼料・有機質肥料製造業	配合飼料、単体飼料、有機質肥料	1,754,860
飲料・たばこ・飼料製造業計		9,570,486
合　計		39,505,276

（出典：経済産業省「2022年経済構造実態調査（製造業事業所調査）」より作成）

わが国の食品製造業出荷額の合計は39兆円であるが、そのうち、第１位が畜産食品製造業の７兆1,478億円となっており、高タンパク質であり栄養価の高い肉製品や乳製品の消費量が多い傾向がうかがえる。第２位はパン・菓子製造業の５兆954億円となっており、主食としてのパンや嗜好品の菓子に係る出荷額が大きい。

②　中小企業の果たす役割の大きい産業

食品製造業の個人経営を除く事業所数は２万9,813か所であり、出荷額は39兆円であるが、規模別にその内訳をみてみると図表1-1-6のようになる。全製造業と比較すると、事業所数の構成比については全製造業とそれほどの相違はみられない。わが国の製造業全体の特色として、中小企業の数が多い点が挙げられ、食品製造業もその特色を同じように有していると考えられる。また、その出荷額の構成比については、全製造業と比較するとその特色がよくわかる。300人以上の事業所で比較すると、全製造業では出荷額の51.9％を占めているのに対し、食品製造業では出荷額の25.9％を占めるにすぎない。また、出荷額の構成比で１番大きい割合を占めている事業所人数で比較すると、全製造業では1,000人以上の事業所が全体の27.7％を占めているが、食品製造業では、100～199人の事業所が全体の23.8％を占めている。この点からも、食品製造業では中小企業が大きな役割を果たしている点が読み取れる。

図表1-1-6　全製造業と食品製造業の規模別比較（令和３年）

規　模（人）	全製造業				食品製造業			
	事業所数		出荷額		事業所数		出荷額	
	実　数（か所）	構成比	金　額（百万円）	構成比	実　数（か所）	構成比	金　額（百万円）	構成比
１～９	108,661	48.8%	8,767,295	2.7%	11,822	39.7%	947,913	2.4%
10～19	43,654	19.6%	12,680,635	3.8%	5,988	20.1%	1,731,415	4.4%
20～29	23,308	10.5%	13,203,295	4.0%	3,561	11.9%	2,267,943	5.7%
30～49	17,618	7.9%	19,568,726	5.9%	2,876	9.6%	3,376.036	8.5%
50～99	15,416	6.9%	33,683,010	10.2%	2,745	9.2%	6,981,455	17.7%
100～199	8,120	3.6%	43,398,535	13.1%	1,658	5.6%	9,396,340	23.8%
200～299	2,496	1.1%	27,662,258	8.4%	533	1.8%	4,593,438	11.6%
300～999	2,975	1.4%	79,839,450	24.2%	598	2.0%	9,202,974	23.3%
1,000～	522	0.2%	91,416,803	27.7%	32	0.1%	1,007,762	2.6%
合　計	222,770	100.0%	330,220,006	100.0%	29,813	100.0%	39,505,276	100.0%

（出典：経済産業省「2022年経済構造実態調査（製造業事業所調査）」より作成）

第2節
組織構造とサプライチェーン

1 購　買

少品種の製品を専門的に製造、販売している会社や、自社で製造をしているものの商社的な性格の強い会社、食品製造業の中で多くの関係会社を持ち、総合食品メーカーとなっている会社など、それぞれに資源の配分方法は異なり、組織構造も異なっている。

会社全体の簡単な組織図を図示するが、各社の経営に関する考え方により組織図は異なり、部署名等各社さまざまである。

購買に係る部門とその業務の流れを簡単に図示したものが下記の図表1-2-1となる。

図表1-2-1　組織構造の例

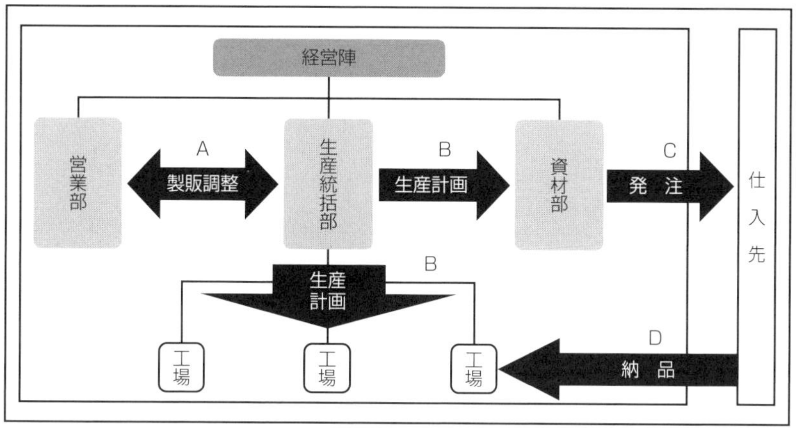

Ａ：まず、営業部と生産統括部の間で製販調整が行われる。製販調整とは、営業部で立案された市場動向と自社の利益計画を加味した販売目標が、各工場の生産能力で対応可能かどうかを検討することである。

Ｂ：生産統括部では製販調整を受けて生産計画の策定を行い、資材部、工場へ提示する。各工場では生産計画に基づく具体的な生産スケジュールが立案され、資材部では原材料等の発注計画が立案される。

Ｃ：資材部では立案した発注計画に基づき、必要発注量の算出や納期の検討を行い、資材業者に発注を行う。この際、食品製造業の中でも一次加工業者である製油業界などは、原材料の調達を輸入に依存している割合が高い。そのため、為替リスクや原材料の価格変動リスクに対応できるように、デリバティブ取引を活用することがあるが、その際には財務部が金融機関との取引を担当する場合がある。また、輸入取引の際には資材調達先と製造業者との間に商社が入って取引が行われることがある。

Ｄ：資材業者から直接各工場へ原材料等の納品が行われる。詳細は、「第２章第１節　購買取引」（61頁）に譲ることとする。

2 販　売

販売取引の物流と商流の流れを簡単に図示したものが下記の図表1-2-2となる。

図表1-2-2　販売取引の例

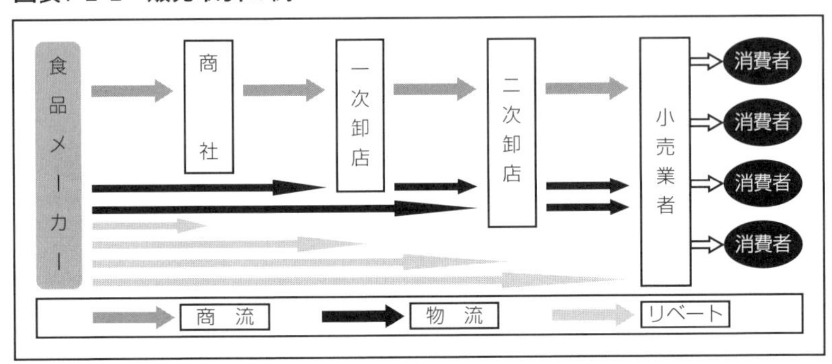

日本は世界有数の自動販売機大国であるが自動販売機での販売や、一部メーカーのECサイトを除くと、食品業界では、製造業者が最終消費者に直接の販売を行うことは少ない。多くの場合、伝統的に卸売店や特約店、代理店などを通じて小売業者、外食産業、給食産業へと販売されていたが、近年では、スーパーマーケットやコンビニエンスストア、ディスカウントストア、ドラッグストア、外食産業に直接販売するケースも多くなっている。

日本では、伝統的にメーカー希望小売価格を基準として卸段階ごとに仕入価格が決まる建値制がとられており、その建値制を支える目的でリベートが利用されることが多かった。建値制は、製造業者が最終消費者への販売価格をあらかじめ決めておく制度である。その販売価格を維持するために、卸売店の利益を見込んでリベートの支払いがなされることがあった。しかしながら、建値制は廃止されていっており、メーカーが自社からの出荷価格のみを決定し、メーカー希望小売価格を撤廃している製品もある。

食品製造業のリベートの形態は多様であり、契約により一定数量以上の購入が卸売業者や小売業者になされた場合に支払われる達成リベートや、小売業者の特売に協賛して支払われるリベートなどもある。近年では、コンビニエンスストアを中心に、対象商品を１つ買うと後日無料引換ができるクーポンがついたレシートがもらえる形式のキャンペーンが行われており、食品製造業の企業も協賛している。基本的には、製造業者の営業部門が取引先との交渉で決定していることが多い。酒類製造業などは、製造業者の流通支配力が強く、製造業者のリベートによって卸売店の利益が確保されている傾向も見受けられる。

また、近年では、OEM（Original Equipment Manufacturing、食品製造業の企業が他社ブランドの製品を作ること）、ODM（Original Design Manufacturing、食品製造業の企業が製造に加え企画から製品開発、デザインまでを実施すること）が増えており、小売業などのプライベートブランド商品を受託製造しているケースもある。その他にも、近年はECサイトを通じたオンライン販売が増えている。

図表1-2-3　販売プロセスの例

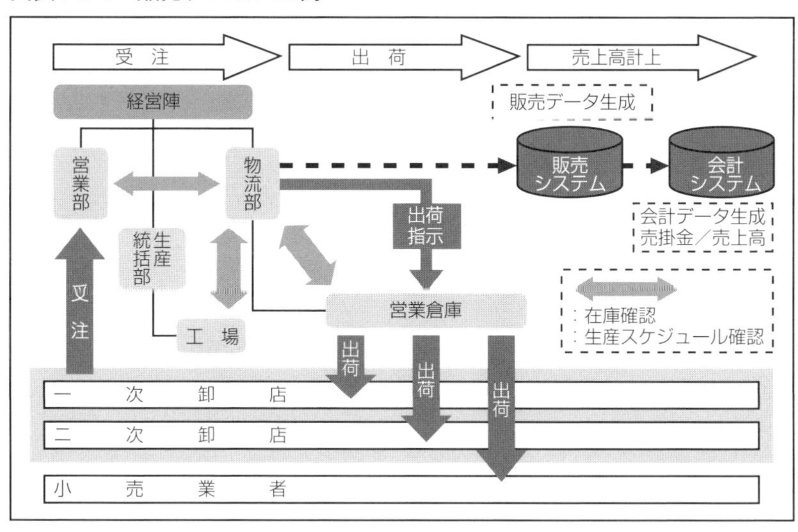

卸売店等から受注を受けた営業部は、物流部に在庫の確認をする。在庫の確認をした後は、物流部から営業倉庫に出荷指示を行い、卸売店等に出荷をするのが通常の流れとなる。詳細は、「第2章第5節　販売取引」（154頁）に譲ることとする。

第3節 ビジネスリスク

1 全般的な事項に係るリスク

(1) 各種法的規制の違反

食品製造業者は、法的規制について食品衛生法をはじめ、景品表示法、独占禁止法など種々の規制を受けている。仮に違反が生じた場合には多額の罰金が科されることや、消費者の購買意欲の減退を招くリスクなどがある。なお、食品衛生法の改正により、食品独特の衛生管理を徹底する手法としてのHACCP（Hazard Analysis Critical Control Point（危害分析重要管理点））が義務化された。

(2) 海外展開におけるカントリーリスク

海外において現地生産、現地販売をしている企業や、海外に製造委託した製品を仕入れて国内で販売している企業もあり、その地域での政情不安や国際紛争の発生、食品の安全性を脅かす事態の発生などのカントリーリスクがある。

(3) 情報システムの障害や情報漏洩

食品製造業の業務は、購買、生産、販売等の情報をITシステムにより管理していることが多く、コンピュータウイルスの侵入やサイバー攻撃などにより、情報の消滅による受注・生産・物流業務などの停止、バックアップを含む大量のデータが暗号化されて復旧不能になることや情報漏洩が生じることがリスクとして考えられる。

⑷　サステナビリティに関するリスク

近年、サステナビリティに関する世界的な関心の高まりを受けて、食品製造業も対応していかなければならない。

環境面では、主に食品ロスの削減・脱プラスチック化が挙げられる。食品ロスについては、事業系食品ロスの発生場所別で食品製造業が一番多い。これには規格外品、パッケージの印字ミス、過剰生産、売れ残り、賞味期限・消費期限を過ぎた製品、流通時の段ボールの破損等による返品が含まれる。これまで商品に傷がなくても段ボールの軽微な擦れ、しわ等があると返品され食品ロスにつながっているため、近年では一部の食品製造業の企業と小売業の企業で段ボール破損レベル判定の統一化に向けた実証実験を行っている。

図表1-3-1　令和3年度推計　食品ロス　　（単位：万トン）

事業系	食品製造業	125
	食品卸売業	13
	食品小売業	62
	外食産業	80
家庭系		244

(出典：農林水産省「食品ロス及びリサイクルをめぐる情勢（令和５年11月版）」より作成)

脱プラスチック化では、食品の保存性を高められるプラスチックは、食品容器として多く生産されており、食品ロスの削減にも貢献している一方でプラスチックは自然分解できない物質のためバイオマスプラスチックなど環境負荷の少ない材料を使ったパッケージを使用している企業もある。

さらに、地球温暖化に伴う天候不順による農作物の不作なども考えられ、食品製造業の企業が購入する原材料にもサステナビリティに関するリスクがある。

環境面のみならず、社会面では、食品製造業界では、原材料が多岐にわたり、サプライチェーンが比較的長いため、サプライチェーン全体の人権の尊重や労働環境が重要視されている。

(5) 価格転嫁

2022年のロシアのウクライナ侵攻による経済の不安定化により原油価格の高騰が生じたほか、世界各国での人件費の高騰が生じた。

国内では、「2024年問題」（働き方改革関連法によって2024年４月１日以降、自動車運転業務の年間時間外労働時間の上限が960時間に制限されることによって発生する問題）がある。当該規制により、トラックドライバーが１日に運べる荷物の量が減ることにより、運賃を上げなければ物流業界の収入が減少してしまうため、食品製造業が購入する原材料価格にも転嫁される可能性もある。また、食品製造業が顧客に製品を輸送する際の物流コストも上昇する可能性がある。特に、小売企業が指定する場所（共同配送センター等）にタイムリーに納品する必要があることから、運送費の負担が大きくなる。

また、上記(4)のサステナビリティに関するリスク対応で地球環境にやさしいパッケージ等への変更により、原価があがっている。

上記に対応して、これまで一部の食品製造業では内容量を減らして価格の維持を行う（シュリンクフレーション、実質値上げ）などの対策を行ってきたが、企業の努力のみでは対応できなくなり、2022年以降顕著に値上げを行っている。帝国データバンクの調査によると、主要な食品メーカー195社において2023年は32,396品目の値上げが行われ、２年連続で全食品分野において一斉に値上げが行われた（帝国データバンク「定期調査：「食品主要 195 社」価格改定動向調査―2023 年動向・24 年見通し」（2023年12月29日））。しかしながら、食品の多くは生活に欠かせないものであることから価格の値上げに対しては消費者がシビアであるため、価格転嫁がうまくいかないリスクがある。

2 購買面でのリスク

大豆や菜種を原材料として使用している製油業や輸入粗糖を使用している製糖業のように、原材料の一部を海外から輸入している場合には、仕入金額に為替変動リスクがあるとともに、現地の生産状況、世界の需要動向により生産に必要な量の原材料を確保できないリスクがある。また、投機資金の流入による原材料価格相場の変動などにより仕入金額が影響を受けるリスクがある。

製パン業や即席めん製造業など主要な原材料に小麦粉を使用している企業についても、小麦の政府売渡価格が海外からの調達価格の変動が反映されるため、間接的に穀物相場や為替相場での変動リスクにさらされているといえる。

乳業等では「畜産経営の安定に関する法律」に基づき補給金が支払われているが、同法の廃止、改正により仕入金額が影響を受けるリスクがある。

食肉加工業では、食肉の輸入数量が急激に伸びることなどによりセーフガード（緊急輸入制限）が発動された場合には、仕入価格が上昇するリスクがある。また、鳥インフルエンザなど家畜に疫病が流行した場合、製造に必要な原材料を確保できないリスクがある。

水産業では、主要な原材料は水産物となるが、その価格は漁獲規制の強化や水揚げ数量の変動、需要動向による影響を受けるリスクがある。重油を燃料とした漁業を営んでいる企業の場合には、原油価格の変動に影響を受けるリスクがある。

冷凍食品業では、水産物を主要な原料としている製品については、その原材料価格が漁獲規制の強化や水揚数量の変動、需要動向による影響を受けるリスクがある。また、畜産物を主要な原料としている製品については、衛生問題により畜産物の輸入が停止されたり、セーフガードの措置がとられたりすることにより、原材料の確保や、原材料価格に影響を受けることがある。

3　販売面でのリスク

清涼飲料水やアイスクリームのように天候、気候や異常気象によって消費者の購買意欲に影響が及ぼされる場合には、その年の天候などによって売上高に影響が及ぼされるリスクがある。

国内産業保護のために輸入関税が課せられている乳業や製油業では、WTO（世界貿易機関）、FTA（自由貿易協定）、EPA（経済連携協定）の交渉で関税が引き下げられた場合に影響を受けるリスクがある。特に製粉業では、WTO、FTA、EPAの交渉や国内の麦政策の変更により影響を受ける可能性がある。また、副産物であるふすまが飼料用に販売されているが、国内のふすまの価格は輸入ふすまや代替品の価格変動に影響を受けるリスクがある。

製パン業では、量販店やコンビニエンスストアが主要な得意先であり、取引金額も多額であるため、経営破綻した場合に売上債権の回収不能額が多額になるリスクがある。

ビール・酒類製造業は、食品衛生法など他の食品製造業と同様の法律のほかに、酒税法の適用を受けている。そのため、酒税法の改正がなされた場合などには、価格の上下により酒類の消費が落ち込む製品（ジャンル）が出てくることにより、売上高に影響するリスクがある。また、アルコール飲料については、WHO（世界保健機関）等による世界的な規模での広告宣伝や販売活動の規制強化の必要性が検討されており、実際に規制の強化がなされた場合には、影響を受けるリスクがある。

また、異物混入など食の安全性に係る問題が発生した場合には、売上高に大きな影響を及ぼす可能性がある。

4　生産面でのリスク

食品製造業が取り扱う製品には、消費期限・賞味期限があるものが多い。消費期限が数日の製品もあるが、顧客からは求められるリードタイムは短く、納品できない場合は契約により顧客からペナルティーを受けるケースもある。そのため、見込み生産となるが、受注見込を誤った場合は販売できず食品廃棄ロスが生じるリスクがある。

また、行事や慣習等により季節性のある製品もある。そのため、食品製造業では繁忙期は臨時社員、パート、アルバイトなどで対応しているが、十分に雇用できない場合、生産が追いつかないリスクがある。

第4節 業態の概要および動向

先述のように、食品製造業の業態は多様であり、その業態ごとにそれぞれの特徴がある。ここでは、主要な業態について、その歴史や市場、購買、製造、販売の特徴を簡単に説明することとする。

1 食肉加工業

(1) 歴史と概要

豚の家畜化の歴史は古く、紀元前7000年ころといわれている。日本においてハム・ソーセージが製造されたのは、江戸時代の長崎にあったオランダ屋敷などであったようである。昭和11年、屠場法に基づき芝浦屠場が開場されたが、本格的にハムやソーセージなどが規格化、大量生産されるのは戦後に食の洋式化により肉類の消費が伸びてからのことである。昭和41年には中央卸売市場法に基づき東京食肉市場が設置され、仲買人の制度が生まれた。近年では食の安全に対する意識の高まりからHACCPに基づく食品衛生管理が求められるようになり、食肉加工業も品質管理や衛生管理を強化している。

食肉加工業の購買面での特徴として、その食肉の流通過程が複雑である点が挙げられる。屠畜解体業務をはじめ、その加工の過程で商品の形態が変わることや、部位ごとに単価が異なることが原因である。例えば、ハムやソーセージの原材料は生豚肉であるが、１頭の豚は、頭、内臓、足などが除かれた後、背骨に沿って２つに割られ「半丸枝肉」にされる。その「半丸枝肉」が肩、もも、背、脇腹に分けられ、それぞれハム、ベーコン、ソーセージなどに使用されることとなるが、基本的に加工度の低い製品であり、売上高に対する原材料費の比率が高いことに特徴が見受けられる。大手メーカーの中には原材料費の抑制や安定的な仕入を志向して、畜産業者と共同牧場の経営をしているケースや、最近では牧場を自社経営するケースも増加している。

製造工程は複雑ではない。例えばロースハムであれば、まずは枝肉の分類をし、血搾り、骨抜きをする。塩漬剤を筋肉に注射した後、２～５℃の冷蔵庫で10日間ほど熟成させる。熟成後、水洗で塩抜きをし、布で巻いた後に桜などのチップで燻煙、加熱殺菌された後、冷却、包装され製品となる。

流通経路は、小売に対する直接販売が多く、スーパーマーケットやレストラン、精肉店に販売される。売上高には季節変動があり、中元、歳暮の時期には売上高が増加し、逆に１、２月には売上高が落ち込む傾向にある。また、食肉は相場変動が調達価格・販売価格の双方に大きな影響を与えるため、利益面は相場動向にも大きく左右されるといえる。

主な業界団体としては、以下のものが挙げられる。

●㈳日本食肉加工協会

〒150-0013　東京都渋谷区恵比寿1-5-6（ハム・ソーセージ会館）

電話　03-3444-1772　　FAX　03-3441-8287

https://www.niku-kakou.or.jp/

⑵　業界の動向

図表1-4-1　食肉加工関連の事業を有する主な会社

会社名	事業名	売上高（連結）※1	営業利益（連結）※1	総資産（連結）※1
日本ハム㈱※2	加工事業本部、食肉事業本部、海外事業本部	12,621億円	290億円	8,522億円
伊藤ハム米久ホールディングス㈱	加工食品事業、食肉事業	9,183億円	274億円	3,270億円
プリマハム㈱	加工食品事業部門、食肉事業部門	4,302億円	100億円	2,084億円

※１　関連する事業の外部顧客への売上高、セグメント利益、セグメント資産
※２　国際財務報告基準（IFRS）適用会社
（出典：各社有価証券報告書、ホームページより作成（いずれも2023年３月期））

経済産業省の「2022年経済構造実態調査（製造業事業所調査）」によれば、令和３年の畜産食品製造業の製造品出荷額は７兆1,478億円である。O-157による食中毒が発生して以降、原材料・添加物の表示義務違反などの問題が発生し、消費者の需要は減退傾向にあったが、近年では安全性や消費者の健康志向に沿った製品の販売は好調であり、出荷額は増加傾向にある。また、新型コロナウイルス感染症の拡大時には、巣ごもり需要の影響で家庭内での食肉需要が一時的に高まった。一方で、原燃料コストや飼料価格の上昇の影響で輸入食肉の調達価格は高止まりが続いており、食肉加工業の各社は販売価格の値上げに踏み切っている。

⑶　経営課題

消費者の健康志向や食の安全性に軸足を置いた商品開発をし、他社製品との差別化を図っていくことが必要である。また、食肉相場の変動リスクに対応するためにも、食肉需給の変動を見込んだ調達や、製品のブランド化の推進に取り組むことが重要である。

2 水産業

(1) 歴史と概要

わが国は四方を海に囲まれ、古くから多くの魚介類を食してきた。総務省の「日本標準産業分類」においても、水産食料品を細分類した内訳において缶詰、瓶詰、練製品、塩蔵品など多様な製品が見受けられ、加工方法も素干しや煮干し、塩漬けや燻製など多様であり、手作業のものから機械で加工するものなど、その工程もさまざまである。そのため、必ずしも事業所の規模が大きいものばかりが競争上有利に働くというわけでもなく、従業員数20人以下の中小零細の事業所が多いことが特徴として挙げられる。

漁獲量は天候・海水温・潮流などの自然要因に左右され、豊漁不漁の差も大きいため、仕入単価の変動も激しい。仕入単価の変動が、売上原価の増減理由に大きな影響を及ぼす点に留意が必要である。また、原料魚によって漁獲時期に違いもあるため、仕入サイドでも季節性がある。原材料の仕入先は、主に産地卸売市場（都道府県漁連、地方市場、仲卸業者）になるが、近年ではインドネシアや中国、ノルウェー、台湾などからの輸入が増加している。

また、年間を通じた生産を可能にするため、仕入れた原料魚の鮮度や品質を保つための高度な貯蔵設備を使用している場合がある。

流通経路としては、卸売業へ販売するものや、小売店、量販店に販売するもの、地方市場へ販売するものなどがある。また製品によって、販売サイドでも季節性がみられる点に留意が必要である。

主な業界団体としては、以下のものが挙げられる。

●全国水産加工業協同組合連合会

〒103-0013　東京都中央区日本橋人形町1-9-2（人形町冨士ビル３F）

電話　03-3662-2040　　FAX　03-3662-2044

https://www.zensui.jp/

●㈳大日本水産会
〒100-0011　東京都千代田区内幸町1-2-1（日土地内幸町ビル３Ｆ）
電話　03-3528-8511　　FAX　03-3528-8530
https://www.suisankai.or.jp/

⑵　業界の動向

図表1-4-2　水産関連の事業を有する主な会社

会社名	事業名	売上高（連結）※1	営業利益（連結）※1	総資産（連結）※1
マルハニチロ㈱	水産資源事業	5,984億円	213億円	3,544億円
㈱ニッスイ	水産事業	3,283億円	185億円	2,365億円
㈱極洋	水産商事事業、鰹・鮪事業	1,620億円	80億円	842億円

※１　関連する事業の外部顧客への売上高、セグメント利益、セグメント資産
（出典：各社有価証券報告書、ホームページより作成（いずれも2023年３月期））

経済産業省の「2022年経済構造実態調査（製造業事業所調査）」によれば、令和３年の水産食品製造業の製造品出荷額は３兆4,889億円である。2000年代に入り、長らく国内の「魚離れ」が続いている一方で、海外では健康志向の高まりや日本食ブームなどを背景に魚の需要が拡大しており、特に養殖業生産量が大きく増加している。こうした動向を受け、業界トップのマルハニチロ㈱は令和元年に完全養殖クロマグロの欧州への輸出を開始し、令和３年にはベトナムの水産・食品加工会社を買収した。㈱ニッスイではAIで養殖魚の生育を管理する技術を平成30年に開発しており、欧米を中心に養殖事業を拡大している。

財務諸表の特徴としては、漁獲高等の影響により原材料価格の変動が激しいため、売上高総利益率の変動も大きい点に特徴がみられる。中小事業所など労働集約性の高い事業所においては、売上高に対する労働比率が高い傾向が見受けられる。

(3) 経営課題

健康志向の高まりなどを背景に、海外においては水産物の需要が増加しているため、原材料を安定的に確保していくことや、健康志向に合わせた商品開発を行うことが課題となると考えられる。また、地球温暖化や世界人口の増加などの影響から水産資源の確保が難しくなっており、養殖事業への投資や安定したサプライチェーンの構築等を大手を中心に進めているが、今後も持続可能な水産資源調達をどのように行っていくかが課題として挙げられる。

3 調味料製造業

(1) 歴史と概要

調味料の種類は多種多様である。日本で古くから利用されてきた調味料としては味噌や醤油、酢などがあり、近代に入ってからソースやマヨネーズ、うま味調味料などが利用されてきた。製造自体は古くから行われているものの、大量生産がなされるのは基本的には明治における近代工業化以降のこととなる。原材料も調味料により多様である。

味噌や醤油で使用される大豆や小麦などについては、国内産のものもあるが、ほとんどは輸入品に依存している。大豆は穀物相場によりその仕入単価が変動するリスクや為替変動リスクがあるので、リスクをヘッジするためにデリバティブ取引を利用することも見受けられる。商社を通じて仕入れるのが通常であるが、直接輸入するケースなども見受けられる。また、小麦については主要食糧の需給および価格の安定に関する法律（食糧法）の規制を受け、農林水産省の各都道府県事務所から仕入れることとなる。マーガリンやマヨネーズについては、植物油脂や他の調味料など１次加工品を利用して製造される。

家庭用の製品の流通経路は、概ね食品問屋を経て量販店、小売店へと取引されていく。また、２次加工品として他の加工業者に利用されることも多いため、業務用製品として、加工業者には直接販売されることがある。流通経路に乗せる際、卸売業者にリベートを支払うことも多い。季節性の製品も多いが、味噌などは秋や冬にかけて売上高が伸びる傾向が見受けられる。

主な業界団体としては、以下のものが挙げられる。

●全国味噌工業協同組合連合会
〒104-0033　東京都中央区新川１-26-19（全中・全味ビル２F）
電話　03-3551-7161　　FAX　03-3551-7168
https://zenmi.jp/

●日本醤油協会
〒103-0016　東京都中央区日本橋小網町３-11（醤油会館）
電話　03-3666-3286　　FAX　03-3667-2216
https://www.soysauce.or.jp/

(2)　業界の動向

図表1-4-3　調味料製造関連の事業を有する主な会社

会社名	事業名	売上高（連結）※1	営業利益（連結）※1	総資産（連結）※1
味の素㈱※2	調味料・食品事業	7,750億円	829億円	6,003億円
キッコーマン㈱※2	国内食料品製造・販売事業、海外食料品製造・販売事業、海外食料品卸売事業	6,107億円	593億円	※3
キユーピー㈱※4	市販用事業、業務用事業、海外事業	4,210億円	243億円	3,046億円

※１　関連する事業の外部顧客への売上高、セグメント利益、セグメント資産
※２　国際財務報告基準（IFRS）適用会社
※３　セグメント資産非公開
※４　2023年11月期
（出典：各社有価証券報告書、ホームページより作成（※４を除き2023年３月期））

経済産業省の「2022年経済構造実態調査（製造業事業所調査）」によれば、令和3年の調味料製造業の製造品出荷額は1兆8,193億円である。生活必需品であることから毎期一定の需要があり、製造品出荷額も底堅く推移している。

調味料類は需要先別に家庭用と業務用に区別されるが、新型コロナウイルス感染症の拡大時には外出自粛の影響で家庭用調味料の需要が一時的に増加した。直近では家庭用調味料の需要は落ち着いた一方で、外食産業の回復に伴い業務用調味料が好調に推移している。

また、海外における日本食ブームを背景に、大手各社は積極的な海外展開により海外売上高を伸ばしている。早くから海外展開を進めてきた味の素㈱とキッコーマン㈱は、海外の売上比率がいずれも5割を超えている。

(3)　経営課題

消費者の健康志向や食の安全に対する関心の高まりなどを受けて、「無添加」などの高付加価値商品をいかに開発できるかが課題と考えられる。また、原材料である大豆や小麦などは商品市況の影響を受けるため、そのリスクをいかに抑えるかも課題と考えることができる。

4　製糖業

(1)　歴史と概要

砂糖は紀元前3000年ごろ、インドで製造された「人工の蜜」がその発祥ではないかといわれている。日本に砂糖が伝わったのは奈良時代であり、唐招提寺の開祖である鑑真によってもたらされたとの説もある。明治の後期から大正にかけて、大型の製糖工場が建設され、砂糖は大量に生産されるようになった。戦時中は、嗜好食品でもある砂糖は配給統制の対象とされ、統制が解除されたのは昭和27年のことであった。統制の解除後、砂糖の消費量は急激に伸びたが、近年における需要量は昭和62

年の2,693千トンをピークに年々減少している。

砂糖は、さとうきびを原料とする「甘蔗糖」と甜菜を原料とする「甜菜糖」に分類することができる。全世界では、砂糖の生産量は１億トンを超えており、そのうち60％が「甘蔗糖」、40％が「甜菜糖」であるといわれる。わが国においては、さとうきびは鹿児島県南西諸島や沖縄県で生産され、甜菜は北海道で生産されているが、消費されている砂糖の約６割は輸入に依存している状況にある。

「甘蔗糖」の製造工程は、さとうきびから原料糖を製造する工程と、原料糖から精製糖を製造する工程の２つに分けることができる。まず、さとうきびはカッター、シュレッダーにより細裂された後、圧搾機により数度の圧搾がなされる。圧搾機からでた圧搾汁にはロウ、土砂なども含まれるため、石灰を添加したうえで加熱し、透明な上澄液を採取する。上澄液は濾液と混合され、蒸発缶、結晶缶、真空結晶缶と送られ、ショ糖と母蜜の混合物である白下が製造される。白下は、遠心分離機により砂糖結晶と糖蜜に分けられた後、冷却工程を経て篩分され、原料糖として貯蔵される。ここまでの原料糖の製造は沖縄県や鹿児島県の一部でなされているが、近年では原料糖を海外から輸入するのが主流となっている。

原料糖は溶解、洗糖をされた後、遠心分離機にかけられ、「洗糖蜜」が得られる。「洗糖蜜」は不純物を除去後、粒状活性炭の脱色塔を通して脱色され、さらに煎糖、分離、乾燥の工程を経て、精製糖が完成することとなる。

大手の製糖メーカーには、関係会社として原料糖のメーカーを有し、親会社には大手総合商社が存在するものが見受けられる。原料糖の仕入や、製造した精製糖の販売は親会社である大手総合商社に任せている例も見受けられる。

主な業界団体としては、以下のものが挙げられる。

●日本甘蔗糖工業会

〒105-0003　東京都港区西新橋1-19-3

電話　03-3501-5066

●沖縄県黒砂糖協同組合　沖縄県黒砂糖工業会
〒900-0024　沖縄県那覇市古波蔵1-24-27（沖縄産業支援センター１Ｆ）
電話　098-851-8188　　ＦＡＸ　098-851-8877
https://www.okinawa-kurozatou.or.jp/

(2)　業界の動向

図表1-4-4　製糖関連の事業を有する主な会社

会社名	事業名	売上高（連結）※1	営業利益（連結）※1	総資産（連結）※1
ＤＭ三井製糖ホールディングス㈱	砂糖事業	1,385億円	2億円	918億円
ウェルネオシュガー㈱※2	砂糖その他食品事業	539億円	16億円	803億円
日本甜菜製糖㈱	砂糖事業	428億円	－2億円	469億円

※１　関連する事業の外部顧客への売上高、セグメント利益、セグメント資産
※２　国際財務報告基準（IFRS）適用会社
（出典：各社有価証券報告書、ホームページより作成（いずれも2023年３月期））

経済産業省の「2022年経済構造実態調査（製造業事業所調査）」によれば、令和３年の糖類製造業の製造品出荷額は4,372億円である。消費者の砂糖離れや代替甘味料である異性化糖などへのシフトおよび内外価格差による各種加糖調製品の輸入の増加等によって国内の砂糖需要は減少している。

製糖業界では市場の頭打ちを背景に組織再編が積極的に行われており、令和３年４月１日に当時の業界最大手の三井製糖㈱と、同じく業界大手の大日本明治製糖㈱が経営統合し、ＤＭ三井製糖ホールディングス㈱が発足した。さらに、令和５年１月には業界大手の日新製糖㈱と伊藤忠製糖㈱が経営統合し、ウェルネオシュガー㈱が発足した。

(3)　経営課題

事業環境の変化に対応し得るよう、コスト競争力の強化および販売競争

力の強化により基礎収益力を向上させるとともに、高付加価値商品や海外展開などの成長領域をどのように拡大させていくかが課題となると考えられる。

5　製油業

(1)　歴史と概要

製油業界には、動物油脂製造業と植物油脂製造業がある。油脂製造業全体では、需要の約85%を植物油脂が占めており、残りの15%が動物油脂となっている。ここでは、需要の大部分を占めている植物油脂製造業について説明する。

油脂の歴史は古く、4000年以上前のエジプトにおいて灯火として使用されたとも伝えられている。日本においても古くから利用され、特に菜種油を中心とし灯火用として利用されていた。植物油脂が食用に普及するようになるのは、石油ランプが登場する明治中期以降である。

食物油脂製造業は基本的に装置産業であり、連続抽出機が導入される昭和30年代～40年代にかけて、日本の食物油脂製造業の基礎が形成された。植物油の種類には、大豆油、菜種油、ひまわり油、べに花油など多くの種類があるが、その原料のほとんどは商社経由での海外からの輸入に依存している。国内で消費される植物油の大部分は、菜種油、パーム油、大豆油であり、菜種油と大豆油は主に油糧作物の形態で原料を輸入し国内で搾油する一方で、パーム油は搾油後の粗油を輸入するケースが多い。

植物油の製造方法には、圧搾法、抽出法、圧抽法などがある。大豆など油分の少ない原料については、溶剤を用いて油脂を抽出する。また菜種やトウモロコシの胚芽など油分の多い原料については、機械による圧搾にかけられ油脂を押し出した後、さらに溶剤を用いて油脂を抽出することとなる。その後、抽出された油脂は脱ガム、脱酸、脱色、脱臭などの工程を経た後、容器に充填され、製品化される。

上記の製造工程を経て製造される油脂と油粕が販売されることとなる。製品は容器別に、８kg 未満であれば家庭用、８～16.5kg であれば業務用、16.5kg 以上であれば加工用と分類される。メーカーから先の流通は、直接販売のものもあれば、専門問屋を経由するものや、商社を経由するものなどがある。

主な業界団体としては、以下のものが挙げられる。

●㈳日本植物油協会

〒103-0027　東京都中央区日本橋3-13-11（油脂工業会館）

電話　03-3271-2705　　FAX　03-3271-2707

https://www.oil.or.jp/

●㈶日本油脂検査協会

〒135-0007　東京都江東区新大橋1-8-2（新大橋リバーサイドビル101　３F）

電話　03-6659-2227　　FAX　03-3635-2001

http://www.oil-kensa.or.jp/

⑵　業界の動向

図表1-4-5　製油関連の事業を有する主な会社

会社名	事業名	売上高（連結）※1	営業利益（連結）※1	総資産（連結）※1
日清オイリオグループ㈱	油脂事業	4,683億円	146億円	2,947億円
㈱Ｊ-オイルミルズ	油脂事業	2,365億円	13億円	1,456億円
不二製油グループ本社㈱	植物性油脂事業	2,034億円	70億円	1,424億円

※１　関連する事業の外部顧客への売上高、セグメント利益、セグメント資産
（出典：各社有価証券報告書、ホームページより作成（いずれも2023年３月期））

経済産業省の「2022年経済構造実態調査（製造業事業所調査）」によれば、令和３年の動植物油脂製造業の製造品出荷額は１兆2,059億円で

ある。基本的に成熟産業であり、近年では出荷額、消費量ともに横ばいが続いている。

大豆や菜種といった食用油の主原料は、原産国の天候不順やロシアのウクライナ侵攻の影響で価格が高騰し、パーム油についても主要生産国であるインドネシアの輸出制限などを原因として国際価格が上昇した。さらに、電気代や物流費の上昇でコスト高は続いていることから、大手各社はオリーブオイルなどの付加価値製品の販売に力を入れている。

業界最大手の日清オイリオグループ㈱と、㈱J－オイルミルズは搾油事業の効率化に向け、共同出資会社である製油パートナーズジャパン㈱を令和5年10月に設立した。

⑶　経営課題

消費者の健康志向やSDGsへの意識の高まりなど、消費者のニーズをとらえた高付加価値商品などを開発、販売していくことが課題となる。また、WTO交渉における関税の自由化問題など、海外市場を見据えた国際的な活動が今後課題になると考えられる。

6　製粉業

⑴　歴史と概要

小麦の歴史は、今から1万5000年前、イラクのザクロス山岳地帯に住んでいた先史人により、小麦の栽培がなされたことにより始まったといわれている。小麦を粉にして食べるための製粉は、紀元前4000年ごろの古代バビロニアにて始められたといわれており、日本列島に伝わったのは4～5世紀、朝鮮半島からであったと考えられている。日本での機械による製粉は、明治6年に官営工場が設立されたのが始まりであり、明治の中ごろには、民間の製粉工場により、本格的に製粉工業が始まった。第二次世界大戦後は食料対策の一環として小麦の増産が図られ、製粉工場も大幅に増加したが、その後、買取加工制への移行などを経て、現在へと至っている。

小麦粉はタンパク質の含有量により分類することができ、①強力粉、②準強力粉、③中力粉（普通粉）、④薄力粉、⑤デュラム粉と分けられる。さらに、純度に応じて、①特等粉、②一等粉、③二等粉、④三等粉、⑤末粉に分けられ、タンパク質の純度との組合せにより、その用途が決まってくる。例えば、強力粉の特等粉であれば高級食パン、薄力粉の三等粉であれば駄菓子などに使用される。

小麦は国民の主要な食糧であるとされ、その安定的な供給を確保するため、食糧法に基づき、政府が商社を経由して自ら輸入し、国内へ供給している。国内に供給される小麦のうち、輸入小麦が約９割を占め、残りが国産の小麦となっている。

輸入小麦のほとんどは「一般輸入方式」により国内へ供給されており、政府が代表銘柄を輸入業者から一括で買い付けたのち、国内の製粉企業に売り渡される。また、一部の銘柄については「売買同時契約（SBS：Simultaneous Buy and Sell）方式」が採用され、入札による買付けが行われている。なお、輸入小麦の価格制度は、穀物相場や為替などに連動して年２回改定される相場連動制が採用されている。

これに対し、国産の小麦は主に各農業協同組合（連合会）と製粉企業との民間流通による入札の形で価格が決定されている。

価格が決定され購入された原料小麦は、輸送船から空気輸送により荷揚げ（吸揚げ）され、異物の除去後、自動計量され、サイロに貯蔵される。貯蔵されている原料小麦は製造工程に投入され、精選（セパレータにより異物を除去する）、調質（加水機により２～３％の加水をし、挽砕条件に適合するよう調整）、配合（強力粉や薄力粉などの仕様に合わせて配合）、挽砕（小麦を段階的に挽砕し、粉状にする）、採分け（小麦粉の混合などを経て商品化）という工程を経て、製品として出荷されることとなる。

製造された小麦粉を、製粉メーカーが販売する際には、業務用と家庭用に分類することが多い。業務用の小麦粉は通常25kg入りの袋に詰められ、２次加工業者に販売される。大口メーカーへの販売は、製粉メーカーからユーザーへの直売や１次卸業者（元卸、特約店とも呼ばれる）を経由してなされるケースが多い。家庭用として500g～１kg の小袋に詰められ、食料品１次卸、２次卸に販売された小麦粉は、スーパーマーケット、一般食料品店を経て最終消費者に販売されることとなる。卸売業者を通して流通されるため、商慣習としてリベートが存在している。

主な業界団体としては、以下のものが挙げられる。

●製粉協会

〒103-0026　東京都中央区日本橋兜町15-6

電話　03-3667-1011　　FAX　03-3667-1673

http://www.seifunky.jp/

●㈶製粉振興会

〒103-0026　東京都中央区日本橋兜町15-6（製粉会館２F）

電話　03-3666-2712　　FAX　03-3667-1883

https://www.seifun.or.jp/

⑵　業界の動向

図表1-4-6　製粉関連の事業を有する主な会社の業界順位

会社名	事業名	売上高（連結）※1	営業利益（連結）※1	総資産（連結）※1
㈱日清製粉グループ本社	製粉事業	4,197億円	176億円	3,163億円
㈱ニップン	製粉事業	1,176億円	75億円	1,178億円
昭和産業㈱	製粉事業	673億円	38億円	716億円

※１　関連する事業の外部顧客への売上高、セグメント利益、セグメント資産
（出典：各社有価証券報告書、ホームページより作成（いずれも2023年３月期））

経済産業省の「2022年経済構造実態調査（製造業事業所調査）」によれば、令和３年の精穀・製粉業の出荷額は１兆4,660億円である。小麦粉を使用する２次加工品が比較的堅調であるため、ここ数年での出荷額に大きな増減は見受けられない。

米国・カナダ産小麦の不作の影響や、ロシアの輸出規制、ウクライナ情勢等の供給懸念により原料となる小麦の国際価格が上昇し、日本国内の政府売渡価格も高止まりの状態が続いていることから、大手各社による小麦製品の値上げが相次いでいる。また、海外事業強化の動きも活発であり、㈱日清製粉グループ本社は平成31年にオーストラリアの製粉最大手 Allied Pinnacle 社を買収したほか、㈱ニップンは令和５年に初めて米国で製粉事業に参入した。

財務諸表の特徴として、一次加工品である小麦粉を製造する製粉業は、食品製造業の中でも特に装置産業的な色彩が濃く、従業員１人当たりの有形固定資産が高い傾向にある。

⑶　経営課題

原料小麦の価格が政府主導で決定されている点で企業間に調達コストの差はないが、価格変動が避けられない状況となった現在は、製品販売価格への柔軟な転嫁が経営課題となっている。また、将来的に関税の大幅な引下げや自主貿易が可能となった際に、どのような調達戦略をとり製造コストを引き下げていくか、輸入製品とどのように競争するかが鍵を握ることとなるであろう。

7　製パン業

⑴　歴史と概要

パンの歴史は古く、紀元前4200年ごろのメソポタミアでは既に存在していたとの記録がある。日本にパンが伝来したのは、戦国時代の天文12年（1543年）である。ポルトガル人によって鉄砲とともに種子島に伝えられた。鎖国により一度姿を消したが、安政５年には大浦にてフランス人により商業的な生産が始められた。戦後、学校給食にパンが採用され、パンを食べる習慣が定着したことにより、日本でのパンに対する支出は順調に伸びていった。ただし、近年は需要の伸びは今一つであり、市場は若干の縮小傾向にある。

パンを製造する際の主な原材料は、小麦粉である。そのため、菓子や即席めんと同様に、小麦粉の政府売渡価格の変動を受けての製粉メーカーからの購入単価の変動が、原価率の増減に大きな影響を与えることとなる。また、原材料としては小麦粉のほかに発酵のためのイースト、副材料として砂糖、油脂、牛乳などがある。

パンの製法には「直捏法（じかごねほう）」と「中種法（なかだねほう）」がある。「直捏法」はすべての原材料を一度に捏ねてパン生地を製造する方法である。「中種法」は小麦粉の一部とイーストで中種を作り発酵させた後、残りの原材料と捏ねる製法である。「中種法」のほうが品質が一定するため、大工場で採用されるのは「中種法」のほうが多い。「中種法」では、まず小麦粉、イースト、水をミキサーで混ぜて中種をつくり、発酵させる。発酵後、中種を他のすべての原材料とミキサーで捏ねて生地を作ることとなる。生地はディバイダーで分割後、ラウンダーで丸められ、一度ねかせられる。生地は、ねかせた後、形を整えられ最終発酵がなされ、生地が完成する。完成した生地はトンネルオーブンで焼成され、パンが製造される。製造されたパンは冷却、包装され、製品となる。

製品化されたパンは、工場から小売店に配送され、最終消費者へと販売される。近年では、１日に複数の便による配送がなされ、焼きたてのパンを販売するコンビニエンスストアなどが台頭している。また、生地の製造から焼成まで行った後に小売店に販売するメーカーのほかに、生地の製造までを行うメーカーや焼成のみを行うメーカー、冷凍生地を購入して焼成した後消費者に販売する小売店なども存在する。販売量については、夏場に売上が落ち込むという季節的な要因がある。

主な業界団体としては、以下のものが挙げられる。

●㈳日本パン工業会

〒103-0026　東京都中央区日本橋兜町15-6（製粉会館９F）

電話　03-3667-1976　　FAX　03-3667-2049

https://www.pankougyokai.or.jp/

●㈳日本パン技術研究所

〒134-0088　東京都江戸川区西葛西6-19-6（パン科学会館ビル4F）

電話　03-3689-7571

https://www.jibt.com/

(2) 業界の動向

図表1-4-7　製パン関連の事業を有する主な会社

会社名	事業名	売上高（連結）※1	営業利益（連結）※1	総資産（連結）※1
山崎製パン㈱※2	食品事業	10,937億円	407億円	7,554億円
フジパングループ本社㈱※3	全社	2,882億円	※5	※5
敷島製パン㈱※4	全社	1,617億円	※5	※5

※1　関連する事業の外部顧客への売上高、セグメント利益、セグメント資産
※2　2023年12月期
※3　2023年6月期
※4　2023年8月期
※5　財務データ非公開
（出典：各社有価証券報告書、ホームページより作成）

経済産業省の「2022年経済構造実態調査（製造業事業所調査）」によれば、令和3年のパン・菓子製造業の製造品出荷額は5兆954億円であり、特にパン製造業は必需品として底堅い需要がある。近年では、外食やホテル向けの業務パンや、都市部のコンビニエンスストアで販売するパンが増加している。また、製パン業各社も原材料価格の上昇に伴い主力商品の販売価格の値上げを実施したが、その一方で山崎製パン㈱は低価格帯製品の拡充を行うなど価格の2極化・3極化戦略を推進し、敷島製パン㈱も通常より小型の食パンを開発するなど、販売数量を維持するための取組みも行っている。

業界のトップは山崎製パン㈱であり、㈱不二家、㈱東ハト、ヤマザキビスケット㈱、㈱ヴィ・ド・フランスなどの関係会社を抱え、流通や店

舗運営などもしている。

(3) 経営課題

パン市場全体の需要について大きな落込みは見受けられないものの、新規の商品開発により消費者の多様な需要に対応することが重要である。また、他の業界と比べて海外売上比率が小さい傾向にあるが、人口減少等により日本国内の市場も縮小する可能性が高いことを踏まえると、いかに海外展開を進めていくかが今後の課題と考えられる。

8 菓子製造業

(1) 歴史と概要

菓子の歴史は古く、その起源は紀元前の古代エジプトで作られたパンにまでさかのぼることができるといわれている。今日の日本でみられるようなチョコレートやビスケットなどが海外から輸入されるようになるのは、大正時代、明治時代のころである。明治製菓や森永製菓、江崎グリコなど製菓を営む多くの企業が誕生したのもこのころである。戦後になると、菓子の大量生産が行われ、その業界の規模も順調に拡大していったが、近年では少子高齢化や消費者の健康志向の高まりなどを原因として、国内市場は縮小傾向にある。

菓子の種類は多種多様であり、その原材料も多様ではあるが、多くの菓子の原材料として使用されているのが小麦粉である。そのため、小麦の購入単価によって売上原価も大きな影響を受けることとなる。

製造工程についても、製品そのものが多様であることから、各種多様である。菓子の分類の方法にはさまざまあるが、「和菓子」、「洋菓子」、「流通菓子」などに分類することができる。一般的に「和菓子」、「洋菓子」は労働集約的な産業であるといわれ、中小の企業も力を発揮している。「流通菓子」については、大規模な設備投資を必要とする装置産業的な要素が強く、大手上位企業による寡占的な傾向が見受けられる。

販売面の特徴として、菓子は多品種であり、かつ、その製品の入替えが激しいことが挙げられる。嗜好品であり、目新しさが求められ、また、販路の1つであるコンビニエンスストアでは、新製品が販売されても売上が伸び悩んでいれば非常に短い期間で陳列棚から撤去されてしまう。よって、定番の製品として残るものは数少なく、多くの製品のライフサイクルは短いものとなっている。そのため、製品開発のコストもかさむ傾向にある。また、売上高には季節的な変動要因があり、クリスマス、バレンタインデー、ホワイトデー等の前後では、その売上が多くなるという特徴もある。

主な業界団体としては、以下のものが挙げられる。

●全国菓子工業組合連合会（全菓連）
〒107-0062　東京都港区南青山5-12-4（全菓連ビル）
電話　03-3400-8901　　FAX　03-3407-5486
https://www.zenkaren.net/

●全日本菓子協会（ANKA）
〒105-0004　東京都港区新橋6-9-5（JBビル7F）
電話　03-3431-3115　　FAX　03-3432-1660
https://www.anka-kashi.com/

(2)　業界の動向

図表1-4-8　菓子製造関連の事業を有する主な会社

会社名	事業名	売上高（連結）※1	営業利益（連結）※1	総資産（連結）※1
㈱ロッテ	全社	2,820億円	※2	※2
カルビー㈱	食品製造販売事業	2,793億円	222億円	2,390億円
森永製菓㈱	食料品製造事業	1,854億円	148億円	1,592億円

※1　関連する事業の外部顧客への売上高、セグメント利益、セグメント資産
※2　財務データ非公開
（出典：各社有価証券報告書、ホームページより作成（いずれも2023年3月期））

経済産業省の「2022年経済構造実態調査（製造業事業所調査）」によれば、令和３年のパン・菓子製造業の製造品出荷額は５兆954億円である。そのうち菓子業界は、少子高齢化が進む中、消費者の健康志向の高まりなどもあり、全体的に出荷額は減少傾向にある。国内では、コンビニエンスストアやスーパーマーケットがラインアップを拡充するPB商品との競争も激化している。

財務諸表の特徴としては、流通菓子（チョコレート、スナック菓子、キャラメルなど）を製造するような大企業は、装置産業的な性格が強く、固定比率が高い傾向にある。固定費の負担が重いため、損益分岐点売上高についても、他の食品製造業より高い傾向にある。

⑶　経営課題

流通菓子の種類は多様であるとともに、商品の改廃のスピードが速いことに特徴がある。定番品を製造していく中で、新商品の開発に力を注ぎ、新たな定番品としていくことが必要になる。

また、海外の市場シェアは外資系メーカーが大半を占めており、日本の菓子製造業界の海外売上高比率はそこまで高くはないため、海外の市場を開拓していくことなど国際化への対応も今後の課題となる。

9　即席めん類製造業

⑴　歴史と概要

即席めん類製造業の歴史は、昭和33年に即席袋めんが開発されたことから始まる。昭和46年には袋めんとは異なる発泡スチロール容器入りのカップめんが発売され、さらに平成４年には生タイプ即席めんが発売される。これら、袋めん、カップめん、生タイプめん等を中心として、即席めん市場は拡大していき、近年は消費者の低価格志向や高級ノンフライめんの需要も高まっている。

即席めんを製造する際の主な原材料は小麦粉である。製造業者が直接に小麦粉の仕入先とするのは、製粉メーカーやその系列の問屋などであるが、その仕入単価は政府による小麦売渡価格の変動の影響を受けやすい。そのため、小麦売渡単価の上下が仕入高、製造原価の増減の理由となることが多い。

即席めんの種類は豊富であるが、その製造工程の基本的な部分は共通している。まず、水に食塩、カン水などを溶かし、こね水を作る。このこね水と小麦粉をミキサーに入れ、混捏（こんねつ）することにより生地が作られる。生地は圧延機により引き伸ばされたのち、切出機により、めんの形に切り出される。めんは、蒸し機コンベアに載せられ95～98℃で2分前後蒸されたのち、1食ずつ型詰めされる。その後、ノンフライめんであれば熱風で乾燥等の工程を経て包装され完成となり、油で揚げるものであれば、油で揚げたのち冷風で冷却され包装後、完成となる。以上のように、生産の工程のほとんどは機械化されているため、即席めん製造業は装置産業であるといえる。

販売面における即席めんの全体的な特徴として、夏場に需要が落ち込む傾向が見受けられる。また、量販店で特売商品となりやすい点が挙げられ、特に袋めんについては5食入りパックの特売が恒常化しているとさえいえる。

主な業界団体としては、以下のものが挙げられる。

●㈳日本即席食品工業協会

〒105-0004　東京都港区新橋6-9-5（JBビル4F）

電話　03-6453-0081　　FAX　03-6453-0082

https://www.instantramen.or.jp/

(2)　業界の動向

図表1-4-9　即席めん類製造関連の事業を有する主な会社

会社名	事業名	売上高（連結）※1	営業利益（連結）※1	総資産（連結）※1
日清食品ホールディングス㈱※2	日清食品事業、明星食品事業、米州地域事業、中国地域事業	4,668億円	500億円	※3
東洋水産㈱	海外即席麺事業、国内即席麺事業	2,760億円	328億円	2,233億円
サンヨー食品㈱	全社	1,615億円	※4	※4

※1　関連する事業の外部顧客への売上高、セグメント利益、セグメント資産
※2　国際財務報告基準（IFRS）適用会社
※3　セグメント資産非公開
※4　財務データ非公開
（出典：各社有価証券報告書、ホームページより作成（いずれも2023年3月期））

経済産業省の「2022年経済構造実態調査（製造業事業所調査）」によれば、令和3年のめん類製造業の製造品出荷額は1兆978億円である。即席めんの原材料のうち小麦は特に大きな割合を占めているが、「❻製粉業」（35頁）で記述したとおり、小麦などの原材料価格は高騰しており、さらにエネルギー費や物流費などのコストも増加していることから、令和4年に大手各社は販売価格の値上げを行った。値上げは行ったものの、消費者の購買意欲の大きな減退にはつながっておらず、即席めんの簡便性や保存性などの強みが支持されたと考えられる。また、少子高齢化の影響で国内市場の縮小が見込まれる中でいかに海外市場に進出するかが成長のカギとなるが、業界大手の日清食品ホールディングス㈱や東洋水産㈱は近年の海外事業の増益幅が大きく、現地のニーズや背景などを踏まえた商品開発に成功しているといえる。

(3)　経営課題

消費者の健康志向に対応した特徴のある新製品を開発し、販売数量を

伸ばしていくとともに販売価格の維持に努めていくことが必要であろう。また、アジアをはじめとする海外市場は拡大を続けており、今後もいかに海外市場に進出していくかが課題となる。

10 冷凍食品製造業

(1) 歴史と概要

JAS 規格にて定義される冷凍食品が製造されたのは昭和12年、今日のニチレイの前身である日本食糧工業によるものであった。冷凍の技術だけでいえば、紀元前2500年ころのエジプトの壁画にみることもできるようであるが、冷凍食品ではない。日本で冷凍食品の消費が拡大するのは、昭和40年代後半、家庭に冷凍庫つき冷蔵庫が普及してからのことである。製造される冷凍食品の約２分の１は家庭用であり、残りの２分の１はファミリーレストランやファストフードなどに販売される業務用である。

原材料の仕入は、大手商社、大手水産会社、海外に系列会社などによりなされる。原材料は商品市況の相場に左右されるものが多く、価格変動リスクにさらされている。また海外からの輸入品も多いため為替変動のリスクにもさらされている。

冷凍食品の製造には加工のための機械や、凍結装置・機器、商品冷凍装置・機器、冷凍機能のある配送設備など、多額の設備投資が必要となる。一般的な製造工程としては、まず、購入した原材料を前処理した後、加熱、調理する。その後、冷却された後、成型され、凍結がなされる。凍結された後は包装され、検品が済んだものが冷凍保管され出荷される。

流通経路は、大手スーパーマーケットやレストランなどに直接納入するものや、総合問屋、冷凍専業問屋などの卸に納入するものなどがある。卸を挟んだ取引があれば、種々のリベートを支払う商慣習が存在している。家庭用の販売価格の値下圧力は強く、スーパーマーケットなどの量販店では、値引販売が常態化しているといえる。冷凍食品であるがため、最終消費者が購入後に冷凍庫で保存できることから、量販店で割引されているときに買いだめをしておくことができるのがこうした値引販売の原因の１つともなっている。平成20年に中国製冷凍餃子に農薬が混入されている事件などが発生し、冷凍食品の販売数量そのものが大きく落ち込んだ時期もあった。

主な業界団体としては、以下のものが挙げられる。

●㈳日本冷凍食品協会
〒104-0045　東京都中央区築地3-17-9（興和日東ビル４F）
電話　03-3541-3003　　FAX　03-3541-3012
https://www.reishokukyo.or.jp/

●㈳日本冷蔵倉庫協会
〒104-0055　東京都中央区豊海町4-18（東京水産ビル５F）
電話　03-3536-1030　　FAX　03-3536-1031
https://www.jarw.or.jp/

⑵　業界の動向

図表1-4-10　冷凍食品製造関連の事業を有する主な会社

会社名	事業名	売上高（連結）※1	営業利益（連結）※1	総資産（連結）※1
㈱ニッスイ	食品事業	3,820億円	114億円	2,146億円
㈱ニチレイ	加工食品事業	2,753億円	139億円	1,720億円
味の素㈱※2	冷凍食品事業	2,672億円	2億円	2,003億円

※１　関連する事業の外部顧客への売上高、セグメント利益、セグメント資産
※２　国際財務報告基準（IFRS）適用会社
（出典：各社有価証券報告書、ホームページより作成（いずれも2023年３月期））

経済産業省の「2022年経済構造実態調査（製造業事業所調査）」によれば、令和３年の冷凍水産食品製造業の製造品出荷額は6,566億円であり、冷凍調理食品製造業の製造品出荷額は１兆2,638億円である。家庭

用については、共働き世帯の増加等で食の簡便化を志向する消費者のニーズとマッチし需要は拡大している。また、最近では冷凍食品の個食（単身世帯）需要も増加しており、各社はニーズに合わせた商品ラインアップの拡充を図っている。一方で、業務用については新型コロナウイルス感染症拡大に伴う外食産業の不振により厳しい状況が続いていたが、新型コロナウイルス感染症の収束後は外出機会が増えたことで外食向けの冷凍食品の出荷量も回復した。

⑶　経営課題

直近のエネルギーコスト高騰に加え、冷凍食品は販売まで温度を管理する必要があることから、食品の中でも保管・輸送のコストが高い傾向にある。そのため、コスト上昇分を販売価格へ転嫁する動きが直近ではみられるものの、高付加価値商品の販売強化や物流効率化などの利益確保に向けた取り組みが今後も重要になると考えられる。また、品質問題が発生した場合は、社会的信用が毀損するとともに業績に大きな影響を与えるため、今後も冷凍食品の安全性確保を最優先に考えていく必要がある。

11　牛乳・乳製品製造業

⑴　歴史と概要

牛乳・乳製品製造業は、牛乳や発酵乳（ヨーグルトなど）、バターやチーズなどの乳製品を製造する製造業である。歴史は古く、発酵乳は紀元前5000年、バターは紀元前1500～2000年には存在していたとの記録が見受けられる。日本においては文久３年（1863年）、横浜にて民間の搾乳業が開始されたのが乳業の始まりといわれている。明治時代に入ると乳製品の製造も行われるようになり、第二次世界大戦後には海外からの技術や設備の導入が積極的に行われた。また、学校給食に牛乳が採用されたことをきっかけに、国民の食生活に定着していった。昭和27年に高温短時間殺菌（HTST：High Temperature Short Time）が実用化され、大量生産が可能となり今日に至る。

乳製品の種類は数多くあるが、原料となるのは生乳である。生乳の取引は、知事による認可を受けた指定生乳生産者団体が乳業メーカーと取引価格等を定めた取引契約を締結していた。しかし、平成12年度からは、農林水産大臣の指定に基づき、北海道、沖縄を除く全国８ブロックで生乳販連が発足され、ホクレン、沖縄県酪農協とともに乳業メーカーとの取引契約を締結している。取引価格等は地域ごとに、需給バランスに基づき決定されている。

生乳を各乳製品に加工するための製造工程は、それぞれ異なっており乳製品全体に共通の工程を見出すのは困難である。飲用牛乳については鮮度が重要となるため、都市圏に工場が存在するケースが多く、逆に乳製品については、原料の原産地に工場が存在するケースが多い。

家庭用飲用牛乳の販売形態は、「乳類販売業許可」を持つ牛乳販売店によりなされてきたが、近年ではスーパーマーケットやコンビニエンスストアなどの量販店での販売が主流となっている。菓子メーカー等の原料用に使用される業務用乳製品は、乳製品工場で加工された後、卸売業者、仲卸業者を経て、各メーカーに販売されることとなる。また、牛乳の消費量には季節性があり、夏場である７月～９月に需要は高まるが、１月～３月は落ち込む傾向がある。ただし、生乳の生産は春から夏にかけて最高となるため、夏から秋にかけては生乳の生産よりも飲用牛乳等の需要のほうが上回る形になる。そのため、生乳の生産と牛乳の消費量にはギャップが生じており、季節的な需給のアンバランスに対処することが必要となっている。

主な業界団体としては、以下のものが挙げられる。

●㈳日本乳業協会

〒102-0073　東京都千代田区九段北１-14-19（乳業会館４F）

電話　03-3261-9161　　FAX　03-3261-9175

https://www.nyukyou.jp/

●全国乳業協同組合連合会

〒101-0051　東京都千代田区神田神保町1-10（和田ビル４Ｆ）

電話　03-5577-7080　　FAX　03-5577-7081

https://jf-milk.or.jp/

⑵　業界の動向

図表1-4-11　牛乳・乳製品製造関連の事業を有する主な会社

会社名	事業名	売上高（連結）※1	営業利益（連結）※1	総資産（連結）※1
明治ホールディングス㈱	食品事業	8,648億円	558億円	8,230億円
森永乳業㈱	食品事業	5,020億円	334億円	4,183億円
雪印メグミルク㈱	乳製品事業、飲料・デザート類事業	4,931億円	113億円	3,508億円

※１　関連する事業の外部顧客への売上高、セグメント利益、セグメント資産
（出典：各社有価証券報告書、ホームページより作成（いずれも2023年３月期））

経済産業省の「2022年経済構造実態調査（製造業事業所調査）」によれば、令和３年の処理牛乳・乳飲料製造業の製造品出荷額は１兆2,308億円であり、乳製品製造業の製造品出荷額は１兆4,614億円である。牛乳・乳製品製造業界は大手３社による寡占市場が形成されており、大手３社については、売上高総利益率が食品製造業全体に比べて高い傾向が見受けられる。日本の畜産農家は後継者不足や飼料価格の高騰により厳しい経営が続いており、牛乳の原料である生乳の仕入価格も上昇傾向にあるため、大手を中心に販売価格への転嫁を進めている。また、牛乳・乳製品業界でも海外進出の動きは加速しており、明治ホールディングス㈱は中国で相次いで新工場を稼働し牛乳やヨーグルトなどの増産を進めている。

(3) 経営課題

生産コストの高騰などを背景として各社は販売価格の値上げに踏み切ったが、消費者の牛乳離れを防ぐためにも、飲用牛乳の容量の見直しや高付加価値ミルクの開発など、販売数量維持を目的として消費者のニーズにいかに対応していくかが課題として考えられる。

12 ビール・酒類製造業

(1) 歴史と概要

ビールは、紀元前3000年ころにはメソポタミアにて醸造された記録がある。ただし、ホップが使用されるようになるのは12～15世紀ごろのドイツや北欧諸国であるといわれている。日本では1868年に初めて横浜にて米国人によって製造された。

主な原材料は大麦、ホップ、水であり、日本の酒税法では米、トウモロコシなどの副原料は麦芽の50%を超えて使用してはならないと定められている。

酒類の販売については、その特性と税収における役割から免許制がとられており、酒類の販売業等免許は酒類卸売業と酒類小売業に区分されている。流通経路は簡素であり、製造業から卸売業を経て小売業に販売されるものが一般的である。長年にわたる取引慣行として、メーカーが最終消費者への販売価格を決めておく建値制が維持されていたが、量販店などの異業種の進出に伴い、小売価格の値下げ圧力が強くなり、小売業が最終消費者への販売価格を決めるオープン価格制に移行している。近年では、酒税法上ビールに分類されない発泡酒や第3のビールと呼ばれる低価格のビール風味アルコール飲料が急速にシェアを伸ばしている。酒税の課税標準は、酒類の製造現場から移出した時点で各企業が負うため、各企業は酒税分も加味して販売単価を決定することとなる。

卸売業はメーカーから得たリベートを原資に小売店に拡販するが、受取リベートと支払リベートの収支により利益を確保しており、リベート制に基づくメーカーの流通支配力が強い業界でもある。

主な業界団体としては、以下のものが挙げられる。

●ビール酒造組合

〒104-0061　東京都中央区銀座1-16-7（銀座大栄ビル10F）

電話　03-3561-8386　　FAX　03-3561-8380

https://www.brewers.or.jp/

●日本洋酒酒造組合

〒103-0027　東京都中央区日本橋2-12-7

電話　03-6202-5728　　FAX　03-6202-5738

https://www.yoshu.or.jp/

(2)　業界の動向

図表1-4-12　ビール・酒類製造関連の事業を有する主な会社

会社名	事業名	売上高（連結）※1	営業利益（連結）※1	総資産（連結）※1
アサヒグループホールディングス㈱※2	※3	19,960億円※3	※3	※3
サントリーホールディングス㈱※2	酒類事業	10,457億円	1,756億円	※4
キリンホールディングス㈱※2	国内ビール・スピリッツ事業、オセアニア酒類事業	9,658億円	1,101億円	10,503億円
サッポロホールディングス㈱※2	酒類事業	3,768億円	89億円	※4

※１　関連する事業の外部顧客への売上高、セグメント利益、セグメント資産
※２　国際財務報告基準（IFRS）適用会社
※３　セグメント情報で酒類と飲料（清涼飲料水等）の区別ができないため、売上収益注記から「酒類製造・販売」の売上収益のみ記載
※４　セグメント資産非公開
（出典：各社有価証券報告書、ホームページより作成（いずれも2023年12月期））

経済産業省の「2022年経済構造実態調査（製造業事業所調査）」によ

れば、令和3年の酒類製造業の製造品出荷額は3兆1,992億円である。本業界は大手4社（アサヒグループホールディングス㈱・サントリーホールディングス㈱・キリンホールディングス㈱・サッポロホールディングス㈱）が国内市場の大部分を占める寡占業界となっており、各社がシェアを競っている状況である。ビール系飲料全体としての出荷量は減少傾向にあり、国内市場は縮小傾向にあるため、世界の市場を視野に入れた海外企業を巻き込むM&Aが今後も続いていくと考えられる。

新型コロナウイルス感染症収束に伴う経済の回復により、飲食店向けの業務用ビールの需要も回復傾向にある。また、令和5年10月の酒税法改正では、ビール・発泡酒・新ジャンル（第3のビール）とそれぞれ異なっていた税率の一本化がなされ、新ジャンル（第3のビール）は増税された一方でビールは減税されたため、ビールの販売に追い風が吹いている。

(3) 経営課題

少子高齢化や若者のアルコール離れなどを原因として、国内市場でのビール系飲料全体の消費量は減少傾向にある。その中で、プレミアムビールなどの高付加価値商品の開発や消費者の健康志向に合わせた機能性ビールの開発など多角化を進めていけるかが課題となるであろう。また、海外では大陸をまたぐような大型のM&Aが加速しており、世界市場を見据えた業界再編が課題と考えられる。

13 清涼飲料製造業

(1) 歴史と概要

食品衛生法によれば清涼飲料水とは、「乳酸菌飲料、乳および乳製品を除く酒精分1容量%未満の飲料」とされており、果実飲料、ソーダ水、炭酸水、コーラ類、コーヒー、緑茶など飲料のほとんどすべてが清涼飲料水に該当し、その種類は多種多様である。そのため、その歴史も各種さまざまである。

日本で清涼飲料製造業が始まったのは明治時代であるといわれている。戦後、昭和20年代後半に果実飲料が市場に登場し、さらに昭和36年には、コーラ飲料用調合香料の輸入自由化を受けて炭酸飲料が普及した。昭和40年代には、スポーツドリンク、ウーロン茶、ミネラルウォーターなどが開発され、現在でも新製品の開発が続いている。

主な原材料は、炭酸飲料水を例にとれば、処理飲料水、糖類、酸味料、香料、滅菌飲用水などとなる。また、飲料はブランド力の維持・向上が重要であり、国内は飲料ブランドを持つ大手企業による寡占市場である。

売上高については季節や天候、気温の影響を受けやすく、夏であれば冷夏になると売上が例年より落ち、猛暑であれば売上高は伸びる傾向にある。流通経路は、小売業者などに直接販売するケースや、国内の総合商社、食品メーカーと業務提携をし、その流通経路に乗せて販売するケースなどがある。また、清涼飲料水については自動販売機による売上も大きく、メーカー指定の定価販売ができるため高い収益性を確保できる。しかし、近年はコンビニエンスストアのカウンターコーヒーの台頭やオンライン販売の増加により、自動販売機の稼働台数は年々減少している。

主な業界団体としては、以下のものが挙げられる。

●㈳全国清涼飲料連合会

〒101-0041　東京都千代田区神田須田町2-9-2（PMO神田岩本町2F）

電話　03-6260-9260　　FAX　03-6260-9306

http://www.j-sda.or.jp/

●㈳日本自動販売協会

〒108-0014　東京都港区芝5-29-20（クロスオフィス三田409）

電話　03-6435-7821　　FAX　03-6435-7822

https://www.jama-vm.com/

(2) 業界の動向

図表1-4-13　清涼飲料製造関連の事業を有する主な会社

会社名	事業名	売上高（連結）※1	営業利益（連結）※1	総資産（連結）※1
サントリーホールディングス㈱※2	飲料・食品事業	15,842億円	1,658億円	※3
コカ・コーラ ボトラーズジャパンホールディングス㈱※2	飲料事業	8,685億円	34億円	8,448億円
アサヒグループホールディングス㈱※2	※4	5,952億円※4	※4	※4

※1　関連する事業の外部顧客への売上高、セグメント利益、セグメント資産
※2　国際財務報告基準（IFRS）適用会社
※3　セグメント資産非公開
※4　セグメント情報で酒類と飲料（清涼飲料水等）の区別ができないため、売上収益注記から「飲料製造・販売」の売上収益のみ記載
（出典：各社有価証券報告書、ホームページより作成（いずれも2023年12月期））

経済産業省の「2022年経済構造実態調査（製造業事業所調査）」によれば、令和3年の清涼飲料製造業の製造品出荷額は2兆3,889億円である。消費者の健康志向の高まりを受けて、野菜飲料などの健康飲料は伸びているが、炭酸飲料などの落込みを受け、市場全体の出荷額はやや減少傾向にある。砂糖やコーヒー豆、容器に使うペット樹脂などの原材料高騰の影響で、大手各社は令和4年に大型・小型ペットボトル製品を値上げしたほか、令和5年には缶コーヒーなどの缶製品を値上げした。

また、規模のメリットを求め、同業のM&Aによる寡占化が進んでいる。平成24年にはアサヒグループホールディングス㈱がカルピス㈱を買収し、平成27年にはサントリーホールディングス㈱の子会社であるサントリー食品インターナショナル㈱が日本たばこ産業㈱の自動販売機事業と飲料ブランドを取得した。業界大手のコカ・コーラ グループでは効率化を図るため、平成29年にコカ・コーラウエスト㈱とコカ・コーラ

イーストジャパン㈱が経営統合し、コカ・コーラ ボトラーズジャパン㈱が発足した。

⑶　経営課題

清涼飲料水は製品自体の差別化は難しいうえに、製品の改廃のスピードが早い。そのため新製品の開発、広告宣伝に力をいれるとともに定番品の売上を保つことが課題となる。また、自動販売機の稼働台数は減少しているものの、一部の大手では固定ユーザー獲得を目的としてポイント還元可能なアプリを導入しているほか、IT 技術を活用した品揃えの最適化なども行われており、利益率の高い自動販売機の売上をいかに確保していくかも継続課題といえる。

第5節

食品製造業におけるM&A

1 近年のM&Aの動向

近年の食品製造業界各社は、国内のみならず、全世界を視野に入れた競争力強化のため、本業における販売チャネルの獲得、経営の効率化、異業種への進出による多角化等を経営戦略の一環として進めている。

2020年以降の代表的な再編動向を紹介すると、国内企業同士の案件では、2020年の日清食品ホールディングス㈱による㈱湖池屋への出資拡大による子会社化、2021年の三井製糖㈱と大日本明治製糖㈱の株式交換およびその後2022年に合併、2021年の㈱ミツウロコビバレッジによる静岡ジェイエイフーズ㈱の株式取得、2022年の日清製粉㈱による熊本製粉㈱の株式取得、2023年の山崎製パン㈱による㈱神戸屋の包装パン事業等を会社分割により承継させた新会社の株式取得、2023年のサントリー㈱による㈱ヴィノスやまざきの株式取得がある。

国内企業が買い手、海外企業が買収対象会社の案件においては、特に飲料業界の海外企業の買収が継続している。例えば、サッポロホールディングス㈱は2022年に子会社を通じて米国のクラフトビール会社であるストーンブリューイングを買収、アサヒグループホールディングス㈱が2024年に米国の飲料製造受託のオクトピ・ブルーイングの買収を発表している。

2　近年のM&Aの要因

上位シェアを獲得している企業による買収・資本参加等、海外企業の買収が継続して食品製造業界のM&Aの特徴であり、それらの主な要因は以下の4点と考えられる。

① 食品製造業界は不況による消費低迷、プライベートブランド商品へのシフトにより、小売価格が低価格化している。各社は、これらに適応するため、工場やサプライチェーンのデジタル化を含めて生産効率を高め、間接経費等のコストを削減し、シェアを確保することによって小売店等への価格交渉力の維持を図る必要があり、その手段として水平型の買収により企業規模を拡大している。

② 少子高齢化に伴い、わが国の食品市場は成熟傾向にあるため、各社とも限られた国内市場を巡ってシェア拡大を図るだけでなく、海外の製造・販売会社の買収により海外市場への進出・シェア拡大を図っている。

③ 農林水産省が公表している日本の食料自給率によると令和4年度のカロリーベースの総合食料自給率は38%であり、わが国は食品製造業の原料消費量の過半を海外からの輸入に依存している。ウクライナ情勢による各種値上がりや、穀物等の原料価格の高騰などから、原料調達の過半を輸入に依存しているわが国の食品製造業界各社は、大きな影響を受けている。そのため、海外の原料メーカーを買収することにより、安定した原料供給源を確保し、価格変動リスクを回避することも要因である。

④ 自社の研究開発による技術・特許の獲得や、自社建設による工場・設備の確保には一般的にある程度の時間を要するが、M&Aによれば、優れた技術・ブランド・人材・工場・生産設備等を比較的短期間で獲得できる。そのため、食品製造業界に限らず、この時間短縮効果は各社がM&Aを選択する一要因となっている。

第2章

会計と内部統制

この章では、主要な取引の流れごとに食品製造業にかかる取引の概要と会計処理、主な内部統制、監査上の着眼点を解説していくこととする。

第1節
購買取引

1 取引の概要

食品製造業における購買に関する会計と内部統制について解説する前提として、まず、食品製造業に特徴的な点を中心として、購買取引の概要に触れていく。

第1章における解説にもあるように、食品製造業においては、農作物や生ものを中心とした原材料を購入して、家計単位ではなく、工業規模で食品や飲料の製造を行っている。その特徴は、製造品種や製造量による分類が非常に多岐にわたるという点であり、少品種大量生産を行うような食品・飲料メーカーもあれば、多品種少量生産を行うような食品・飲料メーカーも存在する。また、一口に食品・飲料メーカーといっても、サプライチェーンの中で上流に位置する製品の製造を行っているか、より消費者に近い下流に位置する製品の製造を行っているかによっても取引の状況は変わってくる。さらには、製品の用途が主に業務用に使用されるか、消費者に直接的に市販されるか（いわゆる「家庭用」）によってもビジネスが変わってくるため、自ずと取引の状況は変わってくる。これらの特徴に鑑み、食品製造業のみに特徴的な点を端的に記述することは困難であるため、まずは、製造業一般にも該当する事項から触れていくこととする。

(1) 購買取引のプロセス

まず、一般的な原材料等の購買取引におけるプロセスについて紹介する。一般的な組織構造における、購買取引での注文、調達、検収、仕入計上等の一般的な流れは、以下のとおりである。

図表2-1-1　購買取引フロー

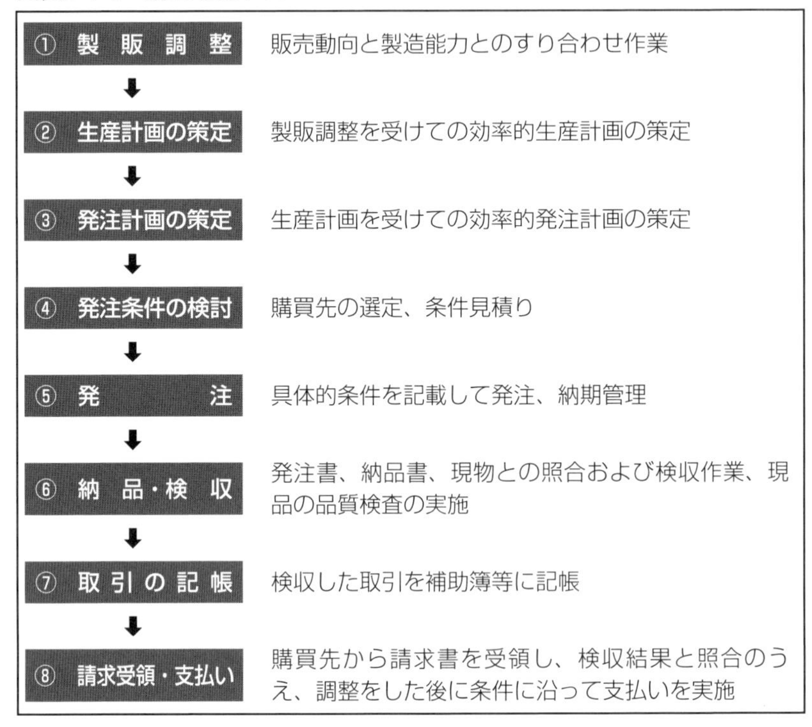

① 製販調整

まず、営業部門と生産部門との間で「製販調整」が行われる。製販調整とは、営業部門で立案された市場動向を加味した販売目標等に対して、生産部門である各工場等の生産能力がそれに対応できるような状況であるか否かを検討することを意味する。

適切な製販調整がなされていないことによって販売機会を逸することは企業の利益獲得機会を奪うことであり、「売れ筋」やこれから「売込み」をかけていこうとする製品を重視して生産することは、製販調整によって達成することのできる企業の重要な目標の１つであるといえる。一方で、供給責任のある製品を効率的に生産することは、稼働率の上昇によって企業の利益獲得に寄与するものであるため、あえて稼働率を下げてまで生産計画を変更することは、むしろ企業にとってマイナスとなる場合もある。

このように製販調整において、販売部門と生産部門のさまざまな状況を加味して、企業の生産活動が最適な結果となるよう調整されることとなる。

② 生産計画の策定

次に、製販調整での調整結果を受けて、生産管理部門においては、生産計画の策定を行うこととなる。具体的に調整結果を資材購買部門や生産現場である工場等へ提示し、各工場では提示された生産計画に基づいて、より詳細な生産スケジュールが立案される。

③ 発注計画の策定

続いて、資材購買部門では、生産計画を受けて、これに応じた原材料等の発注計画が立案されることとなる。在庫量や倉庫のキャパシティ等を考慮のうえ、生産遂行に支障のないように発注計画が立案される。そして、立案した発注計画に基づき、具体的に、物流コストや在庫コストを考慮した必要発注量の算出や納期の検討を行う。

④ 発注条件の検討

発注計画の策定と併せて、同時に、仕入・納入単位、単価、納入時期、支払時期、決済方法・決済時期などの発注条件に見合った購買先業者の選定や、発注金額の見積作業が実施されていくことになる。原則として２社以上の見積書を出させて関係部署の稟議を経て行うことで、購買を有利に実行し、売上原価を低減するようにしていくことが望ましい。場合によっては、こうした低減活動が、製販調整と同時かそれ以前から継続的に実施され、企業全体で購買取引を検討しているケースもあろう。

⑤　発　注

発注条件が定まると、購買先への発注作業が行われる。購入する原材料等について、種類・品質・単価・購入先・納期・支払条件等の諸条件を記載した発注書を購買先に提示するケースが一般的である。発注を受けた購買先においては、具体的条件へ対応が可能なことを確認の後、発注請書を作成し、発注元企業へ返答することとなる。食品製造業では同種の原材料等を大量に取引するため、EDI（電子データ交換）によって行われることが多い。

なお、発注した取引については納期管理を行い、発注したが納品されていないものをチェックすることが一般的である。

⑥　納品・検収

続いて、購買先の業者から、各工場等の生産現場や倉庫等に原材料等の納品が行われる。食品製造業では、一般的に、原材料の鮮度が重要視される場合が多いため、日々受入れがなされることが多く、納品時には受入側において検収作業が実施される。

具体的には、受入時にその都度、発注書控、納品書等と原材料等の現物が照合され、受入日付を明らかにした検収報告書等が作成され、もしくはこれに代わる記録がシステムに入力されることになる。誤納品や数量過不足があった場合には、生産スケジュール等に支障が生じないように調整することになると考えられる。

また、製造工程に投入するのに適した品質を保持しているか否かを確認するため、検収された原材料等は品質管理部署による抜取り検査がなされ、一定の基準を満たさないものについては取引先に対して返品がなされることもある。最近では、食品の安全性に対する配慮から全品検査を行っていることも少なくない。

⑦　取引の記帳

検収作業が実施された取引については、仕入先元帳等への記帳が行われる。

大量の取引が行われる昨今の取引状況下においては、発注から取引記帳までが連動した形でシステム化されているケースが多く、こうしたケースにおいては、発注時にシステム入力した内容が記録されており、これに対して検収入力を実施することで、自動的に仕入先元帳データが蓄積されていくこととなる。これを利用することで、納期到来済みの発注済未検収取引が抽出されることにもなる。

⑧　代金の請求受領・支払い

物品の受領・検品が終了後、購買先から請求書が送付される。請求書には、一般的に購買先が出荷し、納品した取引の明細が添付されていることが多く、こういった購買先の認識している取引内容と、自社における購買取引の検収結果もしくはそれを反映した仕入先元帳等とを照合することで、請求内容についての照合を実施する。

この照合では、主に、単価違いや納品日の認識のずれといった事項の調整が行われる。そして、当該調整が完了した後、当初決定されていた条件に沿って支払いを実施することになる。なお、調整過程において、自社の認識に間違いが生じていた場合には、自社の取引の記帳を適宜修正することとなる。

(2)　代表的な購買方法

購買取引における一般的なプロセスは前述のとおりである。これに加えて、食品製造業の多くは、多品種か少品種かを別として、その製造プロセスが他の製造業と比較して、大量生産に向いていることから、大量生産の形態をとるケースが多いと考えられる。また、食品には鮮度が要求されることが多いため、食品以外の製造業と比べた場合には、原材料の調達にあたって、より品質のよいものを、より廉価で、かつ必要な時期に必要なだけ、組織的に購買することが強く求められるといえる。

こういった大量生産を行うような食品・飲料メーカーが原材料を発注する際には、徹底したコストダウンを図る目的、さらには、高品質な原材料の購入を図る目的のために、購買組織を合理的な形にする方式として、さまざまな購買方法をとることがある。以下、調達方式に関して、代表的な手法について説明する。

①　集中購買方式

この方式は、各工場で共通して使用する原材料を購買部門で一括して購入すること、または、関係会社間で共通する原材料に関して親会社で一括して購入すること等の手法により、１回の購買取引におけるロットを拡大することを通して、購入先から有利な条件を引き出すことを目的として行われる。

大規模な食品・飲料メーカーにおいては、物流コストも考慮して、消費者に近い地域に生産拠点を設けるために、各地に製造工場が設けられるケースが多いと考えられる。このような場合において、発注先が各地へ供給する体制を持っている会社であるならば、各工場で共通して必要とする資材等は購買部門において一括購入することが、効率的購買となるのである。

この方式の成否は、発注先の製造能力や供給する原材料の供給品質等にも依存すると考えられる。通常の購買においては、何社もの発注先から発注条件を見積もることになろうが、この方式による場合、発注先の数をその能力や品質から事前に限定し、大量購買によって発注先との関係を強くすることで、低価格・短納期・付加的なサービス（例えば、物流時の負担等）といった有利な条件を引き出していくこととなる。対する発注先の企業としても、大量販売による製造効率の向上が望めること、納入先の要求に応えることで品質向上を定期的に図ることが可能となる。

なお、集中購買方式を採用する以外の原材料については、各工場ごとに個別に購入することになるが、工場ごとの購買であっても効率的購買がなされるように、本社の購買部門等より一定の指示が可能となるような組織系統によって購買組織が成立していることがある。特に、国際的な製造拠点を有する場合には、所要の品種・品質・数量・購入時期・保管場所等について、本社の購買部門等でコントロールをして、一定の指示をすることが考えられる。これも、広い意味での集中購買方式であるといえる。

② 大量発注・分割納入方式

この方式においても、発注先の製造能力や供給する原材料の供給品質等が当該方式の採用の成否に関係してくると考えられる。発注については、各食品・飲料メーカーにおいて、主力製品等を製造するための基本となる原材料は決まっていることから、こういった原材料を供給する発注先を１〜２社に絞ったうえで、納入先とのパイプを太くするなど、取引関係を密接にし、価格、納期、サービス面で有利な扱いを受けるために大量に発注する方式がとられる。一方で、発注した原材料の納品については、発注先の製造能力や在庫保管能力、運転資金の問題を考慮して、分割して行う方式をとる。

この方式は、より発注金額が大きく、かつ、各食品・飲料メーカーにおいて供給責任等の問題から、継続的に使用するような主原材料の購買において採用されるケースが多いと考えられる。

各工場共通の原材料等の購買を本社購買部門等に集中させることによって各種の有利な条件を引き出すことは、集中購買方式と共通するものである。

③ 購買先の系列化

この方式は、購買取引に特化した業務を実施するような専業の子会社または関連会社を連結グループ内に設立する方式をとることによって実施される。あるいは、従来の継続的購買先から当該企業の増資を引き受けることによる資本参加、当該企業に対する役員の派遣による意思決定機関の支配または影響力の強化、当該企業に対する貸付金等による資金援助、または、当該企業に対する経営指導といった手法により実施されることとなる。

上記のような方式をとることで、従来の外部取引先からの購買ではなく、購買先を自社の連結グループもしくはそれに準じた形で自社のサプライチェーンの系列内部に取り込むことになる。これにより、前述のような集中購買や大量発注・分割納入方式の実施を容易にすることが可能となるとともに、系列化された企業は購買業務に資源を集中することが可能となるといえる。結果として、食品製造業に必須と考えられる安定的な原材料の調達を実現することができるようになると考えられる。

このような利点があることから、大規模な企業グループにおいては、多少なりとも自社の購買先を系列化していることが一般的になっていると考えられる。食品を大量生産するため、大規模な企業グループになるにつれて、社会的にも安定的な食品供給を求められてくることもこういった系列化の要因となっていると考えられる。

(3)　特殊な購買方式

ここまでは、購買組織を合理的な形にするための代表的な方式を取り上げてきたが、以下では、比較的特殊ではあるものの、食品製造業において採用されていることが多いと考えられる購買方式について、触れることとする。

なお、ここで取り上げるような方式は、その特殊性から、後述する内部統制の観点や監査上の着眼点においても常時注目される点であることに留意されたい。

①　使用高検収

この方式では、まず、あらかじめ購買先から購買する予定の原材料等について、一定期間の予想使用量等に基づいた一定量の積送を受けることから始まる。そして、積送を受けた原材料等については、その後、自社の倉庫等において預かっておき、工場等の現場でこれを使用する都度、その使用する高相当量を検収したものとみなして、自社における仕入計上を行う。

この方式は、一定期間の使用量が予想できる場合において適用可能となると考えられ、長所として、使用の必要性が生じる都度、発注作業を行うといった発注の煩雑性を解消することが可能となることが挙げられる。また、在庫量、倉庫のキャパシティ、物流頻度を考慮することで在庫コスト・物流コストの低減につながる可能性があるほか、緊急の生産の必要性にも対処が容易であることも長所として挙げることができ、前述の集中購買や大量発注とも相まって利用されると考えられる。

一方で、短所としては、使用高に基づいて検収・仕入計上することから、購買先に所有権のある未使用物品についての管理が必要となってくることが挙げられる。また、在庫リストや保管場所等が別途必要になってくること、自社在庫との区分が必要となることも短所として挙げられる。

② 預け品

この方式は、原材料等を購買先である預け先に預けたまま、例えば、預け先における製造完了をもって、自社において購買したものとみなし、仕入計上を行う方式である。

この方式は、自社の工場等において製造を実施するケース等では採用されることは稀であるが、例えば、製造委託を実施しているケース等においては当該製造委託先から販売先へ直送することがあるため、採用されることがある。また、自社において製品の十分な保管スペースがない場合等は購買先に預けておくほうが、保管コスト等が少なくて済むケースも考えられる。こうした購買における諸条件と、購買先の状況とを考慮して選択される方式であるといえる。この方式の長所としては、製造委託先にて製造が完了した段階で仕入計上するが、そのまま製造委託先から販売先へ製品を直送することで、物流コスト等を削減することが可能となることが挙げられる。

一方で、短所としては、購買したものを実際に自社で容易に観察することができないことから、預け在庫の現物管理状況の把握が必要となることが挙げられる。また、品質を満たしているかについて確認する手段も考慮に入れる必要や、所有権の移転と物品の移動が伴わないことから、権利と義務に関して、注文書、売買契約書、預り証等といった証憑を完備する必要もあることも、短所として挙げられる。

③　外注加工

この方式は、外注先に対して、発注側の企業が外注先での製造に必要となる原材料等を購入のうえ支給し、その原材料等を使用して加工完了したものを、発注側の企業が仕入れる方式である。

外注先への原材料等の支給方法の中には、発注側の企業が原材料等を一度加工側へ売却する形をとる「有償支給」で行うものと、発注側の企業が原材料等を一度加工側へ貸与するような形をとる「無償支給」で行うもの、という２種類がある。いずれの場合においても、発注元の企業としては、前述のような集中購買や大量発注とともに利用することにより、全体としての原材料コストの低減や品質の安定化を図ることが可能となることが長所として考えられる。

一方で、「無償支給」の短所としては、預け在庫の現物管理状況の把握が必要となってくることや、所有権の移転と物品の移動が伴わないことから、外注先との保管責任の分担といった権利と義務に関して、証憑を完備することも必要になってくるとことが挙げられる。また、「有償支給」の短所としては、通常、支給時に利益を付加していることから、この未実現利益の処理や、買戻時における会計処理が必要なため、取引自体を網羅的に管理することが必要となることが挙げられる。

また、無償・有償にかかわらず、残余材料、仕様変更時の在庫の取扱いについても留意が必要になることも挙げられる。

④　代価未確定仕入

代価未確定仕入とは、納品・検収段階において価格が未確定の状況で購買取引を実施する方式である。実務上この方式は、新原材料等の採用時や仕入価格の改定時において多く採用されていると考えられる。価格が未確定な状況であるものの、生産計画の遂行上等の理由で納品・検収は実施する必要性がある場合に、暫定的な価格によって取引を実施しておき、後日、交渉の結果、具体的な仕入価格を決定することとなるものである。

この方式は、価格の決定が遅延せざるを得ない状況にあるものの、生産は実施する必要があるときに採用されると考えられることから、価格の決定を待たずに生産を進めることができることが長所であると考えられる。しかしながら、通常は決まっているべき対価が未確定であることから、見積りによる暫定価格を用いて仕入計上せざるを得ないこと、暫定価格の合理性を立証しておく必要があること、購入代価確定時において差額の処理が必要となってくること、といった、実務上の制約を生むという側面が多いことが短所であり、採用にあたっては管理方法に工夫を要する方式であるといえる。

⑷　業種に特徴的な購買方法の例示

ここまでは、食品製造業における購買方法の中でも、製造業一般にも該当すると考えられる事項を紹介してきた。ここでは、食品製造業において特徴的な点について、いくつかの業態を例示として取り上げることとしたい。

①　製粉業

製粉業における製品である小麦粉は、他のさまざまな加工食品において、広く加工原料として使用されている製品である。小麦粉の原料はもちろん小麦であるが、この小麦の購買においては、政府による農業・食料政策に関係して、他の原材料の購買方法と比べて特徴的な制度が存在している。ここでは、その概要について、触れることとする。

日本では、小麦消費量に比して国内での生産量が少ないため、消費量の約９割が輸入に依存している。小麦の購買は大きく、外国産小麦（以下「外麦（がいばく）」という。）と、国内産小麦（以下「内麦（ないばく）」という。）によって、その形態が分かれている。製粉業においては、この外麦と内麦を製品の特性や配合に応じて購買することになるが、購買量全体に占める割合としては外麦がかなりの比率を占めている状況である。

ａ　外麦の購買制度

ア　政府売渡制度（一般輸入方式）

外麦の購買においては、大きく分けて２つの制度が存在しているが、基本的には、政府が外麦のうち主要な銘柄をまとめて買い入れ、政府から製粉会社が調達する、という形が主体となっている。これは、生産量が少なく、相対的にコスト競争力が弱いとされてきた内麦生産農家を保護する政策下において、外麦の価格に政府が関税と一定のマークアップを乗せた価格で製粉会社等へ売り渡し、マークアップを内麦生産農家に補助金として交付するものである。このため、入港した政府保管麦を製粉会社が買い取ることとなり、通常は、政府への支払いによって所有権が移転することになるため、買掛金が発生しない、また、輸入品の購買でありながら円建取引であるという、特殊な取引となっている（令和５年12月現在）。

なお、小麦の国際相場の動向や港湾諸経費、為替変動の影響が小麦の売渡価格に自動的に反映できるよう相場連動制が導入されている。現行の制度下においては、政府売渡価格は毎年４月と10月の年２回改定されるが、直近の６か月の価格の平均によって決定されるため、実際の政府売渡価格の変動は、国際価格の変動と完全には連動していない。この点、製粉会社は実際の国際価格の動向と政府売渡価格の変動のタイミングの差も考慮に入れたうえで、需要に合わせて最適な価格で買取りを実施する必要が出てきていると考えられる。また、輸入小麦は主要食糧であり、国策として製粉会社側で2.3か月分の備蓄が求められ、そのうち1.8か月分の備蓄に係る保管経費は国からの助成がある。したがって、製粉会社においては、政府の要求する備蓄水準を考慮に入れつつ、購買を進めていく必要が出てくるものと考えられる。

イ　SBS 方式

外麦の購買におけるもう１つの制度として、SBS（Simultaneous Buy and Sell：売買同時契約）方式がある。外麦のうち、パスタの原料となるデュラム小麦、中華めんの原料となるプライム・ハード小麦などに関しては、この方式が採用されている。具体的には、製粉会社と商社の連名で輸入手配をし、政府に売買同時契約で入札する方式であり、都度、買付契約を結ぶことから国際価格の変動の影響をより強く受けることとなる。一般輸入方式では主要な産地の５銘柄に限られるのに対し、SBS 方式ではすべての産地・銘柄の多様な小麦を輸入することが可能となる。小麦の種類によって調達制度が異なるため、購買にあたってはこの点についても留意しておく必要があるといえる。

ウ　民間貿易（大臣証明制度）

外麦については、以上の調達方法に加えて、国を通さない民間貿易による調達も認められているが、通常の自由貿易においてはトン当たり55,000円の関税相当量を納めることが求められ、政府調達の際に乗せられるマークアップに比して割高となっている。一方で、国内で製造した小麦粉を海外へ輸出することによって、一定の計算に基づく輸入枠が農林水産大臣から付与され、当該枠内で関税相当量が免除された状態で小麦を調達できるという制度が用意されている。この制度のことを輸入小麦の大臣証明制度という。この制度を利用する場合、製品の輸出は、その輸出取引における輸出価格と生産コストとの差による損益と、輸出に伴い獲得された輸入枠の行使による調達と政府からの調達とのコストの差による損益という両面から採算を考慮する必要がある。

b　内麦の購買制度

内麦は、入札方式により、約1年前には年産の麦価格が決定されており（播種前契約）、製粉各社の買取数量も配分により確定している。引取時には、農協等と契約して引き取ることになるため、所有権の移転が問題となるといえる。

このように、外麦の購買は基本的に政府の麦政策に依存していること、内麦も年産ごとの買取枠が事実上決まっていることから、製粉業における購買では、価格変動に対し簡単には対応できないリスクが存在しているといえる。

c　二次加工品の調達

製粉業は、業界のサプライチェーンの最も上流に位置し、サプライヤーになることが多い（加工メーカーへの供給）という業態の特殊性から、関連する食品製造業をグループ企業に抱えていることが多い。この場合においては、仕入販売（乾麺メーカー等）や委託製造（小麦粉に調味料などを配合したプレミックスやパスタなどの製造子会社）といった二次加工品に関連した取引形態も実施されている。また、委託製造先には小麦粉を供給していることが多いため、前述の有償支給の形態をとることがしばしば見受けられる。

② 製油業

製油業における製品である食用油脂の原料は、海外からの輸入農産物であることが多い。とりわけ、生産量からすると大豆、菜種から油を搾って生産する場合が多いため、ここでは大豆、菜種に関する原料購買を中心に、製油業における購買についてその特徴となるところを記述することとする。

a　海外からの輸入

製油業の原料の購買の特徴の１つとして、海外からの輸入であることが挙げられる。海外からの購買については、次の(5)でも記述するが、ここでは、大豆・菜種のような海外の相場のある原料の購買について記述することとする。食用油脂の原料になる農産物はさまざまであり、大豆、菜種のほかに綿実、ひまわりの種、パーム油の原料となるアブラヤシなどがある。これらの食用油脂の原料の多くは海外で生産されており、その中でも大豆は主に米国、ブラジル、アルゼンチンなどで生産されている。また、菜種はカナダ、中国、オーストラリアなどで生産されている。日本で生産される食用油脂の多くは、海外から輸入した原料をもとに生産されているため、外貨により取引され、為替変動のリスクがある。為替の変動リスクをヘッジするために、為替予約を行うこともあるが、為替予約の目的は、通常はむしろ仕入の規模が大きいため決済するまで金額が確定しないと資金調達も行いづらいため、早めに円貨による仕入金額を確定させることにある。物品自体は船で海外から運んでくるため、契約から工場への到着までに数か月を要する。為替相場の影響が購買、製造、販売に及ぶのにタイムラグがあるのが通常である。また、気候変動や異常気象、地政学的なリスクによっても価格が乱高下しやすい。

b　大量仕入

製油業は素材製品の製造業であり、最終消費者が消費する製品であるとともに加工食品メーカーの原料となるものでもある。大量に原料を仕入れて、大量に生産活動を行うので、大規模な設備が必要となる。原料を大量に輸入するため、大きなメーカーは、工場の横につけた船から直接サイロに原料を運び入れられるように、港の近くにある場合が多い。

c　相場の存在

大豆であればシカゴの穀物相場、菜種であればカナダのウィニペグの穀物相場で取引が行われている。このような穀物相場では、穀物の需要と供給の関係で市場価格が決定される。米国やブラジルなどの生産地が天候不良で不作になる予想やバイオエタノールの需要により穀物の品薄感が高まれば、市場価格は上昇し、逆に豊作の予想があれば市場価格は下落する。また、大豆の場合はとうもろこしと相互に転作が可能で、米国の農家は有利なほうを栽培する傾向がある。どちらを多く作付けしたかによっても相場が変動する。とうもろこしが高くなると、とうもろこしの作付面積が大きくなり、逆に大豆の作付面積が小さくなるので、今度は大豆が高くなるというようなことが繰り返されることもある。また、ときに投機的な資金の流入により市場価格が大きく変動することがある。相場の変動は購買に影響を及ぼすが、それが大きな変動であれば、損益にも大きな影響が出る。購買については相場の影響をすぐ受けるが、相場の高騰時に販売価格に転嫁するには時間がかかる場合も多く、原料コストの上昇の影響が損益を圧迫することがある。原料相場の状況によって、食用油脂メーカーの損益が大きな影響を受けたことが過去においても幾度となく起こっている。

d　連産品である油粕（ミール）の販売も考慮

食用油脂メーカーでは、大豆や菜種を搾って食用油脂を生産するが、その搾り粕であるミールも飼料、肥料、醤油の原料などとして使用することができる。そのため、食用油脂を販売するとともに油粕（ミール）の販売も行われる。原料の購買については、製品の販売計画、それに基づく生産計画をもとに行われることは前述したが、大豆や菜種等の原料の購買を行う際には、油脂の販売計画のみならず、油粕（ミール）の販売計画も考慮に入れて行う必要がある。特にミールは、食用油脂のようにそのまま量販店などに並んで家庭で消費される家庭用の製品ではなく、飼料メーカーや全国農業協同組合連合会に販売され、飼料や肥料に加工されるため、取引量が多く、販売計画から原料の購買計画を綿密に立てる必要がある。油粕（ミール）の販売状況からそれをまかなうのに必要な原料の調達を行う。ただし、必ずしも油脂と油粕（ミール）の需要のバランスがとれるとは限らない。油脂が売れ残ってしまうことが想定されれば、原料の購買量を減らし、場合によっては油粕（ミール）を国内外から仕入れて得意先に販売することもある。

③　加工食品製造業

加工食品製造業の購買取引は、自らが製造の担い手となり原材料を購買するケースだけではなく、自らは自社ブランドの商品企画を策定し、OEM（Original Equipment Manufacturing：他社ブランドによる製造）メーカーから完成品を購買するケースもあるが、ここでは前者について述べることとする。

昨今の「食」に対する消費者ニーズは多様化しており、加工食品製造業の製品もますます多種多様なものとなっている。そのため、その原材料の種類も製品の種類に応じて、畜産物、水産物および農産物等、多岐にわたる。また、原材料が食品であるが故に要されるコストもさまざまなものが存在する。以下にその内容を具体的に述べるとともに、購買取引における特徴を記すこととする。

ａ　原材料の高い輸入依存度

日本の食料自給率は諸外国に比べて高くなく、加工食品の原材料においても、穀物類をはじめとして、多くを海外輸入に依存している。諸外国からの購買取引にあたっては、現地国における商取引の知識、輸入に関する法令等の把握、為替リスクやカントリーリスクへの対応といったさまざまなノウハウを要する。したがって、加工食品製造業者は、さまざまな面から購買管理方針を明確に定めておく必要がある。

b　漁期、収穫期等による入手時期の制限

前述のとおり、購買発注にあたっては、製販調整、生産計画の策定を経て発注計画を策定する（第１節❶(1)（62頁））。その際、原材料が生物資源である故に、調達時期に制限が存在するため、必要量を生産するための原材料購買の計画性をより問われることとなる。この点、調達の安定性を保持するため、原材料生産者との長期の供給契約を結ぶことがある。一方で、製品のライフサイクルは短縮化傾向にあるため、長期契約に伴うリスクもあり、その締結にあたっては慎重な対応が必要となる。

c　原材料価格の相場性

需給バランスの変化、為替相場の影響、投機的要因といった一般的な価格変動リスクのみならず、天候や季節的要因といった自然要因の影響も受けるため、その価格変動性が高い。そのため、食品原材料の購買においては、代価未確定仕入が多く行われるのが特徴的である（第１節❶(3)④（71頁））。場合によっては、商品先物取引や為替予約等のデリバティブを利用し、価格変動リスクを一定に抑えようとすることがある。また、前述の長期の供給契約の中で調達価格も同時に確定することがあり、これも価格変動リスクに対応するための有効な手段となる。

d　消費期限および賞味期限の存在

最適発注を行うにあたっては、輸送コスト、保管コストといった一般的に配慮されるコストのみならず、消費期限および賞味期限をも加味し、原材料在庫に過不足が発生しないよう発注のコントロールをする必要がある。

e　食の品質や安全性

食品の品質や安全性に対する消費者の関心の高まりを受け、製品の製造地のみならず、原材料の産地にもその関心が及ぶようになっている。加工食品製造業者は、良質かつ安心・安全な食品を消費者に供給することが求められており、使用している原材料のトレーサビリティ、すなわち生産過程や流通過程の追跡可能性を構築することが重要な課題となっている。したがって、製品原材料の調達にあたっては、信頼できる生産者の選別や残留農薬の抜取検査等の購買体制の強化に加え、自己資本において企業自らが上流の一次生産に携わるケースも多くなってきている。

⑸　海外からの購買

最後に、食品製造業の購買における一般的な輸入に関して、取り上げることとしたい。

農産物を原材料として輸入するケースや、海外食品メーカーや海外製造子会社から加工品を輸入するケースにおいては、為替相場の変動リスクが存在している。このような取引を大量に扱う企業においては、為替対策として、為替予約、通貨オプション、通貨スワップ等のデリバティブを活用しているケースが見受けられる。

また、海外製造子会社から加工品を輸入するケースでは、受入時までの間における輸送時や保管時の商品の損傷などのリスクも存在している。こういったリスクに対しては、ロットごとの受入検査体制および損傷した場合のメーカーへの求償体制が確立しているかどうかが重要なポイントとなってくると考えられる。

さらに、平成22年前後に生じた中国における食品異物混入にみられるように、食品輸入においてはカントリーリスクも十分に考慮されなければならないであろう。これに加えて、輸入に頼る農産物については、それ自体の相場変動リスクも存在している。場合によっては、商品デリバティブを活用し、リスクヘッジを図ることも考えられる。

以上のことから、海外からの購買となる場合、食品においてはサプライチェーンのさまざまな局面で国内取引と比べてリスク要因が増えるため、その経路ごとに対策を講じることが重要であるといえる。

2 内部統制と不正リスク

ここでは、食品製造業における購買に関連した内部統制および不正のリスクについて、例示等を踏まえて解説する。併せて、そのリスクを低減するコントロールについて解説する。

一般的に、購買業務においては、仕入先への発注、納期管理、納品時における検収作業、取引の記帳、代金の請求受領、代金の支払いという一連の業務が発生することとなる。これらの業務の流れの中で、仕入先よりも強い立場になることが多いこと、支払代金という金銭の動きに関連すること、また、購買業務の担当者は必然的に在庫管理にも携わることから、不正の温床となる可能性があるといえる。

このようなリスクは、食品製造業においても他の一般の製造業と同様であり、したがって、まず、一般的な購買組織を構築することが重要となってくると考えられる。効率的購買を行いつつ、一方で、不正リスクにも対処し得る組織となっているかどうかによって、また、購買組織と会計組織が効果的に連携することによって、購買の成果を上げられると考えられるからである。したがって、こういった購買組織とその整備・運用を実施していくことは、効率性と不正リスクに対応するという両面において、購買取引上、重要なポイントとなってくると考えられる。

(1) 購買組織の構築

大量生産・販売を行う食品・飲料メーカーにおいては、原材料等の調達に際して、大量発注によるコストダウンと高品質品の安定的調達の双方が実務的に重要な課題となる。これらの課題に対応するために、必然的に組織構造や購買方法において工夫がなされているケースが多く、こういった工夫の結果として構築された購買組織はおのずから、効率性と不正リスクへの対応を備えていると考えられる。

以下は、こうした購買取引に関連した組織構造の特徴のポイントである。こうした事項は、「全社的内部統制」としての考慮事項ともいえる。

- 購買組織は自社の会社規模に照らして妥当か。
- 購買関係業務において専門的知識を活用していくことが可能となっているか。
- 必要な部署の検討や承認を受ける手続が迅速になされる組織になっているか。
- 会計を担当する組織と、会計手続において連携が保たれるようになっているか。
- 購買担当者は適材適所となっており、適切な職務の分掌が導入されている。
- 一括購買（本社集中購買等）か、個別購買かといった、効率的購買方法が採用可能な組織になっているか。
- 購買に関する改善提案がなされる組織風土となっているか。
- 購買資材の業界状況、資材の需給・価格の趨勢、競争関係にある競合他社の購買状況等について把握できる組織になっているか。
- 各種購買活動に関しての手続を定めた規程が存在しているか。

上記のようなポイントを考慮した一般的な組織構造の例示を、以下に示した。販売・生産・発注に密接な連携を持たせることで、適正な在庫量を確保し、販売機会の逸失、過剰在庫による不良在庫の発生等を防止するような組織構造が採用されていることが一般的である。

図表2-1-2　購買組織構造の例

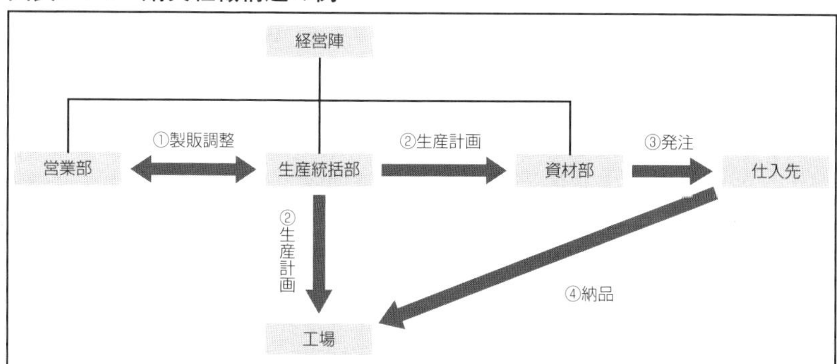

① 営業部と生産統括部の間での製販調整
② 生産統括部での、製販調整を受けて生産計画の策定、資材部・工場へ提示、各工場での生産計画に基づく具体的な生産スケジュールの立案、資材部での原材料等の発注計画の立案
③ 資材部での、立案した発注計画に基づく、必要発注量の算出や納期の検討、資材業者の選定および発注
④ 資材業者から、直接各工場へ、原材料等の納品

⑵　購買取引の流れと内部統制

上記のような全体としての、購買組織の構築と、その整備・運用を前提として、以下では、購買取引のプロセスにおける、個別の内部統制および不正リスクについて触れていくこととしたい。

①　発注条件の検討

この段階では、架空の取引先を設定することで、後述するような架空発注などを行い、支払資金を着服するといったリスクが想定される。これを防止するため、購買条件の申請に際して、原則として２社以上の見積書の提出を伴った取引先の承認活動を実施することが望ましい。また、２社以上の見積書をとること（相見積り）により、購買を有利に進めることにもつながると考えられる。この際、単に相見積りをとればよいのではなく、合理的な購買を実現する手段として内部統制に取り入れなければ、承認が形骸化してしまうことにつながるので留意することが必要である。なお、昨今では、これに加えて長期的取引関係から値引が実現することもある。この場合、取引関係の更新時には、内部統制の観点からは、同様の承認活動が不可欠である。

また、購買活動をシステム化している場合には、適切な取引先マスター・仕入単価マスターの登録がなければ、実際の取引を入力できず、支払いも実行できないという仕組みになっていることが多いと考えられる。このような場合には、マスター設定時に事前の承認の根拠資料として見積書等を提出させ、これに基づいて承認された取引先や標準仕入単価のみをマスター登録するという統制が効果的といえる。その際には、マスター登録された取引先は容易に改ざんされないように、システムへのアクセス管理を徹底すること、また、承認されたとおりに設定されているかを確認することも重要となってくる。

②　発　注

この段階では、架空の取引先に限らず、実際に存在する取引先に対して、架空の発注や過度の発注を繰り返すことにより、取引先と共謀するなどして、支払資金の一部を着服するといったリスク、また、売上と仕入の両面を過大計上するといったリスクが想定される。過去の事例としても、帳合取引を利用し、架空の発注を循環させることにより不正な売上・仕入金額を計上していた事例、購買資金をバックさせることで不正を働いていた事例が挙げられる。特に食品飲料業界に特徴的な事例としては、比較的、長期保存が可能である腐りにくい冷凍食品等を扱っている場合に、仕入先との共謀等により一度決算期末に大量に仕入れ、翌月に返品する、といったことを伝票上でのみ実施していた事例が挙げられる。この事例の場合には、発注における内部統制の欠如が見返りとしてのリベートの発生や架空在庫の温床となっていたものと推定される。

このようなリスクを防止するためには、まず単価面・数量面において、正常在庫を超える購買となっていないか、事前の見積りと大きく乖離するような購買となっていないかをチェックする統制が必要となる。限度を超える購買の場合には、発注内容に関して、関係上長の承認を経て慎重に決定するような組織体制や統制が構築され、整備・運用されていることが重要となってくるのである。購入すべき数量の判断は、個人の「勘」ではなく、通常の場合、製造計画および販売計画と、正常在庫基準によって半ば自動的に決定される体制になっていれば、リスクは軽減されると考えられる。

また、今後の経済情勢の変化（相場等）によって会社が損失をこうむることがないかについても、留意が必要である。こういったリスクが直接に不正リスクとなることは想定しがたいが、オープンになっている相場商品等がある場合、会社に多大な損失をもたらすリスクがある。したがって、こういった相場関連の購買に関する支払残高や予約購入枠などはないか、チェックする体制が必要であろう。国際相場の変動にさらされる小麦やとうもろこし、大豆といった原材料に関しては特に注意が必要である。

③　納品・検収

この段階は、通常、仕入計上の金額やタイミングを左右する段階であることから、納品・検収された原材料等を記帳時に誤計上するリスク、検収漏れによる仕入および仕入債務の計上漏れが発生するリスク、および、納品・検収の事実発生と仕入および仕入債務の計上時点がずれるリスクが想定される。これらが直接不正リスクにつながるわけではないが、例えば、架空発注をした場合には、これを検収しなければ発注残として記録上に残ってしまうことから、当然、納品の記録においても架空検収をしなければならなくなる。ここに、一連の不正リスクが潜在しているといえる。

このようなリスクを防止するためには、まず発注担当者と検収担当者の職務分掌を図ることが重要である。購入された原材料等の受入れに際しては、購買先に納品書等を添付させ、発注担当者が立会のうえ、発注書控、納品書等と原材料等の現物により、注文と納品状況のマッチングを行い、検収作業を実施し、これを記録する統制を構築する。この際、受入日付が仕入計上にあたっての鍵となるため、これが明確化される体制が必要であろう。

なお、仕入先が発行する納品書では、仕入先ごとにさまざまな様式となり事務作業が煩雑となるため、発注側の会社で作成した指定納品書を仕入先に使用させる事例も多い。このようなケースでは、仕入先の押印等がされていれば、これをもって外部からの正式な納品書とすることは差し支えないものと考えられるが、仕入先の社印でなく、個人担当者の印のみである場合、正規の納品書として受け取るべきでないと考えられる。個人担当者のみによる証跡では、自社の購買担当者と仕入先の個人担当者との共謀に対する牽制効果が低いためである。

また、架空発注や検収におけるミスは、発注残によって把握することが可能である。発注残について、定期的に内容の検討を行う必要があろう。なお、発注残から、仕入先における残余材料の使用可能性が低いことが判明した場合には、在庫評価の問題が発生するため、留意が必要である。

④　請求受領・支払い

この段階では、前述の架空発注や過大発注および架空検収とともに過大請求を行うリスクが想定される。具体的には、仕入先と共謀のうえ、実際に自社が支払うべき金額より多額の金額を請求し、仕入先に仕入金額との支払差額を自分の個人口座などへ入金させ、その代金を不正に私消するというリスクである。仕入先担当者においても取引継続の期待から不正を承諾してしまう動機があるため、取引先からの牽制効果も期待できない場合が多いであろう。

このようなリスクを防止するためには、まず発注担当者や検収担当者とさらに別の者が請求書発行作業を担当し、かつ、経理担当者などが発注書控と検収書、仕入先からの請求書を照合するといった形の職務分掌を図ることが重要である。この際、請求書との照合をしていても、単に請求書どおりの金額を支払い続けていたのでは効果がないと考えられる。重要なのは、自社の仕入計上金額と先方の請求書における金額との差額であり、この差額を十分検討することが必要である。差額につき、自社の間違いなのか、相手先の間違いなのかについて、妥当性を検討することで、過大請求のリスクは防止されるであろうし、自社の仕入計上の正確性や網羅性、期間帰属についても検討することが可能となる。

特に、食品製造業においては、こうした照合作業が物品の多さや取引の多さから煩雑になることが多い。しかし、そのために、支払差額を放置し、買掛金の不明残高を残しておけば、事後的な検証はより困難になる。日常における検証作業を継続し、関係上長がその状況を確認する統制を整備・運用していくことが重要である。

⑤　受取リベートの処理

購買プロセスの紹介では触れていないが、仕入取引に付随して、リベートを受け取るケースが考えられる。

この場合、相手先から入金があるからといって、安心できるものではない。担当者が、本来振り込まれるべきリベートの一部を個人で着服していることもリスクとして想定されるからである。

このようなリスクを防止するためには、まず、計上する時点における金額の妥当性を確認する統制を構築する必要があろう。相手からの報告書や自社での計算書等が、本来の契約等に沿っているか、担当上長が確認のうえ、承認するのである。また、計上を依頼者と計上担当者および入金の照合確認者は別にしておくといった職務の分掌が必要である。

⑥　総　括

以上のように、多額かつ大量の取引が実施される食品製造業における購買取引では、架空もしくは過大取引による不正が埋もれてしまいかねない。このためには、3 way matching（発注、検収、請求の相互照合）を基本とした職務の分掌が重要になってくるといえる。この中には、発注済仕入未計上の把握も含まれてくるのである。

(3)　特徴的な購買方法と内部統制

①　使用高検収

使用高検収方式では、あらかじめ購買先から原材料等を預かっておき、現場での使用の都度検収とみなしていくことから、仕入計上のタイミングを故意に動かすことにより、未使用分の在庫を流用するリスクが想定される。また、使用していないものを使用したとして、その支払代金を不正に着服することも考えられる。

このようなリスクを防止するためには、使用高について、報告書等の形式で現場担当者に記載させ、現場の関係上長が承認する統制を導入することや、仕入計上する担当者を別にしておくことが考えられる。また、この方式で不正を行うと、未使用物品の数量に異常が発生するため、日頃から当該方式になっているアイテムを別管理にしておき、在庫リスト等によって現物と理論値を常に把握できるようにしておくことが考えられる。さらには、実地棚卸において、当該リストと現物の照合を関係する担当者とは別の者が実施することが考えられる。

② 預け品

預け品方式では、原材料等が購買先に預けられたままになるため、物品が実際に自社に納入されるケースより、架空発注や過大発注のリスクが高くなると考えられる。

このようなリスクを防止するためには、あらかじめこの方式をとる経済合理性を内部で確認しておくことが必要となる。事前の見積りと大きく乖離するような購買となっていないかをチェックする統制はもちろんのこと、取引が実在し正当に実施されたことが内部で検証可能な統制を整備することが重要である。具体的には、発注書と取引の都度相手先から社印の入った形で入手した製造完了報告書などの報告書を、発注担当者と別の者が照合する体制を整備することが考えられる。また、売買契約書の整備や定期的な購買先からの預り証の入手といった統制を構築することで、在庫の所有権が取引当事者の間でどのような条件で移転するかを明確にしておくことが考えられる。さらには、実地棚卸時に預け先に出向いて、預け品リストと現物の照合を関係する担当者とは別の者が実施することが考えられる。

③ 外注加工

外注加工は、外注先に対して、原材料等を支給し加工してもらったものを仕入れる方式のため、支給品を仕入れる段階では通常の仕入と同様のリスクが、また、支給品が外注先に存在する段階では、預け品と同様のリスクが想定される。また、支給先に、残余材料や仕様変更時における滞貨品が発生した場合、そのような在庫に引取責任があるにもかかわらず、これを隠ぺいすることによる損失の先送りリスクが考えられる。これは、通常の購買における発注残がある場合に存在するリスクと近い性質を持つリスクである。さらに、有償支給においては、取引の途中で付加される未実現利益を調整することや取引経路の複雑化によって、売上高や仕入高がかさ上げされるおそれがある。

このようなリスクを防止するためには、無償支給では、外注先との保管責任の明確化のための定期的な預り証の入手といった統制を構築すること、また、実地棚卸時に外注先に出向いて、支給品在庫リストと現物の照合を関係する担当者とは別の者が実施することが考えられる。

また、有償支給では、通常の仕入における統制の構築に加え、支給品の残余材料等を定期的に報告させることが必要となる。報告結果は取引担当者と別の者が確認できるような体制とし、損失隠ぺいを防止する統制となるようにすることが重要である。

さらに、支給時に利益を付加している場合の管理も必要となる。特に、有償支給の経路が単純でない場合には、取引の流れや付加される未実現利益の金額を検証しなければならない。この作業も、取引担当者ではなく、経理担当者等の第三者が客観的に数値を検証することが重要である。そして、最終的に、売上高および仕入高の二重計上が発生していないか、未実現利益が計上されていないか、といった点を検討し、処理結果を複数の者が検証する必要があると考えられる。

④　代価未確定仕入

代価未確定仕入では、納品・検収段階で価格が未確定であることから、見積りによる暫定価格と実際価格との差額処理の隙間をついた過大請求リスクが高くなると考えられる。

このようなリスクを防止するためには、暫定価格の合理性を取引担当者以外の者が検証する統制を構築することが重要である。担当者が暫定価格の根拠資料を作成し、これを担当上長や経理担当者が確認することが考えられる。また、事後的に、暫定価格のままになっている取引がないかどうかを定期的に検証することも必要であろう。購入代価が確定した時には、差額の配賦処理の妥当性を経理担当者が確認すると同時に、暫定価格の見積りが妥当であったかどうか、次回見積時の参考とするためにも、毎回、取引担当者と別の者が検証することが重要である。

図表2-1-3　リスクとコントロールのまとめ

プロセス	リスク	コントロール
発注条件の検討	●架空の取引先の設定	●相見積り ●仕入先マスターへの登録承認 ●マスターへのアクセス管理
発　注	●架空発注 ●過大発注	●事前見積りとの比較 ●限度を超える発注の承認
納品・検収	●架空検収 ●過大検収	●職務の分掌 ●発注書との照合 ●発注残の検討
請求受領・支払い	●架空請求 ●過大請求	●職務の分掌 ●発注書と検収書、仕入先からの請求書を照合 ●計上と請求との差額内容の検討
受取リベート	●入金金額の着服	●計上金額の妥当性検討と承認
使用高検収	●架空検収 ●過大検収	●職務の分掌 ●使用高報告の承認 ●未使用物品リストと現物の定期的照合
預け品	●架空発注 ●過大発注	●発注書と、製造完了報告書などの報告書との照合 ●預け証の入手 ●在庫リストと現物の定期的照合
外注加工	●架空発注 ●過大発注 ●売上高・仕入高の二重計上 ●未実現利益の発生	●在庫リストと現物の定期的照合（無償支給） ●支給品の残余材料等の定期的報告（有償支給） ●取引経路と未実現利益の把握 ●会計処理の検証と承認
代価未確定仕入	●過大請求	●暫定価格の検証 ●確定対価との比較検討

3 会計処理

(1) 仕入計上のタイミング

購入された原材料等は、基本的に日々、現場での受入れ・検収作業（発注書、納品書、現物の照合）が行われる。この作業が終了した日付が受入日付となり、検収報告書もしくは購買を管理するシステムにおける検収記録が作成される。食品・飲料メーカーにおいては、実務上、この検収記録日付をもって仕入計上をする検収基準の採用が一般的である。

なお、納品・検収段階において、購買システム上で生成された購買データは、購買システムから会計システムへ一定のタイミングで転記される。システムで自動的に日次転送されるケースや、購買システム上の月次集計金額につき、会計システムにおいて一括で仕訳入力をするケース等、各企業の状況に応じて選択される。いずれにしても、最低限、月次の仕入が検収時期と合致している必要があろう。原料費であれば、購買した原材料から使用した部分が原価計算上の原料費として計上されていくこととなる。

（借）	棚卸資産	×××	（貸）買掛金	×××
	原料費	×××	棚卸資産	×××
	仕入高	×××		

(2) 購買取引における発注残の処理

通常、発注が行われた原材料等については、すべて引取りが行われて、検収作業が実施され、会計上の記録により仕入計上が行われる。しかし、製品仕様の変更等により、発注を行ったすべての原材料等が検収されない場合がある。この場合、発注在庫の引取責任を仕入側の会社が負っている場合が多く、こうした発注済未検収在庫は、会計上も手当てが必要になるため留意が必要である。

発注済未検収在庫残高がある場合には、購買先から残余材料の報告を受け、内容が検討されることとなる。製品仕様変更等が原因で、今後の使用可能性が低く、廃棄することが決定した場合には、以下のように廃棄損として計上することが多い。また、「第4節　棚卸資産」（120頁）において詳述するが、廃棄すると判断がなされなかった場合であっても、在庫価値が低下している可能性が高いため、在庫評価については十分な注意が必要となる。

（借）材料廃棄損	×××	（貸）買掛金	×××

(3)　その他の会計処理

①　為替・通貨・商品デリバティブの会計処理

金融商品会計基準に沿って、デリバティブ取引により生じる正味の債権および債務は、時価をもって貸借対照表価額とし、評価差額は、原則として、当期の損益として処理する。

ヘッジ会計を適用しない

（借）為替予約等	【時価】	（貸）デリバティブ評価損益	【時価】

ヘッジ会計の要件（金融商品会計基準31）を満たす状況にある場合には、ヘッジ会計が適用される。購買取引においては、購買取引自体がヘッジ対象であり、為替・商品デリバティブ等がヘッジ手段となる。また、取引量が膨大である購買取引においては、実務上、ヘッジ会計が適用できるとき、特例として、為替予約等により確定する決済時における円貨額により外貨建て取引および金銭債権債務等を換算し、直物為替相場との差額を期間配分する方法である「振当処理」が使われることも少なくない（「外貨建基準注7為替予約等の振当処理について」参照）。

ヘッジ会計を適用する（予定取引を為替予定でヘッジしているケースを想定、税効果は考慮外）

①　為替予約後の期末日

為替予約を時価評価

(借)	繰延ヘッジ損益	×××	(貸)	為替予約	×××

②　翌期における予定取引実行時

取引日レートにて取得

(借)	原材料	×××	(貸)	買掛金	×××

為替予約を時価評価

(借)	為替予約等	×××	(貸)	繰延ヘッジ損益	×××

ヘッジ損益累計を取得資産へ振替

(借)	繰延ヘッジ損益	×××	(貸)	原材料	×××

③　決済時

為替予約を決済

(借)	現金預金	×××	(貸)	為替予約	×××
				為替差損益	×××

買掛金を決済

(借)	買掛金	×××	(貸)	現金預金	×××
	為替差損益	×××			

ヘッジ会計の適用の可否にあたっては、適用時点の判断も重要であるが、会社を取り巻く事業環境が急変している昨今では、ヘッジ会計の適用要件について、金融商品会計基準において求められているヘッジ取引時以降に行われる定期的な確認において判定に誤りがないか検証することが重要である。例えば、為替相場の急速な変動によって、ヘッジ会計にかかわる重要な検討事項が生じている可能性もあるた

め、検討の結果、ヘッジ手段の効果が認められない場合はヘッジ会計の中止および終了の処理が必要となる。また、デリバティブ取引の手仕舞時に発生する損益の計上区分も含めて検討する必要がある。

食品製造業では、安定供給を目的とした長期的な購買取引に対し、予定取引（金融商品会計基準注12参照）に関する長期包括予約を付しているケースも想定されるため、ヘッジ会計の適用要件を満たすかについては、特に注意が必要である。予定取引とは、「未履行の確定契約に係る取引及び契約は成立していないが、取引予定時期、取引予定物件、取引予定量、取引予定価格等の主要な取引条件が合理的に予測可能であり、かつ、それが実行される可能性が極めて高い取引をいう」ことから、実現可能性が極めて高いものである必要があるなど、取引条件の管理が重要となる。

②　受取リベートの処理

基本的には、仕入高や原料費のマイナスとして処理されることになる。経費の補填であることが取引契約等における条件から明白な場合には、販売費から控除することも考えられる。

③　仕入割引の処理

仕入代金を本来の決済期日より早く支払ったことで受ける割引については、利息に準じた性質を持つとして、仕入高から控除するのではなく、受取利息と同様に営業外収益として計上する。

4　監査上の着眼点

ここでは、前述のような、購買取引の特徴、不正リスクに関連した事象、内部統制、会計処理に関して、特に会計監査における監査人の着眼点について述べていく。

⑴　全体的な着眼点

購買における主要な勘定である「仕入高」、「原料費」、「買掛金」については、その実在性、網羅性、期間帰属の妥当性が中心的な着眼点となる。これらの要件を満たすように、前述してきたような内部統制が整備・運用されているかについて検証する。

また、不正リスクに関連した事象は、相手先ごとの残高や取引量の変動状況に何らかの異常性をもたらすことが多いとされる。これらを把握するため、仕入債務の回転期間や、仕入高と受取リベートとの比率、仕入金額と在庫との関連性による異常値についての検討を実施する。架空在庫の検討も購買と密接な関連があるため、棚卸立会や残高確認による検討が行われる。

期間帰属の妥当性では、いわゆる「カットオフ」に着眼点を置いた監査が実施される。仕入先からの要望で一度決算期末に大量に仕入れ、翌月に返品するような取引がないか、異常返品の有無を期末日後に検証する。

デリバティブ取引に関しては、時価評価の妥当性はもちろんのこと、ヘッジ会計が適用されている際には、ヘッジの要件を満たしているか、その継続性に着目し、処理内容を検討する。

⑵　子会社、関連会社の管理の視点

発注済未検収在庫残高がある場合には、その内容を検討し、今後の使用可能性が低く廃棄することが適切であると判断された場合には、廃棄損として計上すべきことは前述のとおりである。この点は、製造子会社などを通じて系列化された集中購買が採用されている場合にも同様に着眼点となる。特に、子会社を通じて新製品の試作などを行った際に、この製品の売れ行きが芳しくないときには、製造子会社に在庫責任が転嫁されて廃棄損の計上が看過されていないかがポイントとなる。費用化すべき在庫が正常在庫に紛れていないか、綿密な分析を実施する。

図表 2-1-4　製造子会社への在庫責任転嫁の事例

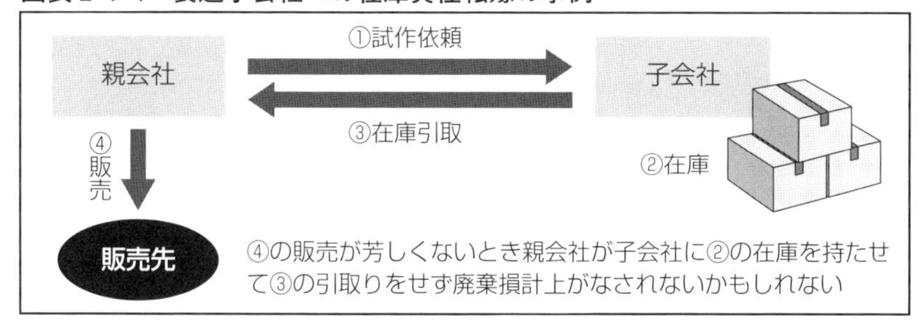

また、販売と仕入の経路を注意深く把握しておく必要がある。これを見落とすと、本来消去すべき取引を看過する可能性も出てくるためである。例えば、ある子会社が輸入代行をしており、一度すべて輸入して業者に販売し、後に自社の販売経路を通じた販売品だけ同一の業者から買戻しを経て販売していた事例もある。このような場合には、輸入業者への販売金額は買戻しのため、消去されなければならない。さらに、複雑な経路を経て仕入販売されているケース等においては、経路の詳細を確認し、連結上、相殺漏れが発生しないように留意する。

図表 2-1-5　販売と仕入の経路の事例

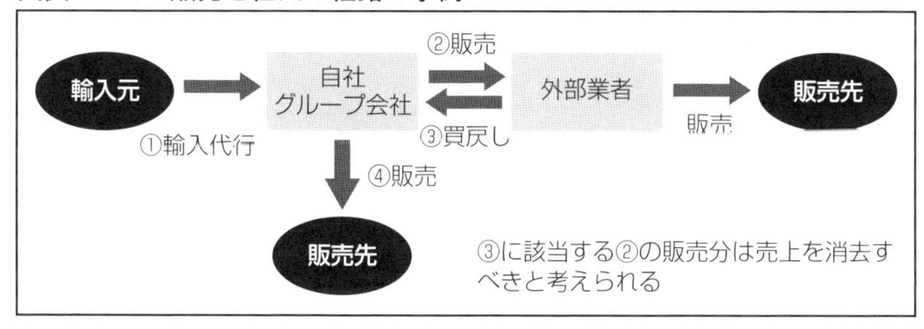

(3)　特殊な購買方式に対する監査上の着眼点

「❶取引の概要」（61頁）や「❷内部統制と不正リスク」（80頁）で触れたように、特殊な購買方式によっているケースでは、当該購買取引が適切に管理され記帳されているか、主に内部統制の整備・運用状況をチェックすることにより確かめていくこととなる。

① 使用高検収

この方式では、現場での使用高に基づいて仕入計上が行われるため、使用高報告を毎回正確に作成しているか、仕入計上担当者とは別の担当者が使用高報告を作成するという形で職務が分掌されているか、といった点について、内部統制の整備・運用状況を検証する。

また、在庫リスト上の区分や現実の保管場所区分等により、未使用物品が通常の在庫と分離されて適切に管理されているか、主に実地棚卸における取扱いを中心に検討することで、上記統制の検証を補完する。

② 預け品

この方式では、原材料等を預け先に預けたまま仕入計上が行われるため、まず、各取引における発注書と相手先からの報告書の照合に関する内部統制の整備・運用状況を検証する。また、売買契約書や預り証により、所有権について確認する。期末においては、実地棚卸立会もしくは、預け先への残高確認を実施し、残高の経済合理性に留意し確認を行う。預け先における残高に異常性がないか、また、その実在性という点が着眼点となろう。

③ 外注加工

この方式では、外注先に対して、原材料等を支給し、加工を行わせたものを仕入れることから、支給品を仕入れる段階と支給品が外注先に存在する段階での内部統制の整備・運用状況を検証する。無償支給では、預り証による実在性確認や、実地棚卸立会もしくは預け先への残高確認を実施する。他方、有償支給では、支給品を買い戻す義務の有無にかかわらず支給品の譲渡にかかる収益は認識しないため、売上高および仕入高の二重計上がされていないか、外注取引における経路を把握したうえで、未実現利益が生じている在庫がないかを確認し、期末において消去されていることを確認する。また、買い戻す義務を負っている場合には、有償支給時に棚卸資産の消滅を認識しないため、買い戻す義務を負うかどうか、取引条件の決定にあたっては留意が必要である（個別財務諸表においては、代替的な取扱いとして買い戻す義務がない場合と同様の処理が例外的に認められている）。さらに、有償支給先への支給金額に合理的な説明のつかない増減がある場合、支給先に、残余材料や仕様変更時における滞留品が発生している可能性があるため、支給金額の増減に着目し、在庫の引取責任の確認および期末において適切な在庫評価がされていることを確認する。

④　代価未確定仕入

代価未確定仕入では、前述のとおり、納品・検収段階で価格が未確定であり、見積りによる暫定価格を用いて仕入計上がされていることから、まず暫定価格の合理性について検討を実施する。この際には、類似品の価格、期末の市場価格等を参照し、見積りによる仕入計上の妥当性を検討する。

また、納品・検収段階で未確定であった対価が監査期間内に確定した場合、また、見積りと実績の乖離状況はどの程度であったかに着目することで、見積りの妥当性の検討の参考とすることとなる。また、その対価の処理がどのように実施されたか、例えば、購入代価確定時の差額について、売上原価と棚卸資産に対し、適切に配賦処理されたか、といった点を検討する。

5　表示・開示のポイント

有価証券報告書において、連結財務諸表を作成していない場合や、連結財務諸表上でセグメント情報の注記を行っていない場合、個別財務諸表に製造原価明細書を開示することが求められる。購買取引における表示・開示のポイントは、製造原価明細書における適切な勘定の区分が挙げられる。正しい開示のためには、有償支給をした際の相殺をはじめとして、他勘定振替高の開示金額の集計や材料費、製品仕入、商品仕入の区別を日常から実施しておく必要がある。

また、デリバティブ取引を実施している場合、以下のような注記が必要となる（財規８の６の２、８の８）。

- 取引の状況に関する事項……取引の内容、取引に対する取組方針、取引の利用目的、取引に係るリスクの内容、取引に係るリスク管理体制および次号に定める事項についての補足説明
- 取引の時価等に関する事項……取引の対象物の種類（通貨、金利、株式、債券、商品およびその他の取引の対象物）ごとの貸借対照表日における契約額または契約において定められた元本相当額、時価および評価損益（ヘッジ会計が適用されているものは評価損益を除く）
- 時価のレベルごとの内訳に関する事項……時価の算定に係るインプットが属するレベルごとの時価の合計額、時価の算定に用いた評価技法および時価の算定に係るインプットの説明、インプットに関する定量的情報、期首残高から期末残高への調整表、時価評価の過程に関する説明、観察できないインプットに関する感応度に関する説明（当該観察できないインプットと他の観察できないインプットとの間に相関関係がある場合には、当該相関関係の内容および当該相関関係を前提とすると時価に対する影響が異なる可能性があるかどうかに関する説明）

なお、金融商品時価開示適用指針においても上記と同じ趣旨の開示が求められている。

金融商品の時価等の開示に関する適用指針　第４項

⑶　デリバティブ取引については、⑴に加えて、取引の対象物の種類（通貨、金利、株式、債券及び商品等）ごとに、次の事項を注記する。

①　ヘッジ会計が適用されていないもの

ア　貸借対照表日における契約額又は契約において定められた元本相当額

イ　貸借対照表日における時価

ウ　貸借対照表日における評価損益

なお、当該注記にあたっては、デリバティブ取引の種類（先物取引、オプション取引、先渡取引及びスワップ取引等）による区分、市場取引とそれ以外の取引の区分、買付約定に係るものと売付約定に係るものの区分、貸借対照表日から取引の決済日又は契約の終了時までの期間による区分等の区分により、デリバティブ取引の状況が明瞭に示されるように記載する。

②　ヘッジ会計が適用されているもの

ア　貸借対照表日における契約額又は契約において定められた元本相当額

イ　貸借対照表日における時価

なお、当該注記にあたっては、ヘッジ会計の方法、デリバティブ取引の種類、ヘッジ対象の内容等の区分により、ヘッジ会計の状況が明瞭に示されるように記載する。

第2節
製造・原価計算

ここでは、食品製造業のうち、2つの業態を例にとって、その製造工程と原価計算の概要を説明するとともに、原価計算プロセスの内部統制をみていくこととする。

1 ハム・ソーセージ製造業の製造・原価計算

(1) 製造工程概要

ハム・ソーセージの製造工程は普遍的であり、メーカーが異なっても主な流れはほとんど変わらない。また、原料肉の種類や、製造工程の一部を省いたり、加えたりすることで、さまざまな異なる製品を製造できるのも特徴である。日本におけるハムの代表品種であるロースハムの製造工程は、図表2-2-1のようになっている。

図表2-2-1　ロースハムの製造工程

整形 → 塩漬・熟成 → 充填 → 燻煙 → 加熱 → 冷却 → 包装

整　形	原料肉（豚ロース）から骨や余計な脂肪を取り除き、製造用に整形する。
塩　漬 熟　成	ピックル液と呼ばれる調味液に肉を漬け込む。現在はピックルインジェクターによって、無数の注射針で直接注入する方法（インジェクション加工）が一般的だが、いわゆる高級ハムなど伝統的製法によるものは、表面からの擂込みや、樽での漬込みを行い、時間をかけて調味液を染み込ませ、熟成させる。ピックル液を注入された肉は、多いものでもとの２～３倍に膨張する。どの程度液を注入したかを「加水率」といい、一般的には、高級ハムは加水率が低く、量販品は高くなっている。
充　填	ハムの形を整えるため、塩漬された肉をケーシング（羊腸や、人工ケーシング等）に充填する。
燻　煙	スモークハウスで燻煙する。スモークすることで保存性が向上するとともに、独特な風味（スモークフレーバー）や色（スモーカラー）を付加する。
加　熱	ハムの内部まで火を通す。食品衛生法で加熱条件が定められている。
冷　却	加熱したハムを冷却する。冷却が遅れると表面に皺がでさてしまい、フィルム包装時に不良品となる可能性がある。
包　装	完成したハムをフィルム等で包装する。スライス加工等もこの工程で行われる。

ロースハムと同様に一般的なボンレスハムも、製造工程は変わらず、原料が、ロース肉（背肉）か、もも肉かの違いによる。また、加熱工程を経ず、低温燻煙で時間をかけて乾燥させたものは生ハムとなる。

その他については、簡単にいえば、原料の肉塊をミンチ、混合したものがソーセージであり、バラ肉を使用して、充填、加熱せず、長時間燻煙したものがベーコンである。

(2) 原価構成

ハム・ソーセージの原価構成は、概ね以下のようになっている。

材料費	原料肉、補助材料（ピックル液、調味料、香辛料、ケーシング等）
労務費	工場製造部門人件費、工場管理部門人件費
経　費	固定資産減価償却費、運送費、外注加工費、賃貸料、水道光熱費等

ハム・ソーセージの製造工程は、一般的な食品製造業よりも単純である。このため、原価に占める材料費の比率が５～８割を占めるなど、高くなる傾向にある。特に、食肉の生産事業も抱えている会社は、材料費の比率がより高くなる。また、外注加工の依存度が高い会社は、労務費の比率が低く、経費の比率が高くなる。

(3) 原価計算

① 原価計算の方法

製造原価明細書の注書きとして原価計算方法の記載があった平成25年時点では、ハム・ソーセージ製造において製造工程が複数に及ぶことから工程別、そして同一の原料から数種類の規格の製品が製造されることから等級別の総合原価計算を行っている会社が多くみられた。一方で、標準原価計算を導入している会社は少ない傾向であった。

② 材料費

材料費は、ハム・ソーセージの製造原価の多くを占めることもあって、材料費の計算は細かく行われている。現在は食肉在庫もバーコード管理されているため、同一品種の食肉についても、在庫ロットごとに重量と単価が記録されている。このため、製造工程に投入された原材料は、製造ロットごとに個別に紐付けられており、どの製造ロットにどの在庫ロットの食肉を使用したかが判別できる。これは、原価管理だけでなく、トレーサビリティを確保するためにも重要なシステムである。

各工程間の受払いも、生産管理システムによってデータ管理されているのが一般的である。各工程にはシステムと連動した計量機が設置されており、受入重量と払出重量を工程の製造日報として記録している。ハム・ソーセージは原料の整形から、塩漬、加熱と、工程ごとに重量の増減があり、歩留管理が重要となる。生産管理システムには、単純に製造ロットごとの重量を追うだけでなく、異常な重量変化をモニタリングする目的もある。最終的には、生産管理システムの数量データを原価計算システムに投入し、原価計算システム側の在庫ロットごとの品番マスターに記録されている単価を乗じることで、製造原価の材料費が計算される。

③　労務費、製造経費

労務費、製造経費については、業界として製造原価の内訳比率が低い場合が多く、そのような場合においては、比較的単純な配賦計算を行うケースがみられる。労務費については、直接費として直課すべきか、間接費として配賦すべきかは内容に応じて判断し、直接費とすべき場合には生産管理システムと勤怠管理システムとを連動させ、各製造ロット、工程ごとの実際工数を把握するなど必要なシステム対応を実施することが求められる。ただし、ハム・ソーセージ業界においては、内容的には直接費に該当するものの金額的重要性が乏しいなどの理由から、簡便的な取扱いとして間接費として配賦計算を行うことが許容されているケースがあると考えられる。間接費とすべき場合にも、金額的な重要性や取り扱っている品種数により、どの程度まで精緻に配賦計算すべきかが異なる。等級別原価計算を行っている場合には、製品ごとの工数と生産数から積数を計算することとなるが、品種数が少ない場合や金額的な重要性が乏しい場合などは、単純に重量を基準に配賦計算することも許容されているケースがあると考えられる。また、製品種類ごとに重量当たりの標準間接費単価を設定し、月次の実際製造重量から各製品の標準間接費を計算したうえで、実際額との差額を各製品に重量基準等で振り分けるといった標準原価計算の考えを一部取り入れたような方法を採用する会社もある。

④　仕掛品

ハム・ソーセージの製造期間は1～3日程度であるため、仕掛品はどの会社も少額となっている。仕掛の状態で残る工程は、ほとんどが塩漬・熟成工程であり、営業システムの製造日報から、期末日現在製造過程にある製造ロットは網羅的に把握することができる。このため、仕掛品の材料費部分については、数量は生産管理システムから、単価は原価計算システムから集計することが可能である。

労務費、製造経費部分については重量に進捗率を乗じた積数に間接費単価を掛ける方法と、間接費単価に、進捗率を乗じた単価を用いて計算する方法が考えられる。ハム・ソーセージは、工程によって重量が大きく増減するため、実務上は後者の方法のほうが現実的といえるかもしれない。

(4)　会計処理までの流れ

生産管理システムや、勤怠管理システムに集計された当期製造費用は、原価計算システムへ送られ、実際原価の算定と原価差額の配賦計算が行われる。これにより、期末仕掛品在庫金額が算定され、当期製品製造原価が確定する。この結果は会計システムに送信され、仕訳として会計情報に反映される。

2　菓子製造業の製造・原価計算

(1)　製造工程概要

菓子にはさまざまな商品分野が存在し、製造工程もそれに応じてさまざまである。その中でも、ビスケット類やケーキ類、ドーナツ類など小麦粉を主原料とした菓子は多くを占めることから、今回は小麦粉を主原料とする菓子に限定して記述する。原料の混合時点、製造工程の間に、味付け等の加工を加えることにより、さまざまな製品のバリエーションが生み出されるが、日本における菓子の代表である小麦粉製品の製造工程は、図表2-2-2のようになっている。

図表2-2-2　菓子の製造工程

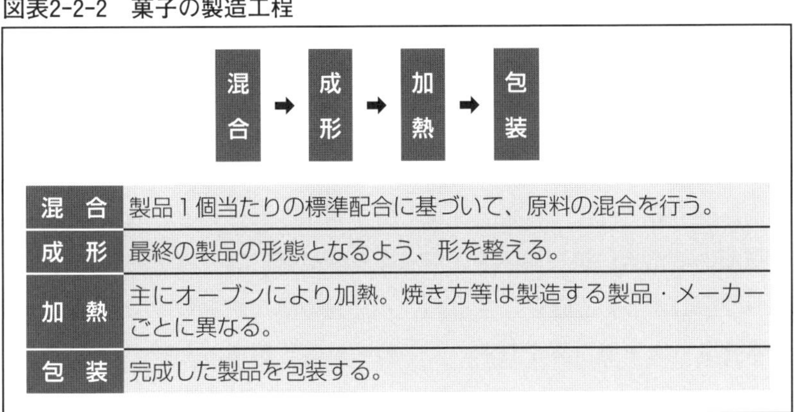

混　合	製品１個当たりの標準配合に基づいて、原料の混合を行う。
成　形	最終の製品の形態となるよう、形を整える。
加　熱	主にオーブンにより加熱。焼き方等は製造する製品・メーカーごとに異なる。
包　装	完成した製品を包装する。

特徴としては、他の製造業と比較して、製造工程は比較的短く、単純であることが挙げられる。菓子メーカー各社は、混合工程において、さまざまな工夫（味付け、焼き方等）をすることにより、製造を行っている。

(2)　原価構成

菓子の原価構成は概ね以下のようになっている。

材料費	原料：小麦粉、バター、砂糖、食塩、食用油脂、チョコレート、アーモンド等 材料：包材（袋・箱　等）
労務費	工場製造部門人件費、工場管理部門人件費
経　費	固定資産減価償却費、外注加工費、賃貸料、水道光熱費等

菓子製造業では一般に、材料費が５～７割を占めるとされる。単体で生産部門（工場）がある会社は、材料費の比率がより高くなり、外注加

工の依存度が高い会社は、労務費の比率が低く、経費の比率が高くなる。関係会社等へ製造を委託している会社は、委託加工費（経費）を支払っているため、経費の割合が高くなる。

菓子製造業が使用する原料の生産は、気候変動の影響を受けやすく、豊作、不作が価格に直結する。また、輸入に頼る部分が多いため、価格変動、為替変動の影響を大きく受ける場合がある。

⑶　原価計算

①　原価計算の方法

菓子製造業では同種の製品を連続生産することから、原価計算は個別原価計算ではなく、総合原価計算が採用されている。基本的に多品種であるため、製造ラインに沿った総合原価計算（品目別・組別）を行う会社が多い。逆に、少品種、主原料の種類が少数の場合には、簡素化された原価計算が行われている会社も一部あると考えられる。

②　材料費

菓子製造業の原材料の特徴として、原料の使用期限が明確に定められていること、製品のライフサイクルが短く、多品種少量であることが挙げられる。そのため、滞留による賞味期限切れ原料や汎用性のない原料、季節商品や期間限定商品のパッケージのために特注した資材・包材については、廃棄や棚卸評価損の対象となりやすい。各社は、原材料在庫を日々モニタリングすることによって、このようなリスクに対応している。

また、菓子製造は、製品の質を保つため、製品当たりの使用原料・配合（標準配合量）が決められている場合が多く、製造後、標準配合量に基づく標準消費量と、実際に工程に投入された実際消費量とを比較・分析することで、原価管理を実践している会社が多いと考えられる。

現在、原材料在庫はロット管理されており、製造工程に投入された原材料は、製造ロットごとに個別に紐付けられ、どの製造ロットにどの在庫ロットの原材料を使用したかが判別できるよう、投入時に管理している。これは原価管理だけでなく、完成品（下流）から使用原料（上流）のトレーサビリティを確保する動きが重要視されていることによる。

③　労務費、製造経費

菓子製造業における労務費、製造経費は、製造原価に占める内訳比率が比較的低いため、両者を合わせた加工費として簡便な配賦計算がなされることが多いと考えられる。各製造ロット、各工程の労務費は比較的把握しやすいため、直接労務費として工程別に製品に直課することが多いが、実務上は経費と合算した加工費全体について生産重量を基準に配賦する等の簡便な配賦計算を行っている場合もあると考えられる。原価管理については、製品単位重量当たりの予定原価や標準原価を設定して、実際原価との差額を分析している会社がほとんどであろう。

菓子製造業においては、定番製品以外の製品ライフサイクルが一般的に短いため、新製品の製造開始時における段取時間が増加する結果、労務費が増加する場合もあると考えられる。また、１つの製造ラインで多品種の製品を製造している場合も、製造ライン切替時の洗浄等に伴う段取時間が多くなると考えられる。

④　仕掛品

菓子の製造期間は長くても１日程度の場合が多く、棚卸資産残高に占める仕掛品・半製品の比率は低い傾向にあり、概ね１％未満という程度である。仕掛の状態で残る工程は、混合工程（ミックス）等がある。仕掛品の評価については、トレーサビリティシステム等の導入、または製造日報等により、投入した原料をロット別に入力・記入しており、集計することは可能である。

労務費、製造経費部分については重量に進捗率を乗じた積数に加工費単価を掛ける方法や、加工費単価に進捗率を乗じた単価を用いて計算する方法等が考えられる。なお、菓子製造業では、製造原価に対する期末仕掛品棚卸高の割合が低く、特に重要性がないケースにおいては、期末仕掛品棚卸高に対して、簡便な計算方法を用いているケースもあると考えられる。

(4) 会計処理までの流れ

材料費、労務費、経費は当期製造費用として集計された後、原価計算システムへ送られ、実際原価の算定と、予定原価もしくは標準原価との差額が計算されるのが一般的である。さらに、原価計算システムで計算された当期製品製造原価が会計システムへ送られることによって、会計処理がなされる。

3　原価計算プロセスにおける内部統制

(1) 内部統制上の留意点

原価計算プロセスは、大部分をシステムに依拠していることがほとんどであるため、関連システムのIT全般統制や、業務処理統制の評価が必要となる。また、配賦率などのマスターデータ登録や、集計先となるロット登録など、上流の統制が十分に機能することが重要といえる。

なお、「財務報告に係る内部統制の評価及び監査に関する実施基準」Ⅱ2.(2)において「一般に、原価計算プロセスについては、期末の在庫評価に必要な範囲を評価対象とすれば足りると考えられるので、必ずしも原価計算プロセスの全工程にわたる評価を実施する必要はないことに留意する」とされている。原価計算の複雑な過程から、評価範囲とすべき部分を抽出するにあたっては、事前にしっかりと会計監査人と協議することが実務上は重要である。

(2) 不正リスク

原価計算プロセスは他の業務プロセスに比べると不正リスク要因があまりないプロセスといえる。通常、取り扱う原材料や半製品は個人的に取引できるものではないうえ、単価もそれほど高くないケースが多いため、従業員不正による資産の横領は考えにくい。また、部門単位での不正に関しても、製造部門はコストセンターとして取り扱われることが多く、販売部門に比して部門予算の達成圧力も弱い。他の製造業と比べて製造原価に対する割合が小さい製品・仕掛品在庫に恣意的に多くの原価を配賦したとしても、財務諸表に対する影響は小さいと考えられる。

原価計算プロセスについて、影響の大きい不正が行われるとすれば、それは経営者不正だろう。原価計算プロセス内で、直接損益に影響を及ぼすわけではなく、例えば部門を超えた原価の不正な付替えを行って、不採算部門の減損を回避する等、より大局的な不正に利用される可能性が考えられる。

(3) リスクと統制活動

原価計算プロセスについて考えられるリスクと、対応する統制活動は概ね図表2-2-3のようになる。

図表2-2-3　原価計算プロセスのリスクと統制

サブプロセス	リスク	統　制
配賦単価、配賦基準の設定	●不適切な配賦単価が設定される。	●配賦単価設定時の承認手続
	●配賦単価の設定を誤る。	●単価マスター設定時の入力後チェック
	●配賦基準が実態に適合しない。	●配賦基準設定時の承認手続
材料費の集計	●適切な製造ロットに原価が集計されない。	●製造ロット登録時の入力チェック ●生産システムのIT全般統制、業務処理統制

サブプロセス	リスク	統　制
	●原価の計上漏れ ●二重計上される。	●生産システム、原価計算システム、会計システムのIT全般統制、業務処理統制 ●工程別の日報間の整合性チェック
加工費の集計	●実際原価の集計漏れ ●二重計上される。	●生産システム、原価計算システム、会計システムのIT全般統制、業務処理統制 ※原価計算以前の計上については、給与計算プロセス、経費プロセス等でカバーされる。
	●予定配賦計算が正確に行われない。	●生産システム、原価計算システムのIT全般統制、業務処理統制 ●サンプル製造項目に対する配賦計算の再実施
原価差額の配賦計算	●原価差額が正確に計算されない。	●原価計算システムのIT全般統制、業務処理統制 ●サンプル月の原価差額の再計算
	●原価差額の配賦が正確に実施されない。	●原価計算システムのIT全般統制、業務処理統制 ●サンプル製造項目に対する原価差額配賦の再計算
	●期末在庫に対する配賦計算漏れ	●原価計算システムのIT全般統制、業務処理統制 ●サンプル期末在庫に対する原価差額配賦の再計算
会計処理	●生産管理システム、原価計算システムの計算結果が、会計システム上の数値と整合していない。	●生産システム、原価計算システム、会計システムのIT全般統制、業務処理統制 ●各システム残高の整合性検証

上表のとおり、ほとんどのリスクについて、システムのIT全般統制、業務処理統制が関連する。

(4) IT全般統制と業務処理統制

生産管理システムや原価計算システムは、会社独自のプログラム修正が加えられていることが多く、普遍的な評価が行えない部分である。

このため、他のパッケージソフトに比して、プログラムの変更機会が多く発生する傾向にあり、変更の承認管理や、テスト環境と本番環境の整備が必要である。また、端末が各製造現場に設置されるため、アクセス権管理の現場運用状況についても、本社からモニタリングしづらい環境にある。IT 全般統制としては上記２点が大きなポイントとなると考えられる。

また、現場管理者や、経営者は生産管理システム等から出力される帳票を用いて、原価の正当性や正確性を検証すると考えられるが、そもそも出力された帳票類がシステム設計時に意図したとおりにデータを集計しているのかを確認するため、業務処理統制を評価する必要がある。

大規模な製造設備を有する会社では、原価計算について手作業で検証することは不可能な状態であるため、関連システムの管理、運用は常に注視すべき領域である。

第3節 人件費

1 取引の概要

食品製造業に限らないが、製造業において人件費は原価計算に織り込まれ、売上原価または棚卸資産に計上されるものと、期間費用として販売費及び一般管理費に計上されるものがある。これらのうち、売上原価または棚卸資産に計上されるものは、通常製造に関して発生した人件費であり、販売費及び一般管理費に計上されるものは、それ以外の人件費である。

人件費に該当するものは、従業員給与賃金、賞与、賞与引当金繰入額、法定福利費、福利厚生費、退職給付費用、役員報酬、役員賞与引当金繰入額、役員退職慰労引当金繰入額等がある。以上のうち、法定福利費には、健康保険料、介護保険料、厚生年金保険料、児童手当拠出金、労災保険料、雇用保険料が含まれる。

仕訳例

●月次での給与計上時

(借)	給　与	×××	(貸)	未払費用	×××
	福利厚生費	×××		未払費用	×××

●引当金の計上時

（借）	賞与引当金繰入額	×××	（貸）	賞与引当金	×××
	退職給付費用	×××		退職給付引当金	×××
	役員賞与引当金繰入額	×××		役員賞与引当金	×××

企業内の組織区分でいえば、一般的に工場で発生する人件費が製造原価になり、営業部、支店で発生する人件費が販売費になる。開発部、研究所で発生した人件費は研究開発費として一般管理費または当期製造費用として処理される。工場を除く生産部で発生した人件費は一般管理費に計上されることが多く、工場で発生した人件費は製造原価になる。監査部、経理部、人事部、総務部で発生した人件費は一般管理費に計上される。

工場で発生した人件費でも、直接製造にかかわる部門で発生した人件費は直接労務費になり、直接製造にはかかわらない部署で発生した人件費は製造間接費になる。

仕訳例

● A 製品の製造ラインにおいて人件費100が発生した

（借）	製造直接費（人件費）	100	（貸）	未払費用	100
	仕掛品	100		製造直接費	100

●間接部門で人件費80が発生した

（借）	製造間接費（人件費）	80	（貸）	未払費用	80

※製造直接費、製造間接費は製造費用に含まれる。

●製造間接費のうち40を A 製品に配賦した

（借）	仕掛品	40	（貸）	製造間接費（人件費）	40

●製品完成時

（借）	製　品	140	（貸）	仕掛品	140

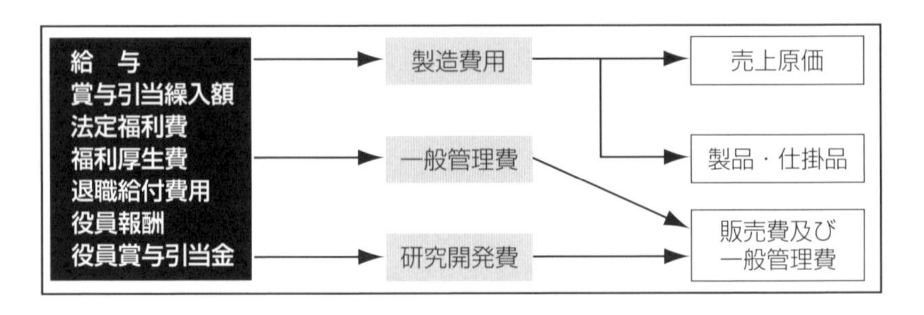

2 内部統制と不正リスク

(1) 人件費におけるリスクとコントロールの例

プロセス	リスク	コントロール
給与計算プロセス	給与の基本情報の登録を誤る。	システム登録者とは別の担当者が給与基本情報を記載した書類と照合して登録内容の確認を行う。
	給与の計算を誤る。	給与計算システムにより給与の金額は自動計算される。
	給与計算結果を会計システムに誤って入力する。	給与計算結果は給与計算システムから会計システムにインターフェイスされる。
	従業員が誤った勤務時間を入力してしまい、誤った給与金額が計上されてしまう。	従業員の勤務時間について、上席者の承認がなければ、給与計算システムに反映されない。
賞与引当金計上プロセス	賞与支給月数の見積りを誤る。	上席者は見積計算資料の内容を確認して伝票と照合し承認する。
	賞与引当金計算シートの金額を伝票に誤って転記する。	上席者は見積計算資料の内容を確認して伝票と照合し承認する。

プロセス	リスク	コントロール
退職給付引当金計上プロセス	年金数理人に正しい人事データを提出しなかったために誤った退職給付債務の計算がなされる。	年金数理人に送付する人事データの作成者とは別の担当者が人事データの検証を行う。
	年金数理人が退職給付債務の計算を誤り、退職給付引当金の計上を誤る。	日本公認会計士協会および日本アクチュアリー会の実務基準に沿って計算している旨の記述があることを確認する。 アクチュアリーレポートの中に、年金数理人が計算していることの証明が付いているか確認する。金融機関の「受託業務に係る内部統制の保証報告書」(保証業務実務指針3402「受託業務に係る内部統制の保証報告書に関する実務指針」）の中に、独立監査人による内部統制が有効である旨の記載があることを確認する。
	月々の退職給付費用の計上を誤る。	上席者は見積計算資料の内容を確認して伝票と照合し承認する。
役員退職給付引当金計上プロセス	役員退職慰労引当金の計算を誤り、誤った計上をしてしまう。	上席者は見積計算資料の内容を確認して伝票と照合し承認する。
役員賞与引当金計上プロセス	役員賞与引当金の計上を誤る。	上席者は見積計算資料の内容を確認して伝票と照合し承認する。

(2) 労務費に関するシステム上の流れ

実際原価計算の場合には、原価集計単位ごとにどこで直課、配賦するかをあらかじめ決めておいて、生産管理システム等原価計算を行うシステムに給与計算システムで計上した給与等を入力すると自動的に定められた費目として計算されるが、原価集計単位ごとの直課、配賦の設定が正しく行われていないと正しい計算ができない。以上の計算過程に基づいて計算された労務費が会計システムに計上されることになる。一方、標準原価計算を行っている場合には、標準原価の設定において人件費も標準単価の中に組み込まれ、実際発生額は標準原価との差額が原価差額として配賦計算される。このように、標準原価に、配賦計算によって配賦された原価差額を加えたものが会計上の労務費として計上されることになる。

図表2-3-1　システムの流れ（例）

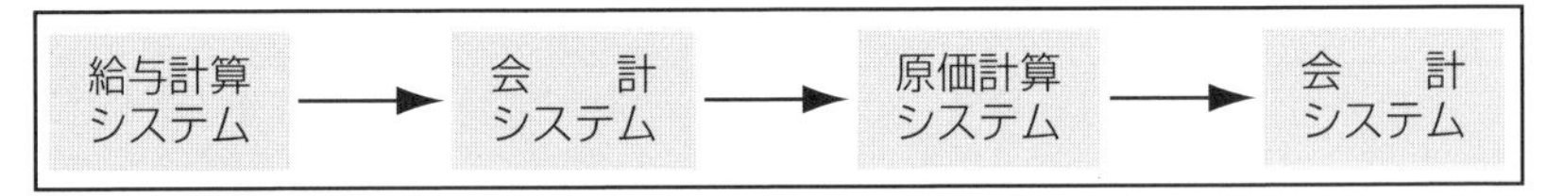

給与計算システムにおいて計算した結果を一度会計システムに原価集計単位ごとに計上する。原価集計単位ごとの人件費データを原価計算システムに入力し、原価計算を行う。原価計算の結果、期末棚卸資産分を会計システムに計上する。

3 会計処理

(1) 人件費の原価計算上の取扱い

製造業において労務費が、原価計算に取り込まれる方法の１つの例を以下に示す。

【設　例】

清涼飲料水メーカーG社はE-a製品とE-b製品とF製品を製造販売している。

G社は実際原価計算を採用している。

発生する人件費は原価集計単位（原価センター）ごとに製品に賦課、配賦を行う。

E-a製品は350mlの缶、E-b製品は500mlのペットボトルの製品、F製品は1.5Lのペットボトルの製品

昨年の月平均生産重量

E-a製品　2,450L、E-b製品　16,500L、F製品　30,000L

昨年の月平均本数

E-a製品7,000本、E-b製33,000本、F製品20,000本

（単位：千円）

原価センター	11月人件費	E-a製品割合	E-b製品割合	F製品割合
E製品抽出工程	3,500	12.9%	87.1%	—
F製品抽出工程	2,500	—	—	100.0%
調合工程	7,000	5.0%	33.7%	61.3%
充填工程	6,000	11.6%	55.0%	33.3%
工場総務部	10,000	—		—
本社人事部	1,800	—		—

E-a製品直接労務費　3,500×12.9%＋7,000×5.0%＋6,000×11.6%
＝1,501.5千円

E-b製品直接労務費　3,500×87.1%＋7,000×33.7%＋6,000×55.0%
＝8,707.5千円

F製品直接労務費　2,500＋7,000×61.3%＋6,000×33.3%
＝8,791千円

製造間接費　10,000千円

販管費　1,800千円

この設例においては、工場の製造部門で直接製品に賦課できるものは、賦課している。工場で発生する人件費でも製品の製造に対して直接的な関係が把握できないものは、製造間接費に含めて全体で配賦する。

このような計算条件は原価計算システムであらかじめ設定してあり、会計情報を原価計算システムに入力すると、原価集計単位（原価センター）ごとにどう計算されるかが決められており、システム上自動計算されることが多い。

4　監査上の着眼点

(1)　分析的手続

人件費については分析的手続が有効となることが多い。例えば、従業員数と月次の人件費の比較、賞与引当金計上額と賞与実際支給額の比較の際の対象人数による分析などがある。下記において、１人当たり給与の月次分析の例を記載する。

【１人当たり給与の月次分析の例】　（単位：円）

	4月	5月	6月
給与（従業員）	68,472,000	68,654,370	67,954,000
給与（派遣社員）	2,900,000	2,850,000	2,850,000
製造費用計	71,372,000	71,504,370	70,804,000
給与（従業員）	82,653,000	83,234,000	82,160,200
給与（派遣社員）	3,400,000	3,387,000	3,379,000
販管費計	86,053,000	86,621,000	85,539,200
製造費用販管費合計	157,425,000	158,125,370	156,343,200
従業員数（人）	350	350	346
従業員１人当たり給与	449,786	451,787	451,859

よりきめ細かな分析を行う場合は、従業員と派遣社員を分けて分析を行うことも考えられる。

(2)　賞与引当金の計上額の妥当性

賞与に業績連動部分や考課部分が多く支給される規程になっている場

合は、支給実績に基づいて見積計算された賞与引当金と実際の支給額が乖離することがある。したがって、支給実績だけでなく、業績や考課による支給額の変動部分の見込額が適切に織り込まれているか検証する必要がある。

(3)　退職給付引当金の見積計算の妥当性

退職給付の計上については、数理計算が複雑であり、また基礎率によって見積額が大きく変動するため、誤謬が起こりやすい。したがって、数理計算のもととなる給与データが正確であるか、基礎率の見積りが妥当であるか、などを検証する必要がある。

また、制度変更時等の特殊な状況の場合の処理は、財務諸表に与える影響が大きくなる可能性が高いため、慎重な検討が必要となる。

5　表示・開示のポイント

有価証券報告書上の人件費に関する開示は以下のとおりである。

①　損益計算書上の「販売費及び一般管理費」の中の給与、賞与引当金繰入額、退職給付費用等の記載
　「販売費及び一般管理費」の記載を一括表示している場合は、販売費及び一般管理費の注記の中の給与、賞与引当金繰入額、退職給付費用等の記載

②　個別財務諸表の製造原価報告書の「労務費」（連結財務諸表上でセグメント情報の注記を行っていない場合のみ）

③　賞与引当金、退職給付引当金、役員退職慰労引当金等の引当金計上基準の注記

④　退職給付関係の注記

⑤　賞与引当金、役員退職給付引当金等の引当金明細

第 4 節
棚卸資産

1 取引の概要

(1) 食品製造業における棚卸資産の範囲

① 製　品

食品製造業における製品とは、具体的には、ハム、缶詰、みそ、パン、冷凍食品、ビール等の量販店等で最終消費者へ販売される製品と小麦粉、砂糖、食用油等の食品加工メーカーに販売される製品とに大別される。食品加工メーカーに販売される製品が最終消費者にそのままで販売される場合もある。

② 半製品

食品製造業における半製品とは、既に加工が終わって貯蔵中のものなどである。具体的には、最終製品が量販店などで販売するために容器に入っている場合の容器に入れる前のタンクに入っているものなどが挙げられる。

③ 仕掛品

食品製造業における仕掛品とは、原料が工程に投入され、まだ完成されていないものである。具体的には、醤油の醸造中のもろみなどが挙げられる。

④　原料および材料

食品製造業における原料とは、小麦や大豆や小麦粉など食品の製造工程に投入される前のものであり、製品のもとになるものである。同一のものでも、当該企業が製造する製品がサプライチェーンのいずれに位置しているかによって、その取扱いは異なり、一例を挙げれば、小麦粉は製粉メーカーでは製品だが、製パンメーカーでは原料となる。また、製品を出荷する際の包装材料は、製品出荷後は製品となるが、包装する前は材料である。

⑵　食品製造業の製品の分類

食品製造業における製品にもいくつかの類型がある。小麦粉、油脂、砂糖などそのまま消費者に販売されることもあるが、他の食品の原料にもなる「素材製品」と、缶詰、パン、冷凍食品などの基本的に消費者に販売され消費される「加工食品」に分けられる。また、製品の形態から「低温品」、「生鮮品」、「ドライ品」という分類もある。

（使用目的別の分類）

食品製造業の製品
- 素材製品
- 加工食品

（形態別の分類）

食品製造業の製品
- 低温品
- 生鮮品
- ドライ品

素材製品の特徴としては、以下のことが挙げられる。

①　原材料を大量に仕入れること。

②　原材料は農産物であり海外からの輸入である場合が多いこと。

③　原材料は原料相場の影響を受けることがあること。

④　為替相場の影響を受けることがあること。

⑤　原材料の調達から工程への投入、製品の出荷までにタイムラグがあり、相場変動が大きい場合には仕入価格、販売価格について影響があり、会社の損益に大きな変動が起こることがあること。

⑥　原料相場の影響を価格に転嫁することが必ずしも容易でない場合が多いこと。そうしたことが、販売政策にも影響を及ぼすことがあること。

⑦　素材製品の製造会社は大規模な設備装置を使用して、大量に仕入れ、大量に製造し、大量に販売するという形態であることが多いこと。

なお、令和４年に為替相場が円安へ進んだことを受けて、素材製品を含む食品製造業においては、輸入する原材料の仕入価格が近年高騰している。このような背景を受けて、企業は、値上げによる価格転嫁を始めており、農林水産省の「農作物・食品の価格形成をめぐる事情」によれば、令和５年の食品の値上げ原因を調査した結果、食品主要会社の98.4％の企業が原材料高を値上げの原因としている。

加工食品の特徴としては、以下のことが挙げられる。

①　消費者のニーズにあった製品を次々に開発する必要があり、製品の品種が多いこと。

②　使用する原料には賞味期限が短いものも多く、製品の品質低下が発生しやすいこともあること。また、それらを加工する過程で賞味期限を長くするために食品添加物を加えることもあること。

③　人の口に入るものであり安全衛生管理が求められるものであること。

日本においては、平成８年O-157の流行、平成13年BSE問題、平成16年鳥インフルエンザの流行等を経て、消費者の「食の安全・安心」に関する高い期待がある。そして、昨今のESG投資が注目される社会において、加工食品を含む食品製造業の企業は、フードロスなどの環境問題にも取り組んでおり、安全衛生管理だけでなく広くサステナビリティを意識した活動をしている。

このように、加工食品では、消費者の関心がどこにあるのかをより敏感に察知することが求められる。品種が多い分、原材料を大量に仕入れるというよりは、さまざまな原料を使用していろいろな製品を製造している場合がある。

形態別分類における各製品の特徴としては、以下のことが挙げられる。

- 低温品は、低温での保存が必要な製品で、冷凍食品やバターなどがある。保管しておく倉庫や輸送する際のトラック等には、低温の設備が必要になる。
- 生鮮品は、賞味期限の短いもので、乳飲料、惣菜等がある。賞味期限の管理が特に重要であり、発注に応じて生産することもある。
- ドライ品は、低温品でも生鮮品でもないものである。砂糖などの調味料、お菓子、缶詰などがある。

素材製品に関しては、連産品もしくは副産物が同時に生産される場合もある。小麦粉とふすま、ハムとベーコンとソーセージ、食用油と油粕(ミール)、豆腐とおからなどがある。連産品もしくは副産物が発生するということは、食品製造業の棚卸資産に関する１つの特徴であると考えられる。

2　内部統制と不正リスク

棚卸資産についての内部統制上の問題点、不正リスクに関する問題点は、期末棚卸資産数量の正確性がいかに確保できるかという点と、期末棚卸資産の評価がいかに適切になされるかという点である。とりわけ、不正リスクという観点では、経営者は売上を多く計上して、利益を大きくしたいというインセンティブがあるため、架空の売上を行うリスクがあるが、棚卸資産の側面からこの架空売上を考えると、棚卸資産はなるべく少なくして売り上げたようにみせたいというインセンティブがあると考えられる。また、棚卸資産の評価損についてはなるべく計上せずに利益を大きくしたいというインセンティブがあると考えられる。

食品製造業においては、期末棚卸資産の数量に関しては会社の行う棚卸が適切なものであるかどうかが重要になる。また、棚卸資産が液体等直接数量をカウントできない場合もあるため、日々の受払管理が重要になる場合もある。

評価については、食品製造業は消費者ニーズの変化に対応してさまざまな品種があることも多く、収益性の低下の判断にあたっては、それぞれの製品の販売価格や原価の把握が重要になる。

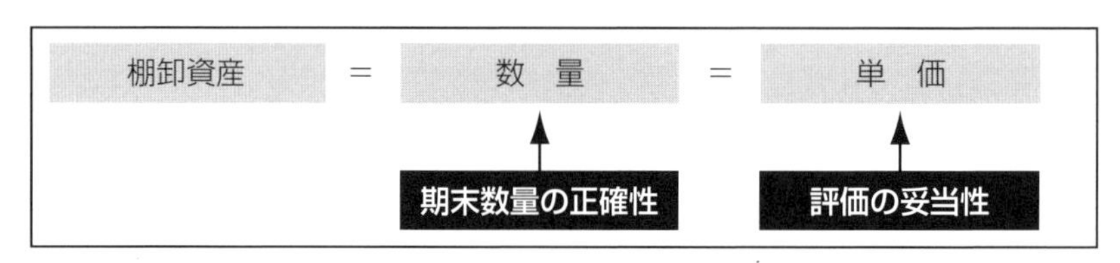

(1)　実地棚卸

棚卸資産の実在性について特に重要な意味を持つ実地棚卸については、その手順とともに注意点を記載する。

①　棚卸の手順

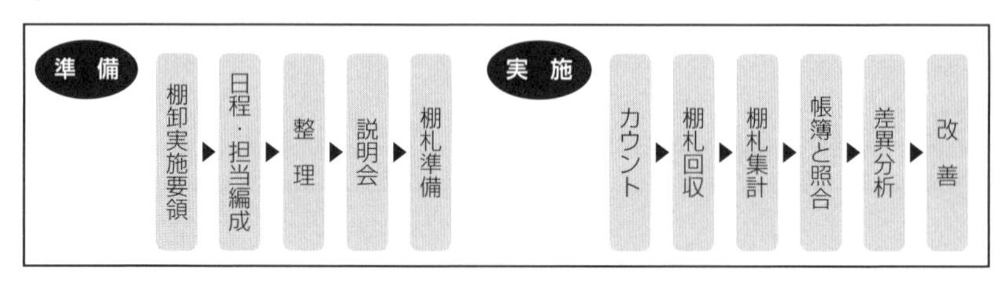

ａ　事前の準備

●棚卸実施要領の配布

棚卸実施の方法・ルール等必要事項を記載した実施要領を作成し、棚卸関係者に配布する。

●棚卸日程および担当編成

棚卸日程は期末日前後に行うことが望ましいが、出荷等の都合によっては期末日前に棚卸を行うこともある。また、日程と担当者の編成を行う。実施者同士の牽制のために、通常２人以上で１班とすることが多い。牽制のためには、数量をカウントする者とそのカウントを検証する者が必要となる。また、１次カウントと２次カウントの２回カウントを行うこともある。

● 棚卸資産の整理

棚卸の前に棚卸資産の現品を整理しておき、カウントしやすくすると同時に、棚卸資産とそれ以外のものを区分し、また預り品等棚卸対象以外のものと棚卸対象資産とを区分し、不良品などはできるだけ処分しておくようにすることが望ましい。

● 説明会の実施

棚卸担当者に棚卸の目的、担当、作業要領、作業時間、注意点などを説明する説明会を開催する。

● 棚札の準備

棚札方式の場合、棚札を用意する。連番管理を行えるように、棚札には連番を付しておく。

b　棚卸の実施

● 棚卸資産のカウント

棚卸担当者は、棚卸計画に従い棚卸資産をカウントし、棚札方式の場合、あらかじめ品目等を記入した棚札を現品に貼付する。

リスト方式の場合には、期末在庫リストを出力し、リストの在庫数量と現物のカウント数量が一致しているかを確認していく。

また、現品のカウントに伴い、棚卸の対象になっている資産の中に棄損しているなどして廃棄すべき資産がないかどうかについても検討を行う。

● 棚札の回収

棚卸が終了したら、すべての棚卸資産に棚札が貼付されたことを確認し、棚札の回収を行う。

● 棚札の集計

現場に配布された棚札がすべて回収されたかどうかを回収した棚札の連番によって確認し、棚卸結果を集計する。

●実地棚卸結果と帳簿の照合

棚卸結果と帳簿数量を照合し、棚卸差異を把握する。

●棚卸差異原因の分析

差異の原因（品目誤り、記帳漏れ等）を追及し、適切な処理を行う。

●問題点の改善

問題点等がある場合は改善を検討する。

②　実地棚卸の注意点

●一定規模以上の会社では、在庫管理システムや物流管理システムなどシステムによって棚卸資産の受払管理を行っていることが多い。この場合、棚卸を棚札方式ではなく、リスト方式で行うことが主流である。リスト方式は棚卸資産の数量管理を行っているシステムから出力された在庫リストをもとに棚卸を行う。現物の数量がリストに記載されたとおりにあるかをカウントしていくものである。このリスト方式は、システムに未入力の品目があった場合には、そのような品目が棚卸から漏れてしまう可能性があるため、網羅性の点で問題がある。

●食品製造業の場合、製品、半製品、原材料等が液体等の場合にはタンクに入っていることもあり、また、原材料等がサイロに入っていることもある。このように数量を自らカウントすることができない場合は、システムによるタンク・サイロ在庫数量を期末棚卸資産数量とすることになる。したがって、システムの数量が正確であることが必要であるが、このことを担保するために、数年に一度タンク・サイロ在庫の数量が正確であることを確認するための計測を行う。また、棚卸の際に可能なものであれば、補完的に後に述べる検尺という作業を行って、システム数量が現物と大きく差がないということの検証を行うことがある。

●期末時点で会社内の工場と倉庫や工場と全国の中継所への輸送中の場合、工場における棚卸の対象にならないため棚卸から漏れる可能性がある。このような輸送中の棚卸資産があれば、その実在性について注意が必要となる。

●外部倉庫に預けている棚卸資産については、在庫証明を入手して期末在庫数量を確定させる。具体的には、在庫証明に記載された品目、数量と会社で把握している在庫数量を照合して確認することになる。

●検尺の手続は以下のとおりである。

i　タンク・サイロの容積をあらかじめ計測しておく。

ii　タンク・サイロのどの高さまで原料、半製品、製品等の棚卸資産の現物が入っていると、容積がいくらか、重量がいくらかが判定できる換算表をあらかじめ作成しておく。

iii　タンク・サイロの上からメジャーを下にたらして、タンク・サイロのどの高さまで現物が入っているかを計測する。

　場合によって、タンク・サイロ内の温度により容積が違う場合もあるので、温度を測定する。

iv　換算表により現物の容積または重量を算出する。

v　算出された重量等がシステムで把握されている在庫数量と比較して大きく乖離していないか確認する。

vi　留意点としては、検尺はあくまでシステム在庫数量を確認するために補完的に行うものであり、検尺で算出された数量を期末棚卸資産の数量にするわけではなく、システム在庫数量が実態と大きく乖離したものでないことの確認を行うものであるという点が挙げられる。というのは、例えば固形の現物であれば、何日か経過するにつれて現物の重みで下に沈んでくることがあるため、サイロに入れたばかりのものと入れてから数日経過したものでは、容積が違うことがあるからである。サイロに入れたばかりの時に検尺するのと数日経ってから検尺するのでは、その間にまったく現物の入庫出庫がなかったとしても算出される容積は違ってしまうことがある。

③　リモート棚卸立会

新型コロナウイルス感染症の流行を受けて、日本公認会計士協会は、令和２年３月18日に「新型コロナウイルス感染症に関連する監査上の留意事項（その１）」を公表したが、当時の監査実務においては、遠隔地からの実地棚卸の立会が実施された事例が見受けられた。そして、その後もリモート棚卸立会の実施を検討することが必要になるため、日本公認会計士協会は、リモートワーク環境下における実務上の観点から、リモートワーク対応第２号「リモート棚卸立会の留意事項」を令和２年12月25日に公表した。

ここで、リモート棚卸立会とは、被監査会社が実地棚卸を実施して、その実施状況および実地棚卸の立会に必要な情報を、監査人と被監査会社との間で送受信することにより、遠隔地から棚卸立会を実施することとして定義されており、リモート棚卸立会においても、被監査会社の棚卸担当者は実地棚卸を行う点に留意が必要である。なお、実務上、被監査会社の経理部、内部監査室、監査役等による棚卸立会も、監査人のリモート棚卸立会と一緒に進められることが想定される。

食品製造業は、新型コロナウイルス感染症の流行下において、日本および海外に複数の拠点に工場を有していた企業が多く、さらに、食の安全を守る立場から、工場における感染症対策が徹底された業種の１つである。そのため、リモート棚卸立会のニーズは高く、複数の企業が監査人によるリモート棚卸立会の導入を検討したと考えられる。

ただし、実地棚卸の立会は、監査基準報告書501「特定項目の監査証拠」において、監査人が実務的に不可能でない限り実施することが要求されている手続であり、単に不都合であるということ、監査手続に伴う困難さ、時間または費用の問題自体が省略する十分な理由とならないことから、当該留意事項において、リモート棚卸立会の対象先の選定の流れが整理されている（図表2-4-1参照）。

さらに、リモート棚卸立会においては、ビデオカメラやドローン等により提供される実況映像に基づきリモート棚卸立会を行うことから、下記の点に留意する必要がある（図表2-4-2参照）。

図表2-4-1　リモート棚卸立会の対象先の選定の流れ

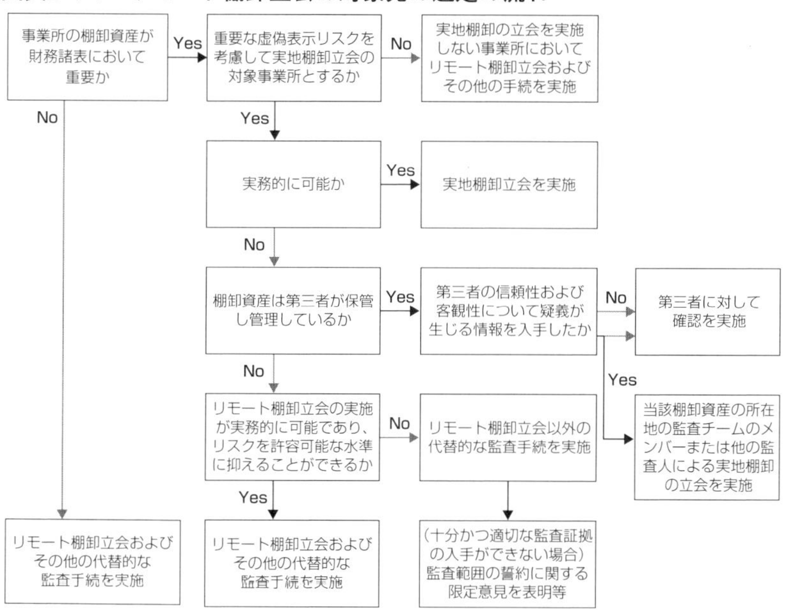

（出典：「リモート棚卸立会の留意事項」図２リモート棚卸立会の対象先の選定の流れから筆者が作成）

図表2-4-2　リモート棚卸立会の留意事項

リモート棚卸立会の留意事項
●リモート棚卸立会を期末日以外に実施する場合には、立会日から期末日までの間の取引に対して監査手続を実施することが求められる。 ●過去の往査経験を勘案し、適切な監査チームメンバーを配置するとともに、監査人の要請に対応する被監査会社のスタッフを現地において起用可能かどうか検討する。

- ビデオカメラやドローン等により撮影した実況映像を入手する。
- 実況映像を入手するにあたっては、撮影する対象に撮影者の恣意性が介入したり、実況映像を撮影する段階で改竄が行われた場合、その検出が困難であることから、撮影対象となる棚卸資産の映しやすさ等を勘案し、ビデオカメラやドローン等により提供される実況映像等の情報の真正性が担保されていることについて検討する。
- 映像に映らない在庫の有無の観点から、事前にロケーション図・対象在庫リストなどを入手して在庫の保管場所を確認する。
- 被監査会社が携帯電話機を利用している場合、その位置情報を利用して、リモート棚卸立会の映像の送信場所が、対象事業所であることを確かめる。
- リモート中継は、会社へ事前説明を行い、十分な理解を得るとともに、必要に応じて、事前にビデオカメラ若しくは通信または使用するツールの状況確認等を実施する。

（出典：「リモート棚卸立会の留意事項」）

④　未着品の期末在庫数量の検証

海外から農産物を原材料として輸入する場合などに未着品としての計上が必要となることがある。このような場合には、現物が倉庫、工場にまだ届いていないため、会社が棚卸を行うことができない。したがって、資産の実在性については、インボイス、パッキングリスト、B/L 等の船積書類を入手することにより確かめる。インボイスは積荷の明細書であり、請求書であり、税関申告用の計算書でもある。パッキングリストには、荷姿、梱包ごとの番号や荷印、商品明細、重量、容積などが記載される。

(2)　評価についての内部統制

①　原価計算

棚卸資産の評価については、まず原価計算によって期末棚卸資産の帳簿価額が決定される。原価計算のリスクとコントロールについては、「第２節　製造・原価計算❸」（108頁）で取り扱っているため、ここでは省略する。

② 製品評価損

製品が工程その他で棄損した場合、適時に評価損の計上が必要となるが、この場合において、適切にまた適時に評価損の計上がなされないリスクがある。不正リスクという観点からは、利益をできるだけ多く計上したいというインセンティブがあると考えられるので、利益を多く計上するために評価損を計上しないリスクがある。

このようなリスクを低減するためには、内部統制の観点からは、評価損等の発生状況を適時に報告する仕組みが必要である。特に生産管理システムや物流システムなど棚卸資産を管理するシステムにおいて、評価損など情報をシステム上把握できない場合には、工場経理部や本社経理部への報告に基づいて、会計システムに直接計上する場合もあり、適時の報告が重要になる。

③ 収益性の低下

期末棚卸資産については、取得原価で評価するが、正味売却価額が取得原価を下回っている場合には、正味売却価額で評価する。この収益性の低下については、期末に判断する必要があるが適切な評価がなされないリスクがある。不正リスクという観点からは、利益をできるだけ多く計上したいというインセンティブがあると考えられる。よって、収益性の低下による評価損はなるべく計上したくないため、計上すべき評価損を計上しないというリスクがあるといえる。適切な評価がなされないリスクは、グルーピングが正しくなされないリスク、正味売却価額が正しく算定されないリスク、収益性の低下が会計システムに正しく反映されないリスク等に分類される。

このようなリスクについては、収益性の低下を検討した集計資料とこれに基づく伝票についての上席者の承認がコントロールとなると考えられる。グルーピングについては、前もって社内での検討が必要であり、上席者の承認もこの検討を前提としたものである。また、収益性の低下の集計資料は上席者によって確認されるものではあるが、細かい数字のチェックまでは行えないこともあり得るため、必要に応じて収益性の低下の集計資料について、担当者以外の別の担当者が棚卸資産の取得価額、正味売却価額について検証を行うことが必要になると考えられる。

図表2-4-3　棚卸資産に関連したリスクとコントロールの例

プロセス	リスク	コントロール
棚卸資産管理プロセス	製品在庫にかかわる入力を間違える。	日次締後、システム在庫と実在庫の照合を実施する。
	棚卸時にカウントを間違える。	2人1班となり、カウントを行う。 別の担当者による2次カウントを行う。 各工場の実地棚卸に経理部が立会を行い、テストカウントを実施する。
	実際の在庫数量について帳簿への登録を誤る。	棚卸後、実在庫数量をシステムに登録し、別の担当者がシステム在庫との照合を実施する。
棚卸資産評価プロセス	収益性の低下について販売価格の入力を誤る。	別の担当者が販売価格の金額の照合を行う。
	収益性の低下について棚卸資産帳簿価額の入力を誤る。	別の担当者が棚卸資産帳簿価額の金額の照合を行う。
	収益性の低下について判断を誤る。	上席者が収益性の低下について基礎資料を検証したうえ、伝票と照合し、伝票の承認を行う。

3　会計処理

(1)　取得原価

棚卸資産については、原則として購入代価または製造原価に引取費用等の付随費用を加算して取得原価とし、個別法、先入先出法、平均原価法、売価還元法の評価方法の中から選択した方法を適用して売上原価等の払出原価と期末棚卸資産の価額を算定するものとする旨が棚卸資産会計基準に規定されている。食品製造業においては、農産物等の原料を仕入れて加工して製品を製造し、販売するため、原材料は購入対価に付随費用を加算した金額を取得原価とし、製品、半製品、仕掛品については、適正な原価計算により算定された製造原価に保管費等付随費用を加算した額が取得原価となる。海外から農産物を輸入する場合などは、購入対価に関税、運賃等の付随費用を加算した額が取得原価となる。

仕訳例

原材料購入時

（借）	原材料	×××	（貸）買掛金	×××
	仮払消費税等	×××		

⑵　未着品

未着品とは、海外などから商品を仕入れるときに、まだ商品の現物は受領していないが、船荷証券や貨物引換証を受領している場合、この船荷証券や貨物引換証などの貨物引換証によって表章される、受取前の商品のことである。原材料等を海外から輸入する際に本船積込渡しの契約条件にした場合、船に積んだときに危険負担が買主に移転するため、船荷証券等を受け取ると未着品として計上することになる。その後、商品の現物が届いたときに仕入計上する。

仕訳例

200の貨物引換証を受け取った時

（借）	未着品	200	（貸）買掛金	200

そのうち180の商品が到着した時

（借）	商　品	180	（貸）未着品	180

食品製造業の中でも、例えば、麦や油などの素材製品を製造する会社の場合、原材料を海外から輸入し、原料を大量に仕入れて大量に生産する場合においては、船舶での輸送により仕入れるケースが多い。この場

合、現物が倉庫、工場にまだ届いていないため、仕入勘定ではなく、未着品として計上することになる。

図表2-4-4　信用状（L/C）の仕組み

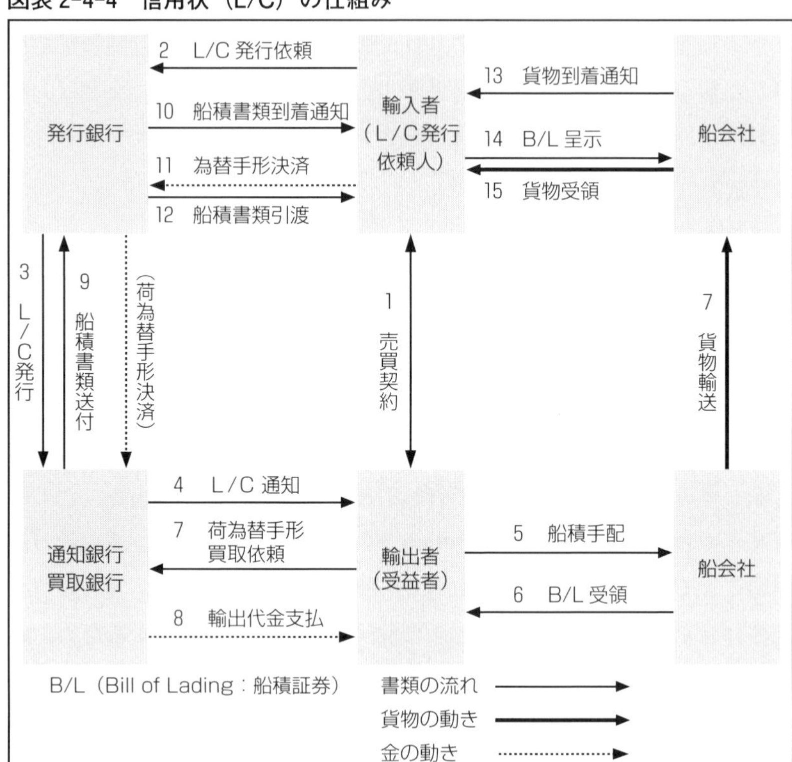

⑶　連産品と副産物

連産品とは、同一工程において同一原料から生産される異種の製品であって、相互に主副を明確に区別できないものをいう（原価計算基準29)。また、副産物とは、主産物の製造過程から必然に派生する物品をいう（原価計算基準28)。

食品製造業の中でも小麦粉や食用油などの素材製品を製造する会社は、国内や海外から穀物を仕入れて、製品を製造していくことになるが、製造過程でふすまやミールなどの連産品が製造される。この連産品についてどのように会計処理を行うかは原価計算に影響を及ぼし、棚卸資産価額に影響を及ぼすことになる。

原価計算基準によると連産品の価額は、連産品の正常市価等を基準として定めた等価係数に基づき、一期間の総合原価を連産品に按分して計算する。この場合、連産品で、加工のうえ売却できるものは、加工製品の見積売却価額から加工費の見積額を控除した額をもって、その正常市価とみなし、等価係数算定の基礎とする。ただし、必要ある場合には、連産品の一種または数種の価額を副産物に準じて計算し、これを一期間の総合原価から控除した額をもって、他の連産品の価額とすることができる、とされている（原価計算基準29)。原価配分の方法には、生産量基準、正常市価基準、その他の方法がある。

①　生産量基準

各連産品の産出量に応じて総合原価を按分する方法である。

②　正常市価基準

各連産品の正常市価に基づいて等価係数を設定し、この等価係数にそれぞれの連産品の生産量を乗じた積数の比により、総合原価を按分する方法である。

ａ　副産物の会計処理

原価計算基準によると副産物の価額は、次のような方法によって算定した額とされている。

ア　副産物で、そのまま外部に売却できるものは、見積売却価額から販売費及び一般管理費または販売費、一般管理費及び通常の利益の見積額を控除した額

イ　副産物で、加工のうえ売却できるものは、加工製品の見積売却価額から加工費、販売費及び一般管理費または加工費、販売費、一般管理費及び通常の利益の見積額を控除した額

ウ　副産物で、そのまま自家消費されるものは、これによって節約されるべき物品の見積購入価額

エ　副産物で、加工のうえ自家消費されるものは、これによって節約されるべき物品の見積購入価額から加工費の見積額を控除した額

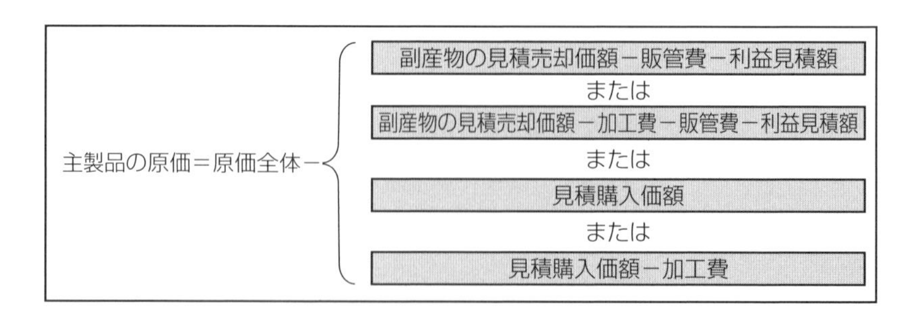

軽微な副産物は、ア～エの手続によらないで、これを売却して得た収入を、原価計算外の収益とすることができる（原価計算基準28）。

b　連産品の会計処理

連産品についてどのように原価配分するかによって、財務会計上、損益に影響を及ぼすことが考えられる。例えば、【設例1】の1は生産量基準による計算例であり、2は正常市価基準による計算例であり、また、3はその他の方法で、連産品の一方を副産物と考える方法の計算例である。

【設例1】の1の生産量基準では、期末棚卸資産合計金額が6,360円、売上原価が44,040円となる。これに対して、2の正常市価基準では、期末棚卸資産合計金額が6,652円、売上原価が40,520円となる。また、3の連産品の一方を副産物と考える方法では、期末棚卸資産合計金額が5,610円、売上原価が45,590円となる。このように会計数値に影響が出ることになる。

また、連産品の原価配分について重要なのは管理会計上の問題でもあると考えられる。すなわち、連産品のどちらにどれだけ原価を負担させるのかによって、各連産品の利益水準が変化し、経営判断やいくらまで値引ができるかの判断に影響を及ぼす可能性がある。

例えば、【設例1】でそれぞれの連産品ごとに事業部制をとっていた場合に、事業部ごとの損益状況をみると、原価配分方法によっては一方の事業部に利益や損失が偏ってしまうことがある。【設例1】の事業部ごとの損益計算をみると特に連産品の一方を副産物と考えて原価から控除する方法をとった場合には、大きく損益が偏ってしまっている。会社が副産物ととらえているということは、連産品は一体としてとらえているということであるため、合計額での損益管理を行っていることを示している。逆にいえば、それぞれの事業部に損益意識あるいはコスト意識を持たせたいと考えている会社であれば、正常市価基準等の方法で原価配分を行うことが考えられる。このように会社がその事業をどのようにとらえているかによって、選択する原価配分方法が異なることになる。

各製品からいくらの利益が得られているのか、逆にどこまで値引ができるのか等について把握する必要があるのであれば、実質的にその製品が負担すべき原価を算定する必要があるということになる。また、この連産品の原価配分は期末棚卸資産の収益性の判断にも影響があると考えられる。これについては、収益性の低下の説明の箇所で記載する。

【設例１】

食品製造業のＫ社は原料Ｄ１トンを仕入れて、製品Ｕを製造し販売した。この際に連産品である製品Ｍも製造し販売した。

仕入状況：原料Ｄ１トン、50円／kg

製造状況：原料Ｄ１トンを工程に投入し、
製品Ｕの半製品200kg、製品Ｍ800kgを製造
（労務費・経費合計2,000円）
製品Ｕの半製品は次工程に200kg投入し160kg製造
（期首仕掛品０kg、労務費・経費合計600円）

販売状況：製品Ｕ130kg販売（期首製品０kg，売価@256円）
製品Ｍ720kg販売（期首製品０kg，売価@57円）
このほか、販管費がそれぞれ製品Ｕ6,400円、製品Ｍ5,000円計上された。

１　生産量基準による計算

製品Ｕ半製品　（50円／kg×1,000kg＋2,000円）×200kg／1,000kg＝10,400円
製品Ｍ　（50円／kg×1,000kg＋2,000円）×800kg／1,000kg＝41,600円
製品Ｕ　（10,400円＋600円）÷200kg＝@55円／kg
期末仕掛品@55円／kg×40kg＝2,200円
当期製造11,000円－2,200円＝8,800円
製品Ｕ期末製品　@55円／kg×40kg＝2,200円
製品Ｍ期末製品　41,600円÷800kg＝@52円／ kg
@52円／kg×80kg＝4,160円
売上原価　０円＋（8,800円＋41,600円）－（2,200円＋4,160円）＝44,040円

生産量基準による損益状況　（単位：円）

	製品U	製品M	計
売　上	31,980	41,040	73,020
売上原価	7,150	37,440	44,590
売上総利益	24,830	3,600	28,430
販管費	6,400	5,000	11,400
営業利益	18,430	-1,400	17,030

2　正常市価基準による計算

前提：上記の条件に加え、製品Uの過去の販売価格から推定した価格@247円／kg、製品M@57円／kg

製品U　@247円／kg×200kg＝49,400円

製品M　@57円／kg×800kg＝45,600円

製品U半製品　（50円／kg×1,000kg＋2,000円）×49,400円／（49,400円＋45,600円）＝27,040円

製品M　（50円／kg×1,000kg＋2,000円）×45,600円／（49,400円＋45,600円）＝25,060円

製品U　（27,040円＋600円）÷200kg＝@138.2円／kg

期末仕掛品　@138.2円／kg×40kg＝5,528円

当期製造　27,640円－5,528円＝22,112円

製品U期末製品　@138.2円／kg×30kg＝4,146円

製品M期末製品　25,060円÷800kg＝@31.325円／kg
@31.325円／kg×80kg＝2,506円

売上原価　0円＋（22,112円＋25,060円）－（4,146円＋2,506円）＝40,520円

正常市価基準による損益状況　（単位：円）

	製品U	製品M	計
売　上	31,980	41,040	73,020
売上原価	17,966	22,554	40,520
売上総利益	14,014	18,486	32,500
販管費	6,400	5,000	11,400
営業利益	7,614	13,486	21,100

3　副産物価格を控除する方法による計算

前提：製品Mを副産物として考える。過去の販売価格から推定した価格@57円／kg

製品M　@57円／kg×800kg＝45,600円

製品U半製品　（50円／kg×1,000kg＋2,000円）－45,600円＝6,400円

製品U　（6,400円＋600円）÷200kg＝@35円／kg

期末仕掛品　@35円／kg×40kg＝1,400円

当期製造　7,000円－1,400円＝5,600円

製品U期末製品　@35円／kg×30kg＝1,050円

製品M期末製品　@57円／kg×80kg＝4,560円

売上原価　０円＋（5,600円＋45,600円）－（1,050＋4,560円）＝45,590円

副産物を控除する方法による損益状況　（単位：円）

	製品U	製品M	計
売　上	31,980	41,040	73,020
売上原価	4,550	41,040	45,590
売上総利益	27,430	0	27,430
販管費	6,400	5,000	11,400
営業利益	21,030	-5,000	16,030

(4)　通常の販売目的で保有する棚卸資産の評価基準

棚卸資産会計基準には次のように規定されており、期末棚卸資産について収益性の低下が生じている場合には評価損を計上する必要がある。

通常の販売目的（販売するための製造目的を含む）で保有する棚卸資産は、取得原価をもって貸借対照表価額とし、期末における正味売却価額が取得原価よりも下落している場合には、当該正味売却価額をもって貸借対照表価額とする。この場合において、取得原価と当該正味売却価額との差額は当期の費用として処理する（棚卸資産会計基準７）。

「正味売却価額」とは、売価（購買市場と売却市場とが区別される場合における売却市場の時価）から見積追加製造原価および見積販売直接

経費を控除したものをいう。なお、「購買市場」とは当該資産を購入する場合に企業が参加する市場をいい、「売却市場」とは当該資産を売却する場合に企業が参加する市場をいう（棚卸資産会計基準5）。

仕訳例

期末において、帳簿価額200の製品正味実現可能価額180となった場合

（借）売上原価	20	（貸）製　品	20

収益性の低下に関しては、以下の点に留意すべきである。

① PB（プライベート・ブランド商品）

PBとは自主企画商品のことである。スーパーなどの流通業者が自社で企画し、自社で生産するか、仕様書発注に基づいてメーカーに生産させ、自社のブランドをつけて最終消費者に販売する商品である。これに対し、大手メーカーのブランドはNB（ナショナル・ブランド）という。PBはNBの希望小売価格の2、3割引ということが多い。PBは大量発注、買取契約、宣伝・広告をしないことなどで安値を実現する。

PBについては、販売価格の決定が流通業者との契約によっているため、製造コストが一時的に上昇し、期末棚卸資産の帳簿価額が高くなった際は、正味売却価額のほうが低くなることが考えられる。

一方、PBの存在によりNBの販売量を維持するために販売価格を下げることを余議なくされることもある。その場合は、特にNBの正味売却価額は適切に見積もる必要がある。

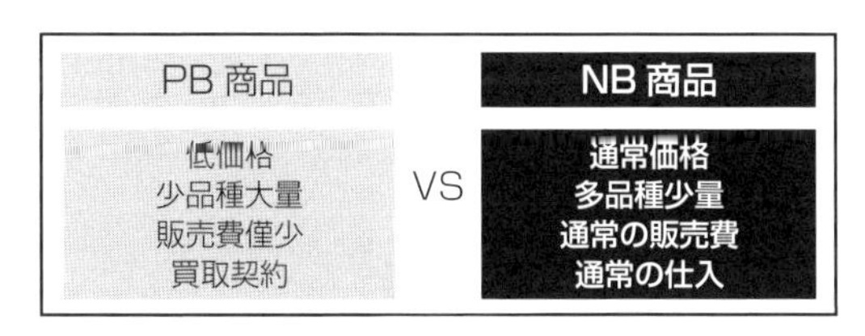

② 正味売却価額と値引の関係

正味売却価額をどのように算定するかについては、いくつかの考え方があると思われる。正味売却価額とは、売価（売却市場の時価）か

ら見積追加製造原価および見積販売直接経費を控除したものであるが、売却市場の時価は、期末において見込まれる将来販売時点の売価に基づく正味売却価額によることが適当とされている（棚卸資産会計基準41）。しかし、将来販売時点の売価を用いるとしても、その入手や合理的な見積りは困難な場合が多いことから、合理的に算定された価額として、期末前後での販売実績に基づく価額を用いることも認められている（棚卸資産会計基準42）。つまり、実務においては、期末日前後の日の実際の販売価格や期末月の販売価格の平均などを用いることが想定される。ただし、この場合もたまたま期末月に販売促進のために大きな値引を行うと、将来販売するときの販売価格と大きく乖離してしまって、適切な処理ができなくなってしまうこともある。こうした場合、期末時点の正味売却価額が突発的な要因により異常な水準となっているときには、期末時点の正味売却価額を用いることが不適切であることは明らかである。そのような場合には、期末における正味売却価額を用いるとしても、期末時点の売価ではなく、期末付近の合理的な期間の平均的な売価に基づく正味売却価額によることが適当とされている（棚卸資産会計基準43）。

具体的には、３月決算の会社で、３月に大きな値引販売を行い、３月の販売実績の価格を正味売却価額とすることによって将来損失が見込まれないものまで、評価損の計上を行ってしまうことになる場合には、例えば１月から３月の販売実績の価格の平均価格を正味売却価額とすることが適切である場合がある。

在庫の販売単価

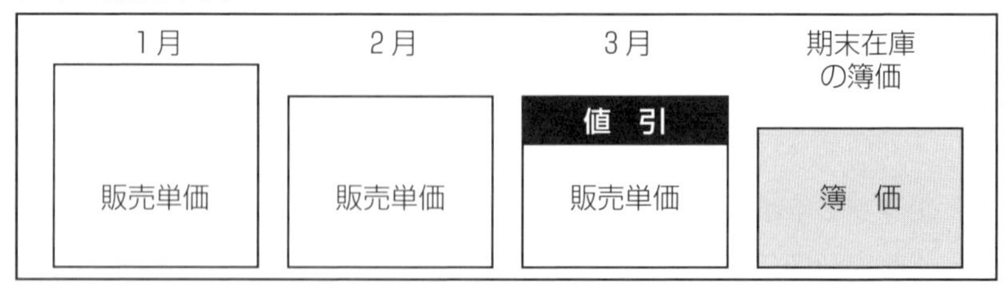

【設例２】

Ｒ社はＡ製品の製造販売を行っている。

	Ａ製品月平均販売価格	平均値引額	月平均原価	Ａ製品月末在庫数量	販売数量	生産数量
10月	100円	１円	85円	4,000個	5,000個	5,000個
11月	100円	１円	85円	4,200個	4,800個	5,000個
12月	100円	１円	85円	4,300個	4,600個	4,700個
１月	100円	１円	88円	4,500個	4,400個	4,600個
２月	100円	１円	89円	4,600個	4,200個	4,300個
３月	100円	10円	92円	3,900個	5,700個	5,000個
１～３月平均	100円	４円				

（設例のシナリオ）

- 原料価格の高騰により１月以降原価が上昇した。
- 折からの不況により販売数量が10月以降下落
- 販売数量の下落に伴い、生産数量も減らしているが、月末在庫数量は積み上がってしまっている。
- ３月にスーパーでセールを行い、大幅な値引を行った。
- ４月以降は原価が高くなっていることもあり、３月ほどの値引を行う予定はない。

３月の販売状況は１月生産分300個、２月生産分4,300個と３月生産分1,100個を販売している。

３月生産分については、販売価格が100円－10円＝90円で原価92円からすると原価割れを起こしている。

１月生産分は原価88円、２月生産分は原価が89円であるため、4,000個からは利益が出ている。

300個×（90円－88円）＋4,300個×（90円－89円）＋1,100個×（90円－92円）＝2,700円

合計2,700円は利益が出ている。

期末在庫の収益性の低下を考える。

正味売却価額を３月の平均販売価格から平均値引額を差し引いた金

額とすると90円となり、帳簿価額92円と比較して、収益性の低下が起こっていることになる。

正味売却価額を1月から3月の平均販売価格から平均値引額を差し引いた金額とすると96円となり、帳簿価額92円と比較して、収益性の低下は起こっていない。

3月は特別なセールを行ったことにより一時的に販売価格が下落していたものであり、4月以降はそこまでの値引を行わない方針のため、将来マイナスが発生することにはならず、収益性の低下が発生していると判断することには問題があるという可能性がある。

③　タイムラグによる収益性の低下

食品の半製品等の輸入の場合、契約のタイミングから船に積んで工場に到着し、容器に充填されて販売されるまでに相当の期間がかかる場合がある。その間に販売価格が下落していると収益性の低下が起こり、評価損の計上が必要になる。

④　原材料の再調達原価

製造業における原材料等のように再調達原価の方が把握しやすく、正味売却価額が当該再調達原価に歩調を合わせて動くと想定される場合には、継続して適用することを条件として、再調達原価によることができる（棚卸資産会計基準10）。原材料に購買市場の相場がある場合には、正味売却価額を見積もるより金額の把握がしやすいが、当該規定は、正味売却価額が再調達原価に歩調を合わせて動くことが前提になっている。食品製造業の場合、原材料相場が上昇したからといって即座に販売価格に転嫁できるとは限らないため、原材料の収益性の判断において正味売却価額の代わりに再調達原価を使用できるケースは限定的なのではないかと思われる。

【設例３】

Ｈ社はＮ原料を用いてＹ製品を製造販売している。
Ｎ原料１ｔにつき　　Ｙ製品10,000個を製造している。
見積追加製造原価　　10円
見積販売直接経費　　２円
レート100円／ドルとする。
前月の相場で仕入価格を決める契約、仕入れた翌月に生産を行い、さらに翌月に販売を行う。
３月にＮ原料を１ｔ仕入れていた。１ｔはすべて原材料として保有。

	原料相場（kg）	販売価格	見積追加製造原価、販売直接経費	kg当たり原料帳簿価額
10月	9ドル			
11月	10ドル	160円	12円	90円
12月	12ドル	160円	12円	100円
1月	13ドル	160円	12円	120円
2月	15ドル	160円	12円	130円
3月	14ドル	160円	12円	150円
3月末	13.2ドル			
4月	12ドル	200円？		

10月以降原料相場が上昇していたため、営業が食品卸会社に200円にするよう値上交渉中。

原材料について再調達原価で収益性の低下の判断を行うと、３月末では原料相場は相場高騰のピークからは少し下落傾向になっているため、収益性の低下が起こっていることになる。

３月末保有の原材料は前月の相場が15ドルだったときの価格で契約しているため、３月末相場の13.2ドルよりも高い帳簿価額となっている。しかし、ガソリンなどのように原油相場に敏感に販売価格が反応するものは、あまり食品にはみられない。食品の場合、原料相場と販売価格の動きにはタイムラグがあることが通常であり、また、景気の動向等によって販売状況も変わるため、正味売却価額が再調達原価に歩調を合わせて動くという状況にないと考えられる。

⑤　リベートと正味売却価額

正味売却価額とは、売価から見積追加製造原価と見積販売直接経費を控除した額である（棚卸資産会計基準５）。リベートは売上控除か、販売費及び一般管理費のいずれの会計処理を行っていても、正味売却価額に反映されるものであると考えられる。なぜなら、売上控除処理では売価に織り込まれており、販売費及び一般管理費処理でも販売直接経費にあたるものであるからである。

食品製造業にみられるリベートにおいても製品１個当たりいくらリベートを払うというものであれば、製品ごとに収益性の判断を行う場合であっても売価や販売直接経費にリベートの影響を反映させることは可能であろう。しかし、一定の数量以上を達成した場合にリベートを払うなどの契約や、特定の小売店のみの協賛目的のリベートの場合は収益性の低下の判断を品目ごとに行う場合に特定の製品にリベートを紐付けることが容易ではなく、リベートの影響を反映させるために何らかの割合で過去のリベート金額を割り振るような処理が必要になると考えられる。

(5)　帳簿価額切下げの単位

棚卸資産に関する投資の成果は、通常、個別品目ごとに確定することから、収益性の低下を判断し、帳簿価額切下げを行う単位も個別品目単位であることが原則であるが、次のような場合には、複数の棚卸資産を一括りとした単位で行うほうが投資の成果を適切に示すことができると判断されるため、複数の品目を一括りとして取り扱うことが適当と考えられる。

①　補完的な関係にある複数商品の売買を行っている企業において、いずれか一方の売買だけでは正常な水準を超えるような収益は見込めないが、双方の売買では正常な水準を超える収益が見込めるような場合

②　同じ製品に使われる材料、仕掛品および製品を１グループとして

扱う場合

（棚卸資産会計基準12、53）

収益性の低下は販売価格と原価の関係から発生する。つまり、販売価格より原価が大きい場合に収益性の低下が発生していて、帳簿価額を切り下げる必要がある。具体的には、収益性の低下は、期末棚卸資産の帳簿価額が原材料の高騰等によって高くなっていたり、売却市場における販売価格が値下がりしたりすることによって起こってくる。食品製造業の場合、ハムとベーコンとソーセージ、小麦粉とふすま、食用油とミール、乳製品製造業のバターと脱脂乳などの連産品の関係では、会社によっては両方で収益を上げようと考えている場合もある。

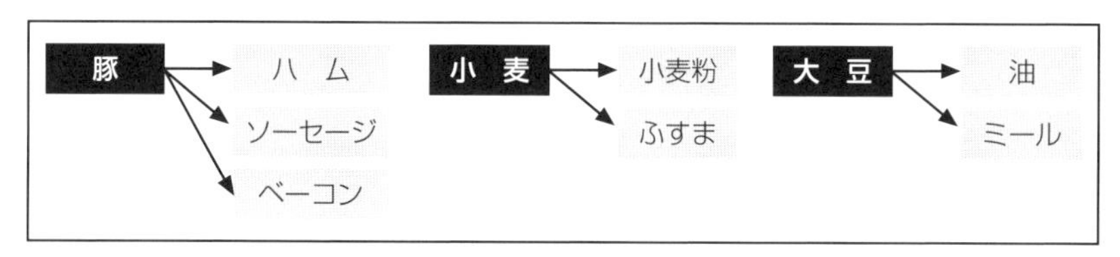

連産品の原価配分が適切に行われれば、品目ごとに収益性の判断を行うことが望ましいが、連産品の場合はどのような原価配分を行うかで、一方に利益が偏ってしまうこともある。このような場合、品目ごとに収益性の判断を行うと、一方からは大きな収益が出て、もう一方からは収益性の低下が発生することになることもある。しかし、会社はどちらかで損が出ても、どちらかで利益を出すことによって、全体として収益を出すという戦略で商売を行っているという実態を適切に表すことにはならない。このような場合、収益性の低下の判断を行うにあたり、グルーピングを行うことを検討する必要がある。

【設例1】の3のように連産品の一方を副産物として処理する方法にした場合、副産物として処理したほうは収益が出ないようにしているため、連産品の計算をするために販売価格を設定した時点から販売価格が下落しているような場合は、収益性の低下が起こることが考えられる。しかし、会社は全体で利益を出すという考え方をとっているため、収益性の低下を認識することが適切な判断といえるか問題である。

また、正常市価基準で原価配分を行っている場合でも、販売価格のブレによっては、収益性の低下が発生することもある。この場合、正常市価基準での販売価格の設定が期末日付近の正常市価と食い違っていることから起こる収益性の低下ということもあり得るので、グルーピングして両方の連産品全体で収益性の低下が起こっていて初めてその認識をするという考え方も成り立つと考えられる。

⑹　営業循環過程から外れた滞留棚卸資産等

営業循環過程から外れた滞留または処分見込等の棚卸資産について、合理的に算定された価額によることが困難な場合には、正味売却価額まで切り下げる方法に代えて、その状況に応じ、次のような方法により収益性の低下の事実を適切に反映するよう処理する。

①　帳簿価額額を処分見込価額（ゼロまたは備忘価額を含む）まで切り下げる方法

②　一定の回転期間を超える場合、規則的に帳簿価額額を切り下げる方法

（棚卸資産会計基準９）

食品製造業において製造する製品は生鮮食品であることも多く賞味期限があることから、製造日より一定の期間が経ち、使用・出荷停止となったような営業循環過程から外れた滞留または処分見込みの棚卸資産の対象になることが多いと考えられる。この場合、上記のように会計処理をすることになる。

⑺　税務調整

法人税法において、棚卸資産が著しく陳腐化した場合や災害で著しく損傷した場合、破損・品質変化等により通常の方法では販売できない場合には、評価損の計上が認められる。ただし、棚卸資産の時価が単に物価変動、過剰生産、建値の変更等の事情によって低下しただけでは、評価損の計上が認められてないため、評価の発生原因については留意が必

要である。

4　監査上の着眼点

(1)　棚卸資産の実在性

①　棚卸立会

棚卸資産の実在性については、棚卸立会を行うことによって監査証拠を入手することが考えられる。以下、棚卸立会における監査上の留意点を記載する。

- 棚卸は期末日に行うことが望ましい。期末日より前に行う場合には、棚卸日から期末日までのロールフォワード手続を行う必要がある。
- 棚卸立会は棚卸資産の実在性について会社の棚卸結果に依拠できるかどうか判断するために行うことを認識する。
- 棚卸実施要領を事前に入手して、会社の棚卸が棚卸実施要領に即して行われた場合には、正確に棚卸資産の数量がカウントされるものであることを検証しておく。1人だけでカウントするのではなく、別の担当者によって2回カウントすることになっているか、または、2人以上の人が1班を作ってカウントすることになっているか等を確認する。2回カウントすれば、1回目でカウント間違いをしても、2回目で気がつくこともある。これによりカウントミスを少なくできる。
- ロケーションマップを入手し、全体を巡回するスケジュールになっているか確認する。
- 食品製造業では、冷蔵・冷凍倉庫を巡回することもある。
- 棚卸対象資産が明確になっているか確認する。預り品等棚卸の対象にならないものが区分されているか、不良品が区分されているか。

- 棚卸対象資産が整理されているか確認する。整理されていれば、カウントミスが少なくなる。
- テストカウントを行い、会社のカウントと一致するか確認し、会社のカウントの正確性を検証する。リスト方式で棚卸を行っている場合には、リストから品目を選定して現品にあたる、現品がリストに載っているかの確認をするという両方の手続でカウントしていくことで、実在性と網羅性の両方を検証できる。
- 棚卸当日に棚卸資産の動きがないかの確認を行う。動きがある場合は、適切に把握が行われているか確認する。
- 棚札方式の場合、棚札がすべて回収されているかの検証を行う。
- 後日、棚卸のフォローを行う。テストカウントを行ったものが期末時点の帳簿に計上されているかを確認する。また、カウントと帳簿残数量が違っていたものについて適切に会計処理が行われていることを確認する。

②　預け品

外部倉庫に預けている棚卸資産があれば、必要に応じて残高確認を行い、入手した在庫証明と帳簿の計上が一致していることを確認する必要がある。

③　会社内で輸送中の棚卸資産

工場から全国の中継所に輸送しているときの棚卸資産は、棚卸から漏れてしまうことも考えられるため、網羅性について留意する必要がある。この場合、現物から帳簿への検証方向が有用になる。

④　未着品

未着品は現物のカウントができないため、船積書類等を入手して検証することが必要になる。棚卸資産の実在性とともに評価についての検証もできる。

(2)　棚卸資産の評価

①　棚卸資産の単価の検証

棚卸資産の単価については、原価計算の検証を行うことによって適切であるかどうかの検証を行う。実際原価計算を行っている場合は、期末実証手続で期末棚卸資産の単価の検証を行う。また、期中の内部統制の評価として原価計算プロセスの検証を行うことにより、棚卸資産の単価が適切に計算されていることを確かめることが考えられる。

また、標準原価計算を行っている場合には、標準原価の計算が適切に行われていることを主に標準原価算定プロセス等の内部統制の評価の手続として検証する。

②　原価差額の配賦

標準原価計算を行っている会社であれば、原価差額の配賦計算の検証を行う必要がある。原価差額の検証は、計算の検証と配賦方針が適切かどうかの検証を行う。

③　収益性の低下の検証

収益性の低下については、以下のものが考えられる。

- グルーピングの適切性の検証
- 収益性の低下の判断方法の検証（正味売却価額が適切にリベート等を加味したものになっているか、期末月に特別な値引等があった場合の処理が適切に行われているか等の検証を含む）
- 正味売却価額についてのもとになる金額との突合
- 収益性の低下判定資料の棚卸資産の帳簿価額が会計システム上の帳帳簿価額額と一致しているかの検証
- 収益性の低下の判断が正しく行われているかの検証（計算突合も含み、正味売却価額が帳簿価額を下回った場合に正しく収益性の低下と認定され評価損の中に含まれているかの検証）

(3) その他（分析的手続）

分析的手続としては、以下のものが考えられる。

- 棚卸資産期末残高の勘定科目ごとの期別比較
- 収益性の低下の金額等損益項目の期別比較
- 棚卸資産期末残高における数量の期別比較
- 棚卸資産期末残高の月次推移分析
- 回転期間分析
- 品目ごとの増減分析
- 原料相場がある場合は、原料相場と棚卸資産残高との関係性の分析
- 拠点別の棚卸資産残高の推移分析

5 表示・開示のポイント

(1) 勘定科目

棚卸資産の表示は、連結財務諸表規則および財務諸表等規則においては、「商品及び製品（半製品を含む）」、「仕掛品」、「原材料及び貯蔵品」とするとされている（連結財務諸表規則23、財務諸表等規則15）。

(2) 通常の販売目的で保有する棚卸資産の収益性の低下に係る損益の表示

通常の販売目的で保有する棚卸資産について、収益性の低下による帳簿価額切下額（前期に計上した帳簿価額切下額を戻し入れる場合には、当該戻入額相殺後の額）は売上原価とするが、棚卸資産の製造に関連し不可避的に発生すると認められるときには製造原価として処理する。また、収益性の低下に基づく帳簿価額切下額が、臨時の事象に起因し、かつ、多額であるときには、特別損失に計上する。臨時の事象とは、例えば次のような事象をいう。なお、この場合には、洗替法を適用していても（棚卸資産会計基準14）、当該帳簿価額切下額の戻入れを行ってはならない。

①　重要な事業部門の廃止

②　災害損失の発生

（棚卸資産会計基準17）

(3)　注　記

①　会計方針の記載

重要な資産の評価基準および評価方法について棚卸資産に関しては、個別法、先入先出法、総平均法、移動平均法、売価還元法等の評価方法について記載する（財規ガイドライン８の２(2)、３(3)）。棚卸資産の評価は実質的には低価法で行われているが、棚卸資産会計基準上は原価法の枠内で収益性の低下が起こった場合に帳簿価額の切下げを行うという建付けで、原価法としている。

【記載例】

通常の販売目的で保有する棚卸資産

主として総平均法による原価法（貸借対照表価額は収益性の低下に基づく帳簿価額切下げの方法により算定）

移動平均法による原価法（貸借対照表価額は収益性の低下に基づく帳簿価額切下げの方法により算定）

②　通常の販売目的で保有する棚卸資産の収益性の低下に係る損益の注記

通常の販売目的で保有する棚卸資産について、収益性の低下による帳簿価額切下額（前期に計上した帳簿価額切下額を戻し入れる場合には、当該戻入額相殺後の額）は、注記による方法または売上原価等の内訳項目として独立掲記する方法により示さなければならない（棚卸資産会計基準18）。

【注記の例】

期末棚卸高は収益性の低下に伴う帳簿価額切下後の金額であり、次の棚卸資産評価損が売上原価に含まれております。

190百万円

第5節
販売取引

1　取引の概要

(1)　食品卸・商社の存在

食品製造業における販売取引の最大の特徴は、食品卸・商社の存在である。製品の直接的なユーザーはいうまでもなく消費者であるが、その前に素材製品であれば加工メーカーに、最終製品であれば小売店に向けて販売される。しかし、食品メーカーは直接これらの企業と取引をするのではなく、食品卸・商社が仲立ちをすることが慣行となっている。

食品卸・商社の存在意義は、主に以下の2点である。

まず1点目として、製造過程と流通過程との分業という点である。食品という性質上、全国各地隅々に製品を供給する必要があるが、その流通業務をメーカーが直接行うのは現実的ではない。そこで、流通過程を食品卸・商社が担うことによって、全国に製品を供給させることが可能となっている。

2点目としては、1点目と非常に関連しているが、債権管理業務の委託という点である。例えば最終製品を全国各地に点在している小売業を直接的な取引先（得意先）とした場合、メーカーが個々の取引先に対する代金回収を含む債権管理が非常に煩雑となる。そこで、債権管理業務についても、食品卸・商社に委ねることで、メーカー側は事務負担と代金回収に伴うリスクを軽減することができる。

大手のメーカーと製品のユーザーである大手の加工メーカー、小売業、外食業との取引であっても、卸・商社が介在することは一般的となっている。

(2) 製品の流れ

上記のとおり、食品の販売においては卸・商社が介在するが、製品自体の動きは主に、３つのパターンからなる。

１つ目は、加工メーカーに供給される場合である。この場合、製品は供給側のメーカーから直接加工メーカーに直送される。

２つ目は、最終製品が主に大手の小売店の倉庫に向けて出荷される場合である。

３つ目は、加工メーカーや小売店向けの最終製品が卸・商社の倉庫に向けて出荷される場合である。各地に点在している加工メーカーや小売店にメーカーから直接出荷することは困難であるため、いったん、卸・商社の倉庫に出荷される。

図表 2-5-1　主な製品の流れ

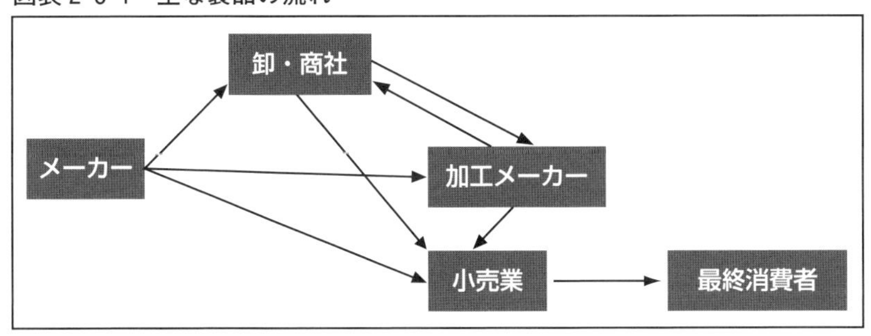

(3) 建値制度とリベート

製品の供給において卸・商社や小売業が介在することから、取引価格においても特徴があり、伝統的な商慣習として建値制度による取引が行われてきた。

建値制度とは、主に最終製品や汎用的な素材製品について、メーカーが製品の供給先がどこであっても一律にメーカー希望小売価格および希望卸売価格を設定する仕組みをいう。一方、最終消費者には当然ながら、常にメーカー希望小売価格で販売されているわけではなく、卸・商社・小売業の販売戦略によって、メーカー希望小売価格より低い価格で販売することにより、需要を喚起し、販売量を拡大させている。この原資となっているのが、メーカーからのリベートである。

図表2-5-2　メーカー小売価格120円の場合

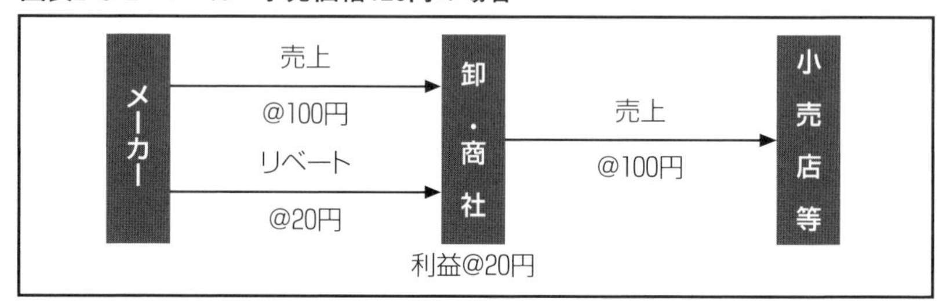

リベートには、さまざまな形態があるが、主に以下のようなものがある。１つ目は販売量や引取量に比例的に生じるもの、２つ目は販売数量が一定の数量に達成した際に支払われるものである。これらは、メーカーと卸・商社の間で契約され、メーカーから卸・商社に対して支払われ、卸・商社にとっては小売店等への値引や拡販のための原資となる。

３つ目として、期間限定のキャンペーンや小売店に対する協賛の目的で固定額が支払われるものがある。これは、メーカー、卸・商社、小売店等の三者間で契約されることが多い。この場合、メーカーから卸・商社を経由して、小売店に支払われたり、メーカーから直接、両社に支払われることとなる。

このほかにも、素材メーカーが加工メーカーに対する供給量を増やすために設備投資額を一部負担するものなど、さまざまな形態のリベートが存在している。

特に最終製品についていえば、メーカーにとって、小売店に対するリベートは、無視し得ない重要なコストとなっている。すなわちメーカーは、リベートを支払わなければ販売単価を維持することができるものの、価格の高さ故に販売数量を伸ばせないというジレンマに直面する。一方、小売店は、売上を伸ばすために少しでも安い商品をとりそろえる必要があり、そのためにはリベートを支払うメーカーとの取引を望んでいる。よってメーカーは、小売店の販売棚を確保して売上につなげるために、リベート支払の要請に応じる必要が生じているのである。

(4)　オープン価格制度

一般的に、建値制度と比較して、メーカーが製品のメーカー希望小売価格を設定せずに、小売業者が販売価格を設定する仕組みをオープン価格制度という。メーカーが流通業者の販売価格（再販売価格）を拘束することは、原則として、不公正な取引方法に該当するとして独占禁止法によって制限されているが、建値制度において、目安としてメーカー希望小売価格を提示することは認められてきた。このような事業環境において、メーカーがオープン価格制度を導入することは、小売店の店頭価格に対して参考値を提示できないというデメリットが生じるが、流通業界が自主的に価格を決定することによって自由競争が加速し、消費者の購買活動が促進されるというメリットが生じる。

そのため、特に90年代以降から、菓子業界、ビール業界等の食品製造業における複数の大手企業が、オープン価格制度を導入している。例えば、オープン価格制度を導入した際に、三段階建値制度（メーカーがメーカー出荷価格、希望卸売価格、希望小売価格を参考として提示する価格制度）を廃止し、オープン価格制度を導入することで、流通各層はコストや利益を反映した適正な価格設定が行いやすくなると考えている旨を公表している企業がある。このように、オープン価格制度の導入は、卸・商社、小売業者がコストの価格転嫁を行いやすくなることから、メーカーによるリベートの支払いを抑制する側面を持つ。ただし、リベートは、メーカーと卸・商社、小売業者が協力して商品販売に取り組む重要な取引形態であることから、オープン価格制度を導入した企業においても依然としてリベートの商慣行は続いていると考えられる。

2　販売業務に係る内部統制

(1)　全般的な内部統制

企業活動において、売上は利益の源泉であるため、企業においては売上をできるだけ大きく計上したいという潜在的なインセンティブがある。また、営業担当者においては、営業部署あるいは自己の営業成績をより大きくしたいというインセンティブもある。したがって、最大の不正リスクは注文の裏付けのない架空受注による売上、または出荷の裏付けがない、いわゆる架空売上が計上されることである。これを防止するため、販売業務において最も重要な内部統制は、営業業務と受注業務、出荷業務、記帳業務の職務分掌、代金回収業務と考えられる。

企業によっては、営業業務のみを自社で行い、受注業務や出荷業務を外注先に委託しているケースもみられる。特に出荷業務について、製品の保管を含めて外部の倉庫・運送業者に委託することは、効率面でも非常に有効である。

また、営業部署や営業担当者に過度な営業成績のプレッシャーを与えないことや、過度に営業成績と連動した報酬体系にしないことも重要な内部統制となる。

さらに、販売手続に関連する販売管理規程を整備することが望ましい。ここには、

①　信用調査・新規取引先選定・与信限度設定に係る手続
②　受注手続
③　出荷手続
④　返品処理と承認
⑤　請求および入金処理

などが規定されていることが望ましい。

(2) 各業務における統制

次に販売業務の各段階における内部統制について、みていくこととする。

販売業務の主な流れは、以下のとおりとなっている。

① 販売価格の決定
② 新規得意先の取引決定
③ 受注業務
④ 出荷業務
⑤ 売上計上・請求業務
⑥ 代金回収
⑦ 返品業務

① 販売価格の決定

適切な売上高が計上されるためには、販売価格が適切であることが必要である。つまり、社内で適切なプロセスで決定された販売価格が常に適用されることが重要である。

そのために企業において、一般的に製品の販売単位ごとに販売価格が決定されると、販売価格マスターが設定される。売上業務にシステムを利用している場合は、事前にマスターが登録され、売上計上の都度、それが参照される。したがって、決定された価格がマスターに適切に設定されていることを確認し、設定後は常にそのマスターが利用されていることを確認することが必要となる。

② 新規得意先の取引決定

a 信用調査と取引承認

架空の取引先や実在していても自社の製品を必要としないような取引先への売上計上を事前に防止するため、また代金回収のリスクの高い得意先へ売上を重ねることを防止するために、新規に取引を開始する際には、その取引先を十分信用調査し、社内で適切な承認を経ていることが必要である。

承認の際のポイントは、得意先の信用状態、つまり得意先の経歴、財務状態、経営状態、取引銀行、支払状況、主要取引先などである。これらの内容に応じて、信用限度額、決済条件、保証金・担保権の設定などの債権保全条件等を決定する。

またこのうち、決済条件や債権保全条件については、得意先と取引基本契約を締結し、明らかにしておく必要がある。

b　取引条件の登録

取引先とすることが決定した後は、一般的に顧客マスターに登録し、いつでも参照できるようにすることが望ましい。

③　受注業務

a　受注登録

顧客から注文を受けると、その注文どおりに出荷ができるように製品を手配する必要がある。注文は、従来は電話やファクシミリによるものが多かったが、EDI（Electric Data Interchange）による受注が広がっている。この場合、得意先からの受注データが直接企業の販売システムに取り込まれる。したがって、受注登録事務の負担は軽減され、また、受注登録のミスもなくなり、有用である。ただし、システムであっても、データが正しく取り込まれているかどうかを確認しておく必要がある。

また、依然として電話やファクシミリでの受注も取引慣行として残存していると思われるが、それを自社の販売システムに登録する場合は、正しく入力されていることをチェックし、また登録済みの注文情報は消込みをすることで二重登録を防止することが望ましい。正しく入力されている、入力後必ずチェックされている、二重登録が防止されていることが、架空受注や受注情報の改竄を行う余地をなくすことにつながるために有用である。

登録された受注データは、連番で管理すると出荷手続、請求手続の際に紐付けが容易になり、受注に基づいた出荷・請求であることを確認するために遡及することが可能となる。

b　与信限度額の確認

受注の都度、取引実行後の債権額が与信限度額を超えていないかをチェックする必要がある。与信限度額を超える取引は原則認められるものではないが、必要な場合は、所定の手続を経て、より上席の承認を受けることなる。

④　出荷業務

a　出荷指示情報の作成

出荷にあたっては、事前に登録された受注情報に基づいて出荷指示情報が作成されており、それに基づき出荷業務が行われることが重要である。受注に基づかない出荷ができる余地があれば、架空受注による売上につながることになる。一般的には、このような架空受注による経理不正を防ぐために販売システム上、受注データをもとに日々の出荷データが生成されている。

b　出荷の正確性担保

出荷時には出荷データに基づいて実際に出荷されていることを担保するために、出荷データと出荷する製品とを都度照合することや、出荷担当者以外の人による実地棚卸を行うことが有効である。

c　出荷・納品事実の証跡の確保

通常、出荷あるいは納品の事実をもって売上計上が行われるため、その証跡となる得意先から、あるいは運送業務を委託している運送業者からの物品受領書を回収する必要がある。

ただし、実務的には、非常に多数ある売上データと回収済みの物品受領書のすべてを照合することは困難である場合もある。その場合においても、記帳担当部署においてサンプリングにて照合作業をすることが望ましい。

⑤　売上計上・請求業務

a　売上高の自動計算

売上高は通常、製品単価×販売数量で計算される。したがって、売上計上時に恣意性や計算誤りを防止するために、販売システム上、製品単価×販売数量で計算される設定となっていることが非常に有効である。また、製品単価は①で設定された販売マスターから自動参照されていること、販売数量は④で確定した出荷データから自動参照されていると人的なミスが防止できる。

b　出荷、納品あるいは検収の事実に基づく計上

売上計上は出荷や納品時あるいは先方での検収時に行われるため、出荷、納品あるいは検収の事実に基づいて計上されているかを検証する必要がある。

c　売上データと請求データとの整合

請求にあたっては、売上データと整合した内容である必要があるため、請求データは売上データとシステム上、連動していることが望ましい。

⑥　代金回収

これについては、第6節（182頁）で詳細に記述する。

⑦　返品業務

食品には賞味期限があり、品質上の安全の確保が必要であるため、比較的返品は少ない。しかし、大手の量販店などから返品要請があれば、販売戦略上、受けざるを得ないケースがある。

a　返品時の承認手続

返品にあたって1番留意すべきことは、押込販売の結果による返品でなかったかどうかという点である。まず返品を受ける際に、その後の会計処理にも影響するため、発生原因、具体的には、製品の不具合、出荷ミスなど自社の責任の場合であるか、先方の発注ミ

ス、在庫過剰によるものなど先方の責任の場合であるかを明らかにする必要がある。不適切な返品を防止するために、返品時に直接、倉庫に返却されることのないよう、責任者による承認を得る仕組みを設定する必要である。

b　事後チェック

特定の営業担当者に関する返品が多くないか、決算期をまたぐ返品が多くなっていないか、などを事後的にチェックする必要がある。

c　処理漏れの有無の確認

さらに、返品業務に漏れや遅れがあると、売上高が不適切なものとなってしまうため、事前に承認された返品が実際に返品されたこと、および返品処理がされたことを確認する必要がある。場合によっては、得意先で廃棄処理が行われてしまうこともあるが、製品の横流し、横領、違法廃棄などのリスクを回避するためにも、必ず現物を確認することが望ましい。

返品処理漏れを発見するためには、売上債権と入金額との差異の確認や在庫保管場所への実地棚卸が有効である。

図表2-5-3　各業務における主なリスクと内部統制

	不正リスク虚偽表示リスク	想定される内部統制
全　般	—	●販売管理規程の制定 ●職務分掌
販売価格の決定	●不適切な価格の利用	●販売価格の承認 ●価格マスターへの登録
新規得意先の取引決定	●架空取引先への売上計上 ●信用力のない得意先への販売	●信用調査 ●取引開始の承認 ●取引先マスターへの登録
受注業務	●架空受注 ●受注内容の誤り	●受注データの事後チェック

	不正リスク虚偽表示リスク	想定される内部統制
出荷業務	●受注のない出荷 ●出荷内容の誤り	●受注データと出荷指示データとの連動 ●出荷内容のチェック ●実地棚卸
売上計上、請求業務	●売上高の誤り ●売上高と請求内容の不一致	●自動計算（マスター参照含む） ●売上データと請求データとの連動
代金回収（第６節参照）	●回収代金の横領 ●回収内容の処理漏れ、誤り	●職務分離 ●処理後のチェック ●残高確認、滞留債権チェック
返品業務	●不当な返品受入れ ●押込販売 ●返品処理の誤り、漏れ	●事前承認 ●処理後のチェック ●滞留債権チェック ●実地棚卸

これらから、データ連動の重要性がみてとれる。そこで、販売業務に関するデータを一覧することとする。

内部統制や業務の効率性の観点で、これらのデータがシステム上で連動していることは重要であるが、システム上の制約で連動していない場合は、別途、他の方法によって内容が同一となっていることを確かめることが必要である。

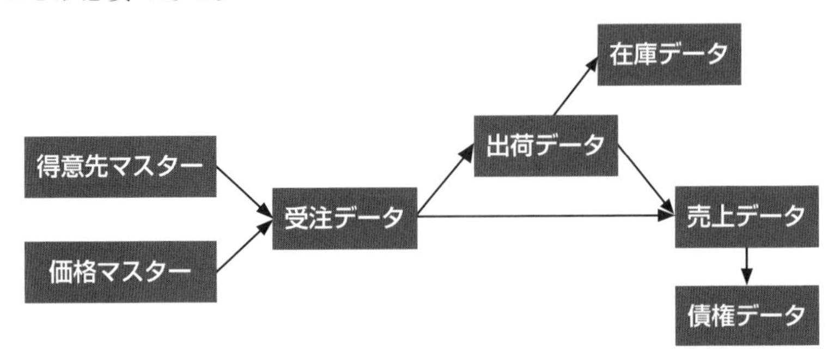

(3)　リベート支払業務に係る内部統制

次にリベートに関する業務について、みていくことにする。

リベートにかかる業務は、

①　得意先との条件決定

②　リベート条件の設定

③　リベートの計算

④　支払い

⑤　期末未払リベートの見積計上

という段階から成り立っている。

①　得意先との条件決定

リベートは、企業から資金および費用が流出する取引であるため、無用な流出とならないように、事前の承認が重要となる。事前の承認のないリベートは、企業にとって何らの便益に結び付かないおそれがある以上に、得意先と営業担当者との結託による不正リベートにつながるおそれもある。したがって、事前承認は必須のものといえる。

また、得意先とは事後のトラブルを避けるため、契約書などで条件を明確にすることが望ましいといえる。特に、営業担当者が自社または自己の営業成績を伸ばすために、承認のないリベートを得意先に約束してしまう可能性が考えられる。営業担当者にそのような行為をさせないためにも、企業と得意先とが契約した内容以外は、正規のリベートと認めないという環境を整備する必要がある。

②　リベート条件の設定

リベートの発生時に正しい金額で計上できるよう、①で決定された条件を事前にマスター設定しておくことが望ましい。

③　リベートの計算

リベートの支払条件に沿った取引が行われた時点、例えば出荷時点、得意先が販売した時点、当初設定販売額に達した時点で、リベートを適切に計上する必要がある。

事前に定められた条件に基づいてリベートが算定されていることをチェックする必要がある。

また、特に得意先からのデータに基づいて、リベートを算定する場合は、その基礎となるデータが適切であることを検証する必要がある。

④　支払い

支払いにあたっては、不正リベートを防止するためにも、事前に設定された支払先に正しく支払うことが必要である。したがって、支払時に支払先、支払額のチェックを行う必要がある。

⑤　期末未払リベートの見積計上

既に計上された売上に対応するリベートは、支払前であっても、適切に計上される必要がある。特に、卸・商社から小売店に出荷した時点でメーカーに対して請求されるリベートは、メーカーにおいて発生時期が把握しづらいので注意が必要である。また、あらかじめ設定された目標販売数量に達した場合に支払われるリベートについては、達成可能性を見積もる必要がある。

期末において未払リベートが適切に計上されていることを確かめるためには、得意先ごとに事前に定められた条件に従って、リベートが計上されていることを個々に検証するとともに、計上されたリベートの前年同期・前月との比較や売上高との比率分析も有用である。

図表2-5-4　リベートに関する主なリスクと内部統制

	不正リスク虚偽表示リスク	想定される内部統制
得意先との条件の決定	●不適切な条件の設定 ●架空リベートの設定	●条件の事前承認 ●得意先との契約締結
リベート条件の設定	●リベート計上額の誤り	●条件マスターへの登録

リベートの計算	●リベートの基礎データの誤り（特に得意先申請の場合） ●リベートの計上額の誤り	●基礎データのチェック
支払い	●支払先、支払額の誤り	●支払先、支払額の事前確認
期末未払リベートの見積計上	●発生済みリベートの計上漏れ	●事前承認でのリベート条件と計上データの照合 ●相手先等別リベートの比較分析

3　販売業務に係る会計処理

(1)　収益認識会計基準の適用

令和3年年4月1日以後開始する連結会計年度および事業年度の期首から、収益認識会計基準および収益認識適用指針が原則適用となった。これまでの日本基準では、企業会計原則において、「売上高は、実現主義の原則に従い、商品等の販売または役務の給付によって実現したものに限る。」（企業会計原則第二 損益計算書原則三B）とされており、収益認識は実現主義によるという基本的な考え方が示されていた。

一般的に、実現主義に従った収益認識の要件は、「財貨の移転または役務の提供の完了」とそれに対する「対価の成立」が求められているとされており、具体的には、納品時点をもって販売が行われたとする「引渡基準」や買い手の検収をもって販売が行われたとする「検収基準」がある。しかし実務的には、物品等が継続的に出荷される取引において、納品後、短期間で自動的に検収が行われることによって、所有権の移転が明らかとなり、出荷日と顧客への引渡日の際がほとんどないような場合には、出荷日をもって収益が実現したとみなす「出荷基準」を適用しているケースも多く見受けられた。

これに対して、収益認識会計基準の基本となる原則は、約束した財またはサービスの顧客への移転を当該財またはサービスと交換に企業が権

利を得ると見込む対価の額で描写するように、収益を認識するというものである（収益認識会計基準16）

このように収益認識会計基準が開発された背景としては、①わが国において収益認識に関する包括的な会計基準はこれまで開発されていなかったこと、②国際会計基準審議会（IASB）および米国財務会計基準審議会（FASB）は、ほぼ同一の内容の収益認識基準（IASBにおいてはIFRS第15号、FASBにおいてはTopic606）を公表し、適用が見込まれていたこと、および③収益は企業の経営成績を表示する上で重要な財務情報と考えられることが挙げられる（収益認識会計基準92）。

(2)　収益認識の5ステップ

前述の収益認識の基本原則、すなわち、「約束した財またはサービスの顧客への移転を当該財またはサービスと交換に企業が権利を得ると見込む対価の額で描写するように、収益を認識すること」という原則のもとで、収益認識会計基準では通称「5ステップ」が説明されている（図表2-5-6参照）。5ステップは、おおまかにいうと、ステップ①の契約の識別およびステップ②の履行義務の識別において、収益を認識する単位が決定され、ステップ③の取引価格の算定およびステップ④の履行義務への取引価格の配分において、収益の金額が算定される。そして、ステップ⑤の履行義務充足による収益の認識において、収益を計上するタイミングが決定されるという流れである。

食品製造業は、業界の慣行としてリベートを支払うことが通常の販売活動であること、卸・商社等に向けて大量の同じ製品を日々出荷することとが特徴であることから、5ステップのうち、ステップ③における取得価格を算定する際に調整される顧客に支払われる対価（収益認識会計基準63、64参照）、およびステップ⑤の収益を計上するタイミングとして引渡基準等の売上計上基準が、収益認識会計基準を導入する際に、ほとんどの会社が検討した項目であると考えられる。

図表2-5-5　収益認識における5ステップ

ステップ① 契約の識別	顧客との契約を識別する。
ステップ② 履行義務の識別	ステップ①の契約に含まれる履行義務を識別する。
ステップ③ 取引価格の算定	契約条件や取引慣行等を考慮して、財またはサービスの顧客への移転と交換に企業が権利を得ると見込む対価の額を算定する。
ステップ④ 履行義務への取引価格の配分	ステップ②の履行義務に対して、ステップ③の取引価格を財またはサービスの独立販売価格の比率に基づき配分する。
ステップ⑤ 履行義務充足による収益の認識	履行義務を充足したとき、または充足するにつれて、ステップ③、ステップ④で算定された金額を認識する。

⑶　リベートの会計処理

食品製造業の業界において、メーカーが卸・商社や小売業者に対して、いわゆるリベート（ボリュームディスカウント、販売促進費、販売助成費、協賛金などの名目で支払われることが多い）をさまざまな契約条件や算定根拠に基づいて支払うことがある。

収益認識会計基準が適用される前までは、リベートの支払い目的に関する多様な理解を背景に、売上高から控除する事例と販売費及び一般管理費とする事例があった。ただし、当時からリベートが顧客との販売条件の決定時に考慮されていれば、実質的には販売価額の一部減額、売上代金の一部返金という性格を有すると考えることができるため、顧客に対する販売促進費等の経費の填補であることが明らかな場合を除き、売上高から控除することが適切であると考えられてきた。

この点、収益認識会計基準では、リベートは顧客に支払われる対価に該当して、会計処理が定められている。顧客に支払われる対価とは、企業が顧客（あるいは顧客から企業の財またはサービスを購入する他の当事者）に対して支払うまたは支払うと見込まれる現金の額や、顧客が企業（あるいは顧客から企業の財またはサービスを購入する他の当事者）に対する債務額に充当できるもの（例えば、クーポン）の額を含むものである。そして、顧客に支払われる対価は、顧客から受領する別個の財またはサービスと交換に支払われるものである場合を除き、収益から控除される。さらに、顧客に支払われる対価に変動対価（顧客と約束した対価のうち変動する可能性がある部分）が含まれている場合には、取引価格の見積りを行う必要がある（収益認識会計基準63）。

また、顧客に支払われる対価を取引価格から減額する場合には、次のいずれか遅い方が発生した時点、または発生するにつれて減額する（収益認識会計基準64）。

①　関連する財またはサービスの移転に対する収益を認識する時点 ②　企業が対価を支払うかまたは支払いを約束する時点（当該支払が将来の事象を条件とする場合も含む。また、支払の約束は、取引慣行に基づくものも含む。）

例えば、図表2-5-6のように、メーカーが卸・商社に対してリベートを支払う場合は、顧客に支払われる対価に該当する。顧客に支払われる対価は、まず、卸・商社から受領する別個の財またはサービスと交換に支払われるものに該当するかどうかを検討する。具体的には、メーカーが卸・商社から小売店のPOS情報を購入するなど、別個の取引に該当するかどうかを検討することになる。次に、別個の取引の対価として支払われるものを除き、メーカーが卸・商社に支払う対価を卸・商社に対する売上から減額するタイミングについて、図表2-5-7における①と②のいずれか遅い事象の発生を確認する。なお、リベートが発生する条件に一定の売上数量を超えることなどの条件が付されている場合などは、変動対価としての検討（収益認識会計基準50参照）も必要になる。

続いて、図表2-5-7のように、メーカーがコンビニなどの小売店にリベートを支払う場合がある。この場合も、小売店が顧客から企業の財またはサービスを購入する他の当事者に該当することから、メーカーが卸・商社にリベートを支払う場合と同様に、顧客に支払われる対価として検討する必要がある。

図表2-5-6　メーカーが卸・商社にリベートを支払う場合

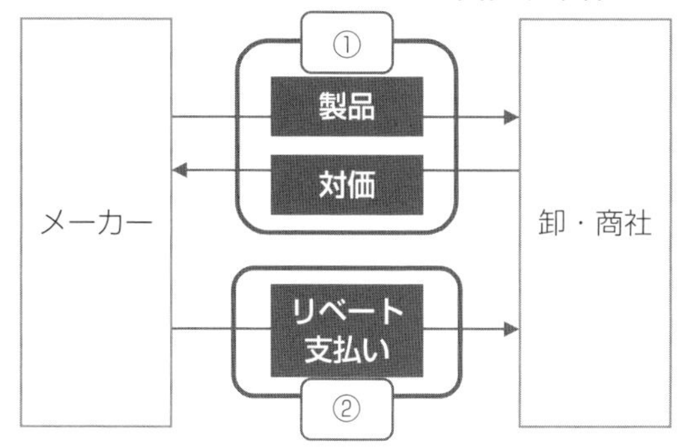

図表2-5-7　メーカーが小売店にリベートを支払う場合

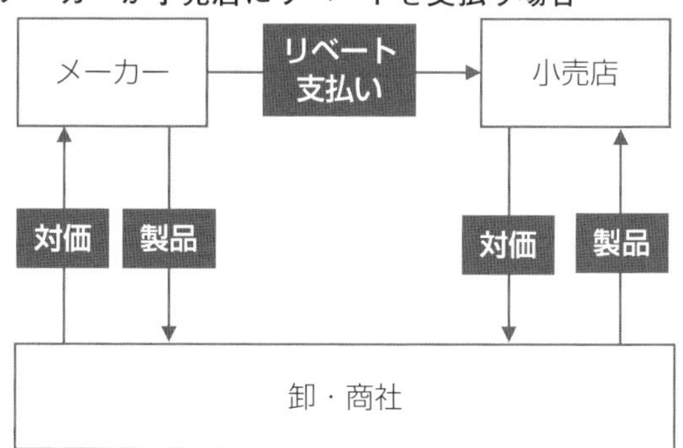

(4)　食品製造業におけるリベートの例示

前述のとおり、食品製造業におけるリベートは、さまざまな名目、契約内容や算定根拠に基づいて計算が実施される。これらのリベート取引は、企業ごとにその契約内容や取引慣行が異なるため、個別の実態に応じて収益認識会計基準に照らした検討が必要になる。そのような中において、スーパーマーケット等の小売店に対する棚代、広告宣伝費の負担、ショッピングセンターへのセンターフィー、最終消費者への数量リベートは、この業種の性質から馴染みのある取引であると考えられることを踏まえて、ケース1からケース4に、一般的な取引と会計処理の例示を記載した。

ケース1　一定額の棚代負担

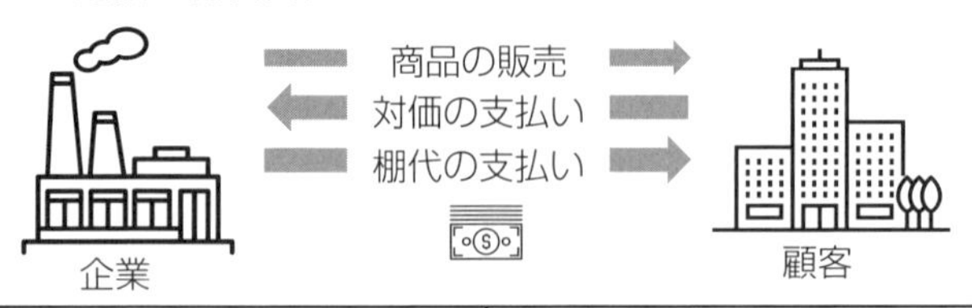

（前提）	（結論、解説）
●企業は、顧客であるスーパーマーケットに対して、製品を販売している。 ●企業は、製品を優先的に陳列してもらうため、契約に基づき製品の販売に合わせて、スーパーマーケットに1百万円を支払う。 ●消費税は考慮しない。	顧客に支払われる対価であり、販売した製品の陳列は別個の財・サービスへの支払いではないと考えられることから、1百万円を収益の減額として処理する。 （借）収益　1（貸）返金負債　1

ケース2　一定額の広告宣伝費負担

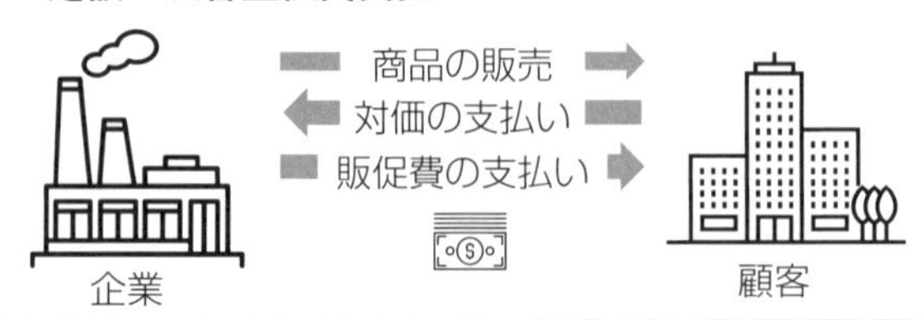

（前提）	（結論、解説）
●企業は、顧客である量販店に対して、製品を販売している。 ●企業は、自社製品の広告宣伝（販促物の配布）の負担として、契約に基づき製品の販売と別のサービスとして、量販店に2百万円を支払う。 ●なお、同様の広告宣伝を他の業者に依頼した場合にも、同額かかると見	顧客に支払われる対価であり、契約に基づいた別個の広告サービスへの支払いであると考えられることから、2百万円を広告宣伝費として処理する。 （借）費用　2（貸）未払金　2

込まれる。 ●消費税は考慮しない。	

ケース3　センターフィー

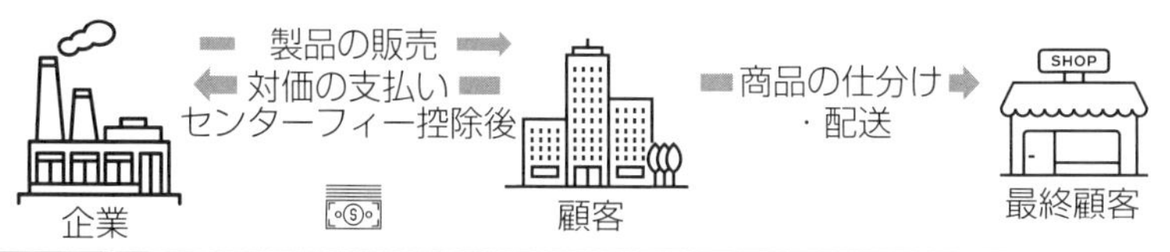

（前提）	（結論、解説）
●企業は、物流センターを有するショッピングモールに製品を販売しており、契約上、物流センターに商品の納入時点で在庫リスクが小売業者に移転される。 ●物流センターに集荷された製品は、各小売店舗への配送のため仕分け作業が行われる。 ●当該仕分け作業について、商品代金に3％の料率を乗じたセンターフィーが発生し、契約に基づき製品の販売に合わせて、小売業者から当該センターフィーを控除した額で入金される。 ●物流センターに納入された商品は100百万円である。 ●消費税は考慮しない。	販売の履行義務に関する契約条件が物流センターに納入するまでとされ、かつ、別個の財またはサービスの提供を受けていないと考えられるため、収益の減額として処理する。 （借）売掛金　97（貸）収益　97

ケース4　最終顧客への数量リベート負担

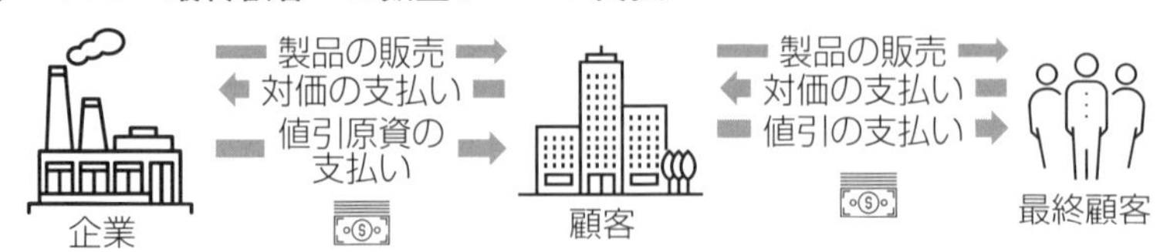

（前提）	（結論、解説）
●企業は、小売店に製品を販売しており、小売店が最終顧客に製品を販売する。 ●小売店は、最終顧客が製品を2個以上購入した場合には、購入金額の10%の値引きを提供している。企業は、契約に基づき製品の販売に合わせて、当該値引きの金額を、事後的に販売代金から差引いて小売店に請求する。 ●企業は小売店に20百万円で販売し、それに対して生じる将来の値引きを販売時点で1百万円と見積られた。 ●消費税は考慮しない。	値引きは、変動対価に該当する顧客に支払われる対価であり、収益は予想される将来の正味受領額で認識する。なお、返金負債の額は毎期末および決済時点で継続的に見直し、収益の調整として処理する。 （借）売掛金　20　（貸）収益　19 返金負債　1

(5)　収益認識のタイミング

収益認識会計基準は、財またはサービス（本節において、財またはサービスについて、以下「資産」と記載することもある。）を顧客に移転することにより履行義務を充足した時、または履行義務を充足するにつれて、収益を認識することを求めている。ここでいう資産が移転するのは、顧客が当該資産に対する支配を獲得した時または獲得するにつれてである（収益認識基準会計35、36）。

このように、収益認識のタイミングは、一定の期間にわたり充足される履行義務と一時点で充足される履行義務の2つに大別される。この点、食品製造業においては、物品の販売が主たる業務であるであるため、主に一時点で充足される履行義務として収益が認識されるが、資産に対する支配の移転のタイミングを検討する際には、以下の５つの指標を考慮する必要がある（収益認識会計基準40）。

①　企業が顧客に提供した資産に関する対価を収受する現在の権利を有していること ②　顧客が資産に対する法的所有権を有していること ③　企業が資産の物理的占有を移転したこと ④　顧客が資産の所有に伴う重大なリスクを負い、経済価値を享受していること ⑤　顧客が資産を検収したこと

なお、収益認識会計基準が適用される前から実現主義においては、物品販売に関する売上計上基準として、引渡基準や検収基準等があるが、出荷日と顧客への引渡日の差異がほとんどないような場合には、実務上出荷基準も採用されてきた。

そのため、収益認識会計基準に関する意見募集において、出荷基準が認められない場合に経理処理にかかわるプロセスに及ぼす影響などの実務面も検討された。また、商品等の国内における販売を前提とすると、商品等の出荷時から当該製品等の支配が顧客に移転されるときまでの期間が通常である場合には、出荷時に収益を認識しても、商品等の支配が顧客に移転される時に収益を認識することとの差異が、通常、金額的な重要性に乏しいと想定され、財務諸表間の比較可能性を大きく損なうものではないとの重要性に関する議論もされている（収益認識適用指針171）。

このような経緯を経て、出荷基準等の取扱いとして、商品等の国内販売において、出荷時から当該商品等の支配が顧客に移転される時（例えば、顧客による検収時）までの期間が通常の期間である場合には、出荷時から当該商品等の支配が顧客に移転される時までの間の一時点（例えば、出荷時や着荷時）に収益を認識することができるとの代替的な取扱いが定められた（収益認識適用指針98）。そのため、支配の移転を検収時点とした場合の売上計上基準は、図表2-5-8のようになると考えられる。

また、商品等の出荷時から当該商品等の支配が顧客に移転されるときまでの期間が通常の期間である場合とは、当該期間が国内における出荷および配送に要する日数に照らして取引慣行ごとに合理的と考えられる日数である場合をいうとされた（収益認識適用指針98）。なお、当該合理的と考えられる日数は、国内における配送においては、数日間程度の取引を想定されている（収益認識適用指針171）。

図表2-5-8　売上計上基準の取扱い

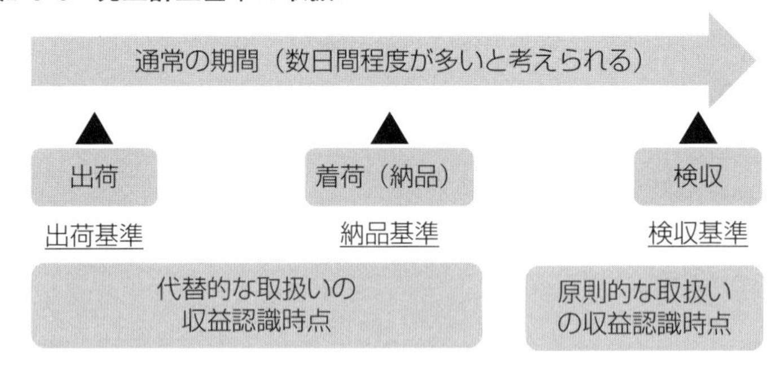

4　監査上の着眼点

(1)　売上高の実在性

売上高は利益の源泉であることから、企業、経営者あるいは営業担当者には、常にできる限り多額の売上高を計上したいというインセンティブがある。

したがって、販売取引に関して、監査上、最も留意を払う必要があるポイントは、売上高の実在性、つまり計上されている売上高すべてが製品の出荷あるいは納品の事実に基づいたものかどうかという点である。

(2) 売上高の期間帰属

実在性と関連するが、期末および翌期首の売上取引がそれぞれ適切な期間に帰属していることも期間損益計算において、重要なポイントである。

企業は、できる限り多額の売上を計上したい一方で、予算を達成することにも強いインセンティブがある。したがって、期末までに予算に十分達している場合、実際は期末までに成立している取引であるにもかかわらず、その計上を翌期首に先送りすることも考えられる。

これらの観点から、監査上は以下の手続が重要である。

① 内部統制の整備・運用状況の確認

まず、架空売上を計上しづらいような内部統制が企業内に整備・運用されていることを確かめる必要がある。

特に売上伝票が出荷データから自動計上されず、手で記票されているような場合には、企業内部で架空計上を防止・発見する手続が実施される仕組みがあるか、確認する必要がある。

② 異常残高・計上額の検証

a 諸口口座、異常な変動のある口座

通常、企業では得意先ごとに売上高や債権残高を管理している。それにもかかわらず、「諸口」口座に複数の相手先をまとめて計上している場合については、異常な残高である可能性がある。したがって、そのような口座に相当額の残高がある場合には、適切な手続をもって計上されたものかどうかを十分検討する必要がある。

また、異常な変動のある口座、ごく稀にしか取引が発生しない口座などについては、その理由を調査し、異常な取引が計上されていないかを確かめる。

b 月次・日次計上額の異常値

食品は賞味期限があること、また、食品メーカーの製品は多岐の

アイテムにわたることから、特定の日に出荷・納品が集中することはあまりなく、比較的日々分散している。したがって、特定の日あるいは月の計上額が多額に及んでいる場合、適切な手続をもって計上されたものかどうかを十分検討する必要がある。

一般的に企業は、期末日付近あるいは期末月において、売上が多額に及ぶことが多い。しかし、食品業界においては、食品の需要が多くなる年末年始、ゴールデンウィークの前に出荷が伸長するため、期末月、期末日付近の売上高の異常性について検出しづらいため、慎重に検討する必要がある。

③　売掛金の残高確認の実施

債権管理の目的から企業が自ら残高確認を実施することがあるが、それとは別に監査人も自ら残高確認を実施することが一般的である。帳簿残高と得意先からの回答額に差が生じた場合は、その原因を究明し、帳簿残高が妥当であるかどうかを検討する。また、同様の理由での差異が他の得意先との間でも発生していないか、十分吟味する必要がある。

④　実地棚卸立会・棚卸資産に関する残高確認の実施

出荷・納品に基づき売上高が計上されていれば、当然ながら売上数量と出荷数量は整合しており、期末在庫数量は帳簿上の残高と実物残あるいは保管先が把握する在庫数量とは一致する。

したがって、実地棚卸立会をし、実在する在庫残高が帳簿残高と一致していれば、売上数量は出荷に裏付けされていることが確認できる。また、食品メーカーにおいては、自社倉庫内だけでなく、外部の営業倉庫に在庫の保管を委託しているケースも多いため、営業倉庫に対して残高確認を実施する、または外部倉庫に実地棚卸立会を行う必要がある。

ただし、上記のいずれかだけでは、企業が意図的に不正・粉飾を隠蔽しようとする場合にそれを発見することは困難であるため、それぞれの手続を注意深く実施し、不整合が見受けられた際には取引の基礎にさかのぼって検証するべきである。

(3)　リベート計上の網羅性・期間帰属

費用収益対応の原則の観点から、リベートはそれが寄与した売上に対応して計上される必要がある。しかし、リベートは売上とは逆に利益を減少させることになるため、企業にはできるだけ少なく計上したいという意図が働くおそれがある。特に販売量に直接連動しない形態のリベートについては、規則的に計上されないため、計上されていなくても気づきにくい。

その点に留意し、監査上は以下の手続を実施する。

①　企業が作成している契約一覧と契約書の閲覧

企業自ら契約をどのように網羅的に把握しているのか理解し、それが契約書と整合しているかを確認する。契約が把握されていれば、そこにある取引が計上されているか確認することが可能となる。

②　売上高とリベート額との比率分析

取引先ごと、アイテムごと、営業拠点ごとなどリベートが支払われる単位ごとに比率分析を行い、異常値の理由を検討する。

③　期末日以降に支払われたリベートの期間帰属の検討

期末日以降にリベートが支払われている場合、期末時点において適切に未払計上されていることを確かめる必要がある。

特に、卸・商社から小売店に出荷された時点で発生するリベートについては、出荷基準で計上された売上時点とリベートの支払時点とが乖離することが多いため、売上が計上された時点で対応するリベートが未払計上されていることに留意する必要がある。

5 表示・開示のポイント

(1) 表　示

収益認識会計基準は、令和２年３月に、主に収益認識に関する表示および注記について改正された。この改正によって、顧客との契約から生じる収益、契約資産、契約負債、顧客との契約から生じた債権の財務諸表における表示科目の例示が、下記のとおり示された。

項目	勘定科目の例示
顧客との契約から生じる収益	売上高、売上収益、営業収益等
契約資産	契約資産、工事未収入金等
契約負債	契約負債、前受金等
顧客との契約から生じた債権	売掛金、営業債権等

(2) 注記事項

収益認識会計基準において、主に、(1)重要な会計方針の注記、(2)収益認識に関する注記の２つの注記事項が要求されている。

まず、重要な会計方針の注記においては、財務諸表利用者の収益に対する理解可能性を高めるために、以下を会計方針に含めて注記することにされた（収益認識会計基準80-２、80-３）。

重要な会計方針の注記
①　企業の主要な事業における主な履行義務の内容
②　企業が当該履行義務を充足する通常の時点（収益を認識する通常の時点）
③　その他重要な会計方針に含まれると判断した内容

続いて、収益認識に関する注記においては、開示目的を定めたうえで、企業の実態に応じて、企業自身が当該開示目的に照らして注記事項

の内容を決定することとした方が、より有用な情報を財務諸表利用者にもたらすことができるとして、次の対応を基本的な方針としている（収益認識会計基準101-6）。

① 包括的な定めとして、IFRS 第15号と同様の開示目的および重要性の定めを含める。また、原則として、IFRS 第15号の注記事項のすべての項目を含める。
② 企業の実態に応じて個々の注記事項の開示の要否を判断することを明確にし、開示目的に照らして重要性に乏しいと認められる項目については注記しないことができることを明確にする。

そして、収益認識に関する注記における開示目的は、顧客との契約から生じる収益およびキャッシュ・フローの性質、金額、時期および不確実性を財務諸表利用者が理解できるようにするための十分な情報を企業が開示することであるとしたうえで、当該開示目的を達成するための収益認識に関する注記事項は、以下の3つとされた。

収益認識に関する注記

① 収益の分解情報
② 収益を理解するための基礎となる情報
③ 当期および翌期以降の収益の金額を理解するための情報

第６節

債権管理

1　取引の概要と内部統制

⑴　得意先元帳の管理

得意先元帳によって、得意先ごとに毎月の売上高、入金額、残高が記載されており、取引の状況を把握することができる。これは総勘定元帳と一致している必要がある。

販売システム上で連動しているケースも多い。

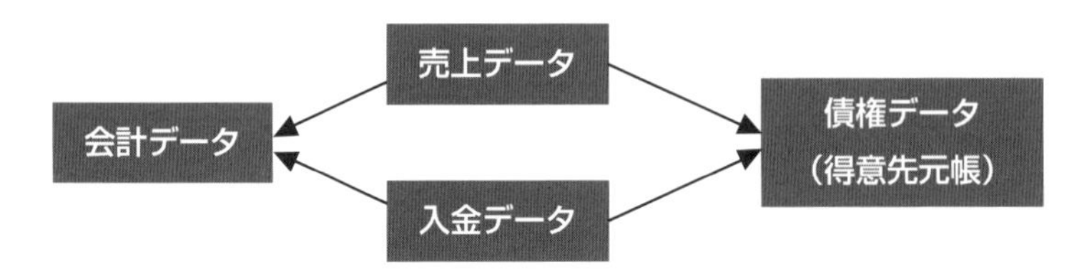

⑵　与信枠の設定

取引を開始する際には、取引先の信用力（支払能力）に応じて、与信枠、すなわち「掛け」とすることができる金額を設定する。信用力が低い取引先に対しては、与信枠は設定せず、代金を先に回収したり、納入時に即時回収する条件とすることもある。

与信枠の設定においては、取引先の財務状態や業績を把握し、社内で適切に承認を得ることが望ましい。

また、代金が回収されるまでは、与信枠から未回収残高を差し引いた金額までしか追加の納品をすべきではない。与信枠を超えて取引をする場合は、改めて社内での承認を得る必要がある。また、与信枠が十分でないが、取引を継続する必要がある相手先からは事前に担保を預かっておく方法もある。

このような管理を行うことで、代金が回収できないで貸し倒れるリスクを低減するとともに、回収の見込みの低い得意先に製品を売り込み、予算達成のために売上を積み上げるというような不正を防ぐこととなる。

⑶　代金回収

与信枠がある取引先には掛売りすることとなるが、代金回収は銀行振込みや小切手、受取手形での受領が一般的である。

回収業務は営業担当者、記帳担当者とは職務分離されていることが必要である。

得意先に係る売上取引のうち、どの取引が入金されてきたかを精査するのには時間を要する場合があるため、以下のような処理をすることがある。

<入金時>

（借）預金（受取手形）　×××　（貸）仮受金　×××

<得意先残高消込時>

（借）仮受金　×××　（貸）売掛金　×××

⑷　年齢調べ

売掛金の滞留債権を把握するために、得意先ごとに回収期日から起算して1か月、2か月、3か月超など、一定の期日を経過していることがわかるような管理表（年齢調べ表）を作ることが望ましい。一般的に、食品製造業の場合、売掛金の回収サイトは長くはなく、1、2か月である場合が多い。

一定期間を経過しても入金のない債権は、得意先の事務処理漏れや資金繰りの都合で入金されていない場合もあるが、一方でそもそも売上計上自体が適切でなかった可能性もある。このような債権について、管理表を作成することにより、定期的に調査を行うことは、不正や粉飾の発見的な統制手続としても有効である。また、相手先に対するマイナス残高（通称、赤残）は、年齢調べにおいて異常値として検出されるとともに、その理由は消込ミスを原因とすることが多いことから、十分な原因調査が求められる。

このように、この年齢調べ表は、営業担当部署の責任者、経理部署の責任者が定期的に閲覧することが必要である。

(5) 受取手形の残高管理

代金回収を受取手形で回収する際は、満期日が到来し、現金として回収するまでは、その手形残高も未回収金額として与信枠と比較して、管理しておく必要がある。手形については、現金化するまではその回収可能性が不確実であるため、以下のような取引も一般的に行われる。

① 裏書手形の入手

取引先が自ら振り出したものではなく、その取引先がより信用力の高い他社から受け取った手形を裏書きしたものを回収することも債権保全に有効である。

② 手形の期日延長（ジャンプ）

取引条件が振込みとなっている得意先の資金繰りが悪化し、決済方法を手形回収に変更する場合や手形の決済サイトを長くする場合は、社内で承認しておくことが望ましい。

得意先が手形の期日が到来する前に期日の延長を求め、先の期日の手形に差し替えることを「手形のジャンプ」というが、その要請を受けるときは、より慎重に先方の資金繰りや財務状態を把握し、回収不能に陥らないように留意する必要がある。

2　債権管理に係る会計処理

(1)　担保設定

信用力が低く、債権の貸倒リスクがあるような得意先と取引する際においては、預り保証金を含む担保となる資産を受領しておくことが望ましい。

一般的に、預金にて預り保証金を受け取っている際は、経理処理する。

＜入金時＞

(借) 預　金	×××	(貸) 預り保証金	×××

その他の資産を担保として預かっている際には、自己の資産から物理的に分離して保管することが可能であるため、会計処理することは稀である。

(2)　貸倒引当金の設定

滞留期間が長く、回収可能性が低い場合は、貸倒引当金あるいは貸倒損失を計上する必要がある。この際、担保を預かっている場合は、担保で回収できない部分のみを処理する。

ただし、回収可能性の判断が恣意的にならないように、事前に引当・償却処理の基準を定め、実際の処理時には責任者の承認を得ることが必要である。

また、個別に回収可能性が低いと判断すべきものがない場合であっても、将来の貸倒損失に備えるため、過去の貸倒実績に基づき、債権全体に対して一定の引当率にて貸倒引当金を設定しておくことが一般的である。

(3)　手形の期日延長

得意先から期日延長を求められた場合、貸倒リスクが高まったとして貸倒引当金の設定を検討する必要がある。一方、未回収の状態が長期化している場合、実施的には売上債権ではなく、貸付取引と考えられ、受取手形から貸付金に振り替える処理も考えられる。

3　監査上の着眼点

(1)　債権の実在性

第５節で述べたように、計上されている債権が実際の取引によって計上されたものであるかどうかが最も重要なポイントである。監査上、実施すべき手続は、第５節（154頁）のとおりである。

また、年齢調べ表において滞留状態にある債権については、実在性に疑義のある債権である可能性もある。したがって、滞留債権については、その理由を十分に吟味する必要がある。ただし、この場合、年齢調べ表が適切に作成されていることが前提となる。したがって、監査上は年齢調べ表が適切に作成されているかを検証する必要がある。

(2)　債権の評価の妥当性

長期滞留の状態にある債権に対して、適切に回収可能性の判断が行われ、貸倒引当金・貸倒損失を計上しているかどうかを検討する必要がある。

まず、企業が回収可能性の判断の対象とした債権の網羅性は確保されているかどうかを確かめる。年齢調べ表や営業会議の議事録を通査することにより、債権評価の対象とする債権の範囲が妥当であるかを確認する。

対象とする債権に対しては、回収可能性の判断が保守的であるかをポイントに、得意先の財務状態や信用状態を確認し、企業の計上した引当額が妥当であることを検証する。

第7節
固定資産

1　取引の概要

(1)　食品製造業の固定資産

固定資産は、企業会計原則によると、有形固定資産、無形固定資産、投資その他の資産に分類される。これらのうち、有形固定資産および無形固定資産は、いずれも企業の主たる営業活動のために使用されることを目的としており、一方、投資その他の資産は、投資など企業の主たる営業活動以外の目的のために保有される資産である。これら固定資産の中でも食品製造業においてその業種的特徴が最も反映されるのは、有形固定資産である。

有形固定資産は、建物、構築物、機械装置といった使用または時の経過により価値が減少する減価償却資産、土地のように価値が減少しない非減価償却資産等に分類される。食品を加工するための選別する、洗う、切る、砕く、混ぜる、乾かす、煮る、焼く、蒸す、冷やす等の調理作業を行うのは機械装置であり、食品製造業において、有形固定資産の中でもとりわけ重要である。

なお、機械装置については、その多くをリースによって調達している場合が存在する。リース資産については、ファイナンス・リース取引に該当する場合にはオンバランス処理が必要とされている。通常の減価償却資産同様、リース資産についても、オンバランス処理され、リース資産に係る減価償却費については損益計算書に計上される。

(2) 固定資産の業務フロー

固定資産における一連の業務フローは以下のとおりである。

① 取　得

固定資産の取得、特に食品製造業において、実際の製品製造のための設備は重要であり、取得には多額の資金を要することから、その意思決定や取得の手続は慎重に行われる。製造設備には多額の資金投下が必要であるため、回収期間が長期になることを勘案し、事業計画に基づく、設備投資計画が必要となる。また、資金計画においても、工場建設のための資金の調達方法や、借入れの場合の返済・利率等の条件の検討が重要である。

これら設備投資計画・資金計画に基づき、固定資産の取得が行われることとなる。

設備投資計画・資金計画に基づいて実際の固定資産の取得が実行されるにあたっては承認手続が必要となる。重要な設備投資については、取締役会決議などにより承認手続がとられることになるが、社内権限委譲規程等により、一定金額未満の設備投資は稟議書等を利用して、一定の責任者による決裁手続を経たうえで取得が実行されることもある。

② 減価償却

時の経過により価値が減少する減価償却資産は、取得後、減価償却により費用化される。製造設備は、製品の生産活動に長期にわたって使用されるため、その取得原価は減価償却を通じて各会計期間に配分されることになる。

③　除　却

固定資産の使用の際に、陳腐化、老朽化等の理由により、その固定資産が廃棄される場合、または、災害等の理由により滅失した場合には、その廃棄・滅失があったときの固定資産の帳簿価額に処分費用を加算した額が、除却損失として計上される。通常の固定資産の除却処理は、使用目的のなくなった減価償却資産を撤去し、解体等したうえでスクラップ業者等に引き渡す一連の手続である。

消費者製品製造業においては、製品製造の基本的な作業である、切る、砕く等の機械については一般に、税法耐用年数を超過してもなお、使用可能なケースも考えられ、除却が行われない設備も存在する。しかし、他方において、食品を製造するうえでの特殊性を有する設備等を使用している場合には、製造対象製品のライフサイクルにより、耐用年数が縛られる可能性がある。つまり、製品の販売不振等により、製品製造ラインが停止された場合には、当該製品を製造している固定資産が耐用年数より短い段階で除却されるケースがある。除却の意思決定が当期に急きょ行われた場合、当期の損益に計上することになり、特別損失に計上されることもあり得るが、将来の除却の意思決定であれば、耐用年数の見直しを行い、減価償却の加速償却を行うことが考えられ、営業損益に影響する可能性がある。

④　売　却

製造設備等の有形固定資産は、物理的な製造設備のみを外部に売却する場合に加えて、企業の買収、合併等の企業結合の局面においては、製造設備等を含む会社全体が売買の対象となる場合がある。この場合、固定資産は金額的に大きいため、企業全体の買収価格の主たる部分を占めるケースが多く、この点、買収時の資産評価が重要である。

消費者製品業を営んでいる会社にあっては、多様な製品群を製造しているが、その場合には、多様な製品群のうち、１つの製品製造に係る事業が分離（売却）されることがある。こうした場合には、工場が一体として他者に売却されるようなケースが想定される。

⑤　評　価

減損会計とは、投資を行った事業用固定資産について、当初想定していた将来キャッシュ・フローでの回収ができなくなったことによる回収不能部分としての使用価値の低下を帳簿価額に反映させる会計処理である。減損会計の導入により、固定資産の評価は固定資産の業務フローの中で重要な位置を占めている。

食品製造業にあっては、固定資産のグルーピングにその特徴が表れている。通常、固定資産のグルーピングにあっては、Ａ工場、Ｂ営業部といったように機能別のグルーピングが多いが、製品製造の工場のみならず、製造された製品の販売も含め、管理会計上、区分されている場合がある。

この場合、製品別の区分を基礎としたグルーピングがなされることになる。

2　内部統制と不正リスク

(1)　内部統制上の留意点

固定資産プロセスは、会計処理と固定資産台帳への登録が分離されている点で内部統制上，両者の整合性を確認する点が重要であると考えられる。会計処理の網羅性、正確性の検証、固定資産台帳への登録の網羅性、正確性の検証を各々確認したうえで、最終的に両者の合致の確認を行うことが重要である。また、固定資産台帳登録後、固定資産台帳において減価償却費がシステム上自動計算されることから、固定資産台帳登録の際の耐用年数、償却開始時期などのデータ登録における統制が十分に機能することが重要といえる。

また、減損会計においては将来キャッシュ・フローの算定において経営者の見積りが要求されることから、将来キャッシュ・フローにおける見積りのための情報収集体制の構築、見積根拠の文書化等は内部統制上も重要な点である。

(2)　不正リスク

固定資産プロセスにおいて、通常、重要な固定資産は大型製造設備であり、個人的に売買できるものではなく、従業員不正による資産の横領は考えにくい。ただし、固定資産は金額的に大きいため、計上等における誤謬が結果として重要な虚偽記載につながるリスクに留意されたい。

固定資産プロセスについて、影響の大きい不正が行われるとすれば、それは評価、減損会計における経営者不正であろう。(1)において述べたとおり、将来キャッシュ・フローは、経営者の見積りが介在する領域であり、より大局的な不正が行われる可能性が考えられる。

(3)　固定資産におけるリスクとコントロールの例

サブプロセス	リスク	統　制
取　得	●承認に基づかない固定資産の購入が行われる。	●設備投資計画の承認手続 ●稟議書による承認
	●会計システムへの計上を誤る。	●システム登録者と別の登録担当者が固定資産取得に関する基本情報を記載した書類と照合して登録内容の確認を行い、計上内容の確認を行う。
減価償却	●減価償却計算の前提を誤る。	●システム登録者と別の担当者が固定資産基本情報（耐用年数、償却開始時期）を記載した書類と照合して登録内容の確認を行う。

サブプロセス	リスク	統　制
	●減価償却計算を誤る。	●固定資産台帳管理システムにより自動計算される。
	●減価償却費の計上を誤る。	●固定資産台帳と会計帳簿の合致を確認する。
除　却	●承認に基づかない除却が行われる。	●稟議書による承認
	●除却処理が漏れる。	●固定資産実査の実施
減損（評価）	●グルーピングを誤る。	●減損会計における手続の設定・グルーピング結果の上長の承認
	●減損の兆候の判定を誤る。	●減損会計における手続の設定 ●兆候判定結果における経営管理者の承認
	●将来キャッシュ・フローの見積りを誤る。	●将来事業計画における経営管理者の承認 ●見積りの前提となる仮定の承認
	●減損金額を誤る。	●別の担当者や上席者による算定資料の再計算

上表のとおり、ほとんどのリスクについて、システムのIT全般統制、業務処理統制が関連する。

3　会計処理

(1)　取　得

完成前の支出は建設仮勘定に集計され、完成および検収後、形態等に応じ、有形固定資産の各勘定科目に振り替られることが多い。その際、勘定科目誤り、金額集計誤り、振替漏れ等に留意する必要がある。また、固定資産の取得価額については、原則として当該資産の引取費用等の付随費用が含まれる。ただし、不動産取得税等の租税公課など法人税法により取得価額に算入しないことができる費用も例示されており、会計上、固定資産の取得価額の範囲については留意する必要がある。

仕訳例

建物と構築物の取得にあたって、前払いした

（借）建設仮勘定	100	（貸）未払金（預金）	100

建物と構築物の一部を検収した

（借）建　物	60	（貸）建設仮勘定	90
構築物	30		

期末：建設仮勘定　残高　　10

(2) 減価償却

減価償却については、まず償却開始時期に留意が必要である。減価償却計算のため、固定資産台帳に登録を行うが、償却開始時期は当該資産の取得時期ではなく、事業の用に供した日である。次に、耐用年数であるが、企業会計上、減価償却においては、適正な期間損益計算を行うため、法人税法上の法定耐用年数にかかわらず、更新時期を勘案した経済的耐用年数等、会社の実態に応じた適切な耐用年数を採用することが重要である。ただし、実務上は会計上、経済的耐用年数との間に重要な差異がない場合は、法人税法上の法定耐用年数に従った耐用年数に決定されることが多いようである。

(3) 除　却

代替資産取得により、従来、稼動していた固定資産を廃棄した場合には、当該固定資産の未償却残高が固定資産除却損として計上される。

法人税法上も、一定の要件をもとに、対象資産の帳簿価額からその処分見込価額を控除した金額を損金処理する有姿除却の処理が認められている。現状、遊休状態にあって、将来も使用が見込まれない遊休資産については、会計上、減損処理が行われることになる。

なお、会計上、除却処理をした資産については、固定資産の管理上、固定資産台帳および減価償却台帳についても、漏れなくその旨を反映する必要があり、固定資産実査を定期的に実施する等の実在性の確認も必要である。

(4) 売　却

固定資産の売却については、売却価額と対象資産の簿価との差額が売却損益として計上される。減価償却資産が売却対象である場合には、簿価は取得価額－減価償却累計額となる。

関係会社に設備を売却する場合には、売却価額が不当に高い価額になるリスクが存在するため、監査委員会報告第27号「関係会社間の取引に係る土地・設備等の売却益の計上についての監査上の取扱い」に従った慎重な判断が必要である。

(5) 評　価

固定資産の評価については減損会計の適用により行われる。グルーピングされた資産グループにおける減損の兆候の判定、減損の認識の要否の調査、減損の認識が必要となった場合には、実際に減損損失の測定を実施し、帳簿価額と回収可能価額との差が減損損失として計上されることになる。

4 監査上の着眼点

(1) 固定資産の実在性

固定資産の実在性については固定資産の実査がポイントである。会社が行う固定資産実査の結果をレビューし、必要に応じて、監査においても固定資産実査を行うことがある。

また、建設仮勘定の残高について、本勘定や費用への振替漏れがないか、確かめる必要がある。

(2) 取得価額の妥当性

固定資産の関連費用には先述したように、固定資産の取得価額の範囲に含まれる費用と含まれない費用とがある。固定資産の取得価額の範囲を誤ると資産計上額と費用計上額が相違するため、取得原価に含まれる費用の内容に留意する必要がある。

また、使用している固定資産に修繕、改良等が生じた場合にはそれが固定資産の使用可能期間を延長または価値を増加させる場合には資本的支出に該当し、通常の維持管理または原状回復のための支出であれば修繕費に該当し、期間費用として処理される。そのため、資本的支出に該当するのか、修繕費に該当するのかが問題になる。この点、会計上は資本的支出と修繕費の区分が明示されておらず、実務上どちらにするか判断が難しいケースがある一方、税務上は、法人税基本通達において例示されており、実務上会計処理を行ううえで参考となることが多いと考えられる。したがって、実務を行ううえでは税務上の取扱いに留意することも必要である。

(3) 減価償却費の正確性

減価償却費はシステム上、自動計算されるため、取得価額、耐用年数、償却方法などの登録が適切に行われていれば、監査上のリスクはそれほど高くないが、概括的にその計上額の妥当性を検証するため、オーバーオールテスト等の分析的手続を実施する。

オーバーオールテストとは、計上された減価償却費を固定資産の帳簿残高を除した平均償却率を耐用年数から算定された減価償却率とを比較し、乖離していないことを確かめる手続である。

(4) 評　価

固定資産の減損会計の適用にあたっては、減損会計の対象となる固定資産の網羅性の確認、グルーピングの妥当性、将来キャッシュ・フロー算定の根拠、割引率の妥当性等を検討する必要がある。特に、将来キャッシュ・フローについては経営者の見積りが介在する領域であり、また、設備維持費用、設備拡張投資等の将来キャッシュ・フローに含めるべきか、含めてはならないかは、特に慎重な判断が必要である。そのため、監査上の主要な検討事項として取り扱われやすい領域である。

5　表示・開示のポイント

(1)　会計方針

会計方針としては重要な減価償却資産の減価償却の方法として以下が開示される。

- 減価償却方法（定額法、定率法等）
- 耐用年数

(2)　貸借対照表注記

担保に供している固定資産がある場合、担保に供している固定資産の金額、および対応する債務を開示する。

(3)　損益計算書注記

固定資産売却損益、除却損が計上されている場合には、その金額の内訳を建物等の内容を示す形で開示する。

減損損失が計上されている場合には以下の事項を開示する。

- 減損損失を認識した資産または資産グループについては、その用途、種類、場所などの概要
- 減損損失の認識に至った経緯
- 減損損失の金額については、特別損失に計上した金額と主な固定資産の種類ごとの内訳

- 資産グループについて減損損失を認識した場合には、当該資産グループの概要と資産をグルーピングした方法
- 回収可能価額が正味売却価額の場合には、その旨および時価の算定方法、回収可能価額が使用価値の場合にはその旨および割引率

⑷　その他

有価証券報告書の附属明細表において有形固定資産等の増減明細が開示される。

第 8 節
資金管理

1 取引の概要

企業の経営には、ヒト、モノ、カネが必要であるが、優秀な人材、優れた商品（サービス）を提供するためには、十分な資金が必要である。企業がいかに効率よく、低コストで資金を調達するか否かは企業を経営していくうえで重要である。

⑴ 資金調達方法

資金調達は、大きく以下に分類される。

① デット・ファイナンス

デット・ファイナンスとは、負債による資金調達を指し、借入金、普通社債、新株予約権付社債等がある。

借入金は、最も一般的な資金調達先であり、金銭消費貸借契約書による証書借入と手形を借入先である金融機関に振り出す手形借入がある。通常、証書借入は借入期間１年超の長期借入に利用され、手形借入は、借入期間１年以内の短期借入に利用される。

借入におけるコミットメントライン契約とは、銀行等が、一定期間にわたり一定の融資枠を設定・維持し、その範囲内であれば顧客の請求に基づき、融資を実行することを約束する契約である。コミットメントライン契約締結の対価として、当該契約期間中、顧客から銀行等に対し、コミットメントフィー（手数料）が支払われる。

コミットメントライン契約は、銀行による当座貸越約定と類似するが、当座貸越約定書には、銀行に貸越しの実行に関し、広い裁量を与える規定が含まれている場合が多く、当座貸越約定の締結の対価としてフィーが支払われることはない。

コミットメントラインの形態には、個別金融機関ごとに契約を締結する場合や主幹事を窓口に複数の金融機関から協調融資を受けるシンジケート・ローン方式などいくつかのパターンがある。シンジケート・ローンとは証書借入の一種で、大型の資金調達ニーズに対し複数の金融機関が協調してシンジケート団を組成し、１つの融資契約書に基づき同一条件で融資を行う資金調達方法である。このシンジケート・ローンの長所としては、社債に比べ自由に返済スケジュールの設定を行うことができる、多数の金融機関から大口の調達が可能になるうえ、契約締結、契約発効後は、アレンジャー、エージェントを窓口とすればよく、事務負担の軽減が図れることなどが挙げられる。

② エクイティ・ファイナンス

エクイティ・ファイナンスとは、新株発行による増資や新株予約権付社債の発行のように、株主資本の増加をもたらす資金調達である。増資は、株主割当増資、第三者割当増資、公募増資に分類される。

増資は株式の発行を伴うが、発行する株式についても普通株式だけでなく、優先株式を発行する方法等もあり、発行する企業のコストは普通株式に比較し、増加するものの、発行条件を投資家にとって有利にすることで、市場で消化されやすく、資金調達を容易に行うことができるというメリットがある。

③ アセット・ファイナンス

アセット・ファイナンスとは、資産関係の資金調達であり、資産流動化が該当する。資産流動化とは企業の保有する資産を早期に資金化する手法の総称である。資産流動化には債権のファクタリング会社（債権買取会社）への売却、不動産の証券化等の方法がある。

⑵　資金管理手法

現在、資金管理手法として多くの大企業が採用しているものとして、CMS（Cash Manegement System）がある。CMSとは、その名のとおり、企業の資金を管理するためのシステムである。

CMSは資金を企業グループ全体で一元的に管理することができる点に特徴がある。CMSを導入する場合、親会社、もしくは企業グループ内の金融子会社が、企業グループ全体の資金を管理する役割を担い、資金の過不足が生じているグループ会社に対し、資金が不足している会社には、資金を貸し付け、また、資金に余剰が生じている会社からは資金の回収を実施する。

CMSによって企業は、預金残高と負債残高の両建を企業グループにとって最小限にすることが可能となり、グループ内の余剰資金を投資等に振り向けることによって、効率的に運用することが可能となる。

2　食品製造業における資金調達手法

食品製造業においては、製造される製品が消費者にとって必要不可欠なものであり、当該製品を製造する工場を建設するような場合、または、革新的な製品の開発に必要な工場を建設し、設備を取得する場合に必要な資金については、一定の条件を満たすことで自治体から補助金・助成金を受けることができることがある。補助金・助成金については、国の定める一定の条件を満たす必要があるが、借入金・社債等の一般的な資金調達方法に比べて、返済不要であるので、メリットが大きい手法であるといえる。

3 内部統制と不正リスク

資金管理プロセスにおいては、会社の運転資金の調達が行われるため、金額は多額になる。したがって、通常、資金調達実行の際には、実行前に取締役会等の経営会議において資金調達目的、条件等が承認される。また、資金調達は、資金繰り悪化、資金ショート、手形の不渡り、資金の着服等の問題が生じる可能性をはらんでおり、こうした点において、会社経営に与える影響も含め、リスクが認識される。以下は、資金調達におけるリスクとコントロールの例である。

図表2-8-1　資金調達におけるリスクとコントロールの例

サブプロセス	リスク	統　制
借　入	●借入金、返済額が適切に記帳されていない。	●借入契約書と総勘定元帳の照合 ●入金内容と総勘定元帳との日次照合 ●銀行勘定残高証明書と借入金残高との照合が行われる。
	●支払利息が適切に記帳されていない。	●一定額以上の支払いについては、追加承認が求められる。 ●支払利息計上額と銀行等第三者からの計算書との照合が行われる。
	●借入条項に違反がある。	●財務部が借入条項の遵守を検証する。 ●借入条項の計算資料が作成され、上長によりレビューされる。

上表のほか、先述したCMSによる資金管理手法には、グループ会社の資金調達が可視化されるため、グループ会社が親会社の承認を経ず、リスクの高い長期の投資案件に対して、必要資金を銀行から短期借入により調達する可能性を排除し、グループ会社の資金繰りの悪化を防止できる効果がある。

4　監査上の着眼点

資金調達における監査上の着眼点は、企業の行った資金調達が適切に記帳されているかどうかにある。したがって、借入であれば、金銭消費貸借契約書のレビューにより借入金額、借入条件等を把握し、当該内容に従い、借入および返済が記帳されているかの検証が必要である。また、契約書のレビュー等により借入金の担保に供されている資産の有無、内容を確認することも重要である。

借入であれば、支払利息が発生するので、支払利息についてはオーバーオールテスト等の分析的手続を実施し、その計上額の妥当性を検証する必要がある。具体的には、計上された支払利息を平均借入残高で除した平均利率を約定借入利率と比較し、乖離していないかどうかを確かめる方法がある。

5　表示・開示のポイント

資金調達に関する表示・開示のポイントは、以下のとおりである。

(1)　貸借対照表注記

●担保に関する注記

借入金等の債務に対して担保に供している資産がある場合、担保に供している固定資産の金額および対応する債務を開示する。

(2)　金融商品の時価開示

借入残高について、時価による金額を注記する。

また、当座貸越契約およびコミットメント契約についても、時価による開示が求められている。

⑶　その他

有価証券報告書において連結ベースで社債明細表、借入金等明細表が開示され、個別ベースでは、借入金の内容（借入先、残高）等が開示される。

第 9 節
企業結合

1 取引の概要

(1) 近年の食品業界における M&A 取引の動向

近年、食品業界おいても M&A 取引は活発になされているといえる。

国内市場においては、少子高齢化による需要の縮小は避けられず、消費者の節約志向による消費不振、原材料価格の高騰を背景に食品製造業者はさらなる経営の効率化が求められている。

また、海外市場においては、中国を中心にアジア市場が拡大するなど需要の拡大が見込めるとともに、海外の食品メーカーとの競争を視野に入れることが必要となる。そのため、食品製造業者は、国内のみならず海外事業の強化を急いでいる状況にある。

近年の国内の食品業界に係る主な M&A 取引には以下のような取引がある。

年　月	概　要
令和２年11月	日清食品ホールディングス㈱が㈱湖池屋の株式を追加取得することで子会社化
令和３年４月	三井製糖㈱と大日本明治製糖㈱が株式交換により経営統合
令和３年９月	㈱ミツウロコビバレッジによる静岡ジェイエイフーズ㈱の全株式取得による完全子会社化
令和４年７月	㈱ニップンが株式交換によりオーケー食品工業㈱を完全子会社化

令和４年１月	日清製粉㈱が熊本製粉㈱の株式取得し日清製粉グループ㈱の連結子会社化
令和４年２月	山崎製パン㈱による㈱神戸屋の包装パン事業等を会社分割により承継させた新会社の株式取得
令和４年９月	サントリー㈱による㈱ヴィノスやまざきの全株式取得し経営参画

国内企業が買い手、海外企業が買収対象会社の案件においては、特に飲料業界の海外企業の買収が継続している。例えば、サッポロホールディングス㈱は令和４年に子会社を通じて米国のクラフトビール会社であるストーンブリューイングを買収、アサヒグループホールディングス㈱が令和６年に米国の飲料製造受託のオクトピ・ブルーイングの買収を発表しており、日本企業の海外企業に対する買収が増加しており、ますます国内外で業界再編が活発になされることが考えられる。

⑵　会計処理の概要

M&A 取引には、合併や株式交換、株式移転、会社分割など種々の手法があるが、会計処理の方法については、法的形式にかかわらず、下記の定義に合致する取引であれば、「企業結合会計基準」、「事業分離会計基準」が適用されることとなる。

	定　義
企業結合	ある企業またはある企業を構成する事業と他の企業または他の企業を構成する事業とが１つの報告単位に統合されること（企業結合会計基準５）
事業分離	ある企業を構成する事業を他の企業（新設される企業を含む）に移転すること（事業分離会計基準４）

いずれの場合であっても、複数の取引が１つの企業結合（または事業分離）を構成している場合には、それらを一体として取り扱うこととなる点には留意が必要である。

さらに、企業結合については、経済的実態に従って、取得、共同支配企業の形成、共通支配下の取引に分類され、それぞれの会計処理が適用されることとなる。

	定　義
取　得	ある企業が他の企業または企業を構成する事業に対する支配を獲得すること（企業結合会計基準９）
共同支配企業の形成	複数の独立した企業が契約等に基づき、共同支配企業（複数の独立した企業により共同で支配される企業）を形成する企業結合（企業結合会計基準11）
共通支配下の取引	結合当事企業（または事業）のすべてが、企業結合の前後で同一の株主により最終的に支配され、かつ、その支配が一時的ではない場合の企業結合（企業結合会計基準16）

以下では、それぞれの会計処理について、簡単に説明する。

(3)　取得の会計処理

企業結合のうち、共同支配企業の形成、共通支配下の取引以外のものは、取得に該当する。取得に該当した場合、会計処理はパーチェス法により処理されることとなる。大まかに分ければ、取得企業の決定、取得原価の算定、取得原価の配分という手順が必要となる。以下にそれぞれについて、簡単に説明する。

①　取得企業の決定

取得とされた企業結合では、いずれかの結合当事企業を取得企業として決定することが必要となる。その際の基礎となるのは支配概念であり、それは、連結財務諸表会計基準における支配概念と整合的であるといえる。そのため、取得企業を決定する際には、まず連結財務諸表会計基準の考え方によることとなる。また、連結財務諸表会計基準の考え方では、どの結合当事企業が取得企業となるか明確ではない場合には、主な対価の種類などの要素を考慮して、取得企業を決定していくこととなる。

a　主な対価の種類として、現金もしくは他の資産を引き渡すまたは負債を引き受けることとなる企業結合の場合

この場合、通常、当該現金もしくは他の資産を引き渡すまたは負債を引き受ける企業が取得企業となる。

b　主な対価の種類が株式（出資を含む。以下同じ）である企業結合の場合

この場合、通常、当該株式を交付する企業が取得企業となる。ただし、いわゆる逆取得のように、必ずしも株式を交付した企業が取得企業にならない場合もあるため、以下のような要素を総合的に勘案しなければならない。

- ●総体としての株主が占める相対的な議決権比率の大きさ
- ●最も大きな議決権比率を有する株主の存在
- ●取締役等を選任解任できる株主の存在
- ●取締役会等の構成
- ●株式の交換条件

c　結合当事企業のうち、いずれかの企業の相対的な規模（例えば、総資産額、売上高あるいは純利益）が著しく大きい場合

この場合には、通常、当該相対的な規模が著しく大きい結合当事企業が取得企業となる。

また、結合当事企業が3社以上である場合の取得企業にあたっては、いずれの企業がその企業結合を最初に提案したかについても考慮する必要がある。

②　取得原価の算定

被取得企業または取得した事業の取得原価は、原則として、取得の対価（支払対価）となる財の企業結合日における時価で算定することとなる。支払対価が現金以外の資産の引渡し、負債の引受けまたは株式の交付の場合には、支払対価となる財の時価と被取得企業または取得した事業の時価のうち、より高い信頼性をもって測定可能な時価で

算定することとなる。なお、外部のアドバイザー等に支払った特定の報酬・手数料等の個別財務諸表では付随費用として子会社株式の取得原価に含まれるような取得関連費用は、連結財務諸表上は発生時の費用として処理することとなる。

取得が複数の取引により達成されるような段階取得の場合、個別財務諸表上は、支配を獲得するに至った個々の取引ごとの原価の合計額をもって、被取得企業の取得原価とすることとなる。これに対し、連結財務諸表上は、支配を獲得するに至った個々の取引すべての企業結合日における時価をもって、被取得企業の取得原価を算定する。この際、当該取得企業の取得原価と、支配を獲得するに至った個々の取引ごとの原価の合計額との差額は、当期の段階取得に係る損益として処理されることとなる。

③　取得原価の配分方法

取得原価は、被取得企業から受け入れた資産および引き受けた負債のうち企業結合日時点において識別可能なもの（識別可能資産および負債）の企業結合日時点の時価を基礎として、当該資産および負債に対して配分する。この作業については、企業結合日以降の決算前に完了すべきものであるが、実務上の制約からそれが困難な状況も考えられる。そのため、取得原価の配分は、企業結合日以降１年以内に完了することとされており、企業結合日以降の決算において、配分が完了していなかった場合には、その時点で入手可能な合理的な情報等に基づき暫定的な会計処理を行い、その後追加的に入手した情報等に基づき配分額を確定させることとなる。なお、暫定的な会計処理の確定が企業結合年度の翌年度に行われた場合には、企業結合年度に当該確定が行われたかのように会計処理を行うこととなる。

上記のようにして配分された識別可能資産および負債の純額と取得原価との間に差額が生じることが考えられる。その差額について、取得原価が取得原価の配分額を上回る場合には、その超過額はのれんとして資産に計上され、取得原価が取得原価の配分額を下回る場合には、その不足額は負ののれんとして処理されることとなる。

のれんについては、資産に計上され、20年以内のその効果の及ぶ期間にわたって、定額法その他の合理的な方法により規則的に償却することとなる。ただし、のれんの金額に重要性が乏しい場合には、当該のれんが生じた事業年度の費用として処理することができる。

負ののれんについては、まず、すべての識別可能資産および負債が把握されているか、また、それらに対する取得原価の配分が適切に行われているかを見直す。見直しを行っても、なお取得原価が取得原価の配分額の純額を下回り、負ののれんが生じる場合には、当該負ののれんが生じた事業年度の利益として処理することとなる。

(4)　共同支配企業の形成の会計処理

①　共同支配企業形成の判定

ある企業結合を共同支配企業の形成と判定するためには、以下のような要件をすべて満たしていなければならない。

- 共同支配投資企業となる企業が、複数の独立した企業から構成されていること
- 共同支配となる契約等を締結していること
- 企業結合に際して支払われた対価のすべてが原則として、議決権のある株式であること
- 支配関係を示す一定の事実が存在しないこと

②　共同支配企業形成の会計処理

共同支配企業の形成において、共同支配企業は、共同支配投資企業から移転する資産および負債を、移転直前に共同支配投資企業において付されていた適正な帳簿価額により計上することとなる。

共同支配投資企業は、個別財務諸表上、受け取った共同支配企業に対する投資の取得原価を、移転した事業に係る株主資本相当額に基づ

いて算定する。また、連結財務諸表上は、共同支配企業に対する投資について持分法を適用することとなる。

(5) 共通支配下の取引等の会計処理

個別財務諸表上、共通支配下の取引により企業集団内を移転する資産および負債は、原則として、移転直前に付されていた適正な帳簿価額により計上される。そして、移転された資産および負債の差額は、純資産として処理されることとなる。また、移転された資産および負債の対価として交付された株式の取得原価は、当該資産および負債の適正な帳簿価額に基づいて算定される。

連結財務諸表上は、共通支配下の取引は連結会社間の取引であるため、すべて内部取引として消去されることとなる。

(6) 事業分離の会計処理

事業分離とは、ある企業を構成する事業を他の企業（新設される企業を含む）に移転することとされている。

事業分離がなされた場合の分離元企業において、事業分離により移転した事業に係る資産および負債の帳簿価額の取扱いは、いずれの場合も同様である。すなわち、事業分離の前日において一般に公正妥当と認められる企業会計の基準に準拠した適正な帳簿価額のうち、移転する事業に係る金額を合理的に区分して算定することとなる。また、事業分離に要した支出額が、発生時の事業年度の費用として処理される点も同様である。

しかし、事業分離日における分離元企業での移転損益の取扱いについては、移転した事業に関する投資が清算されたとみる場合とそのまま継続しているとみる場合とで、異なることとなる。

投資が清算されたとみる場合には、その事業を分離先企業に移転したことにより受け取った対価となる財の時価と、移転した事業に係る資産および負債の移転直前の適正な帳簿価額による差額から、当該事業に係る評価・換算差額等および新株予約権を控除した額（以下「株主資本相当額」という。）との差額を移転損益として認識することとなる。また、改めて当該受取対価の時価にて投資を行ったものとされる。この場合の受取対価となる財の時価は、受取対価が現金以外の資産等の場合には、受取対価となる財の時価と移転した事業の時価のうち、より高い信頼性をもって測定可能な時価で算定される。現金など、移転した事業とは明らかに異なる資産を対価として受け取る場合には、例外はあるものの原則として、投資が清算されたとみなされることとなる。

これに対し、投資がそのまま継続しているとみる場合には、移転損益は認識されず、その事業の取得原価は、移転した事業に係る株主資本相当額に基づいて算定される。子会社株式や関連会社株式となる分離先企業の株式のみを対価として受け取る場合は、当該事業に関する投資が継続しているとみなされることとなる。

2　M&Aにおける留意点

(1)　M&Aのプロセス

買い手としてM&Aの相対取引を行う場合の一般的なM&Aのプロセスは以下のとおりである。

以降では、上記プロセスに沿って、M&Aにおける留意点を記述する。

(2)　M&A戦略の策定

①　プロジェクトチームの組成

事業戦略の一環として事業会社（ストラテジックバイヤー）がM&Aを遂行する場合、候補としての買収対象会社が決定されると通常、取締役・執行役員等をプロジェクトリーダーとして選任し、経営企画に加えて法務・人事・財務・経理・営業・製造等の各部門からプロジェクトメンバーを選出し、プロジェクトチームが組成される。その際、プロジェクトチームのみではM&Aに対する経験が不足していると考えられる場合や、あるいは、M&Aの規模が大型でプロジェクトチームのみでは円滑にM&Aを実行できない可能性がある場合等は、ファイナンシャル・アドバイザー、弁護士、公認会計士、税理士等の外部アドバイザーの利用を検討し、必要に応じてプロジェクトチームに参加させる。

② 外部アドバイザーの選定

外部アドバイザーの名称と主な役割は以下のとおりである。

名　称	主な役割
ファイナンシャル・アドバイザー	M&A取引のプランニングおよび実行支援、交渉の支援、事業価値の評価等
法律事務所	各種契約書等の作成、各種法的手続の代行、法務デューデリジェンス等
会計事務所	財務デューデリジェンス、ビジネスデューデリジェンス、事業価値の評価等
税理士法人	税務デューデリジェンス、税務ストラクチャーの提案等

ファイナンシャル・アドバイザー業務は投資銀行・証券会社・会計事務所・商業銀行等が行っており、案件の規模・業種等に応じて適切な経験・ノウハウを有するファイナンシャル・アドバイザーを選定することに留意が必要である。また、デューデリジェンス業務において短期間で買収対象会社を細部まで分析し、内在するリスク等を的確に把握するためには、豊富な実績を有するM&Aアドバイザーとしての法律事務所・会計事務所等を選定することにも留意する必要がある。さらに買収対象会社が海外の会社等の場合には当該国にネットワークを有する法律事務所・会計事務所等を選定すると業務が円滑に進む。

(3) 基本条件交渉、基本合意書締結

① 基本条件交渉

プロジェクトチームが組成された後、当該チームは買収対象会社から買収の検討に必要な初期的な情報を入手し、分析を実施する。この分析は、買収価格、買収形態、その他買収の基本的な条件を仮決定し、売り手と交渉することを目的として行う。

その際の留意点は以下のとおりである。

a　想定される売り手の反応を考慮して、買い手は臨機応変に交渉できるよう、買収価格、買収形態、その他買収の基本的な条件には幅をもたせておく。

b　交渉にあたっては、買い手の交渉可能な条件の幅の中から、どの条件を売り手に提示することが買い手にとって望ましく、かつ、売り手にとっても必ずしも悪くない条件（win-win の条件）かを検討する。

c　買い手が入手した初期的情報はこの時点ではデューデリジェンス実施前であるため、正確であることを前提条件として基本的な買収条件を検討する。

② 基本合意書締結

売り手との交渉により、買収価格、買収形態、その他買収の基本的な条件について基本合意に達したら、通常は基本合意書を作成する。基本合意書の作成は、その合意内容を買い手と売り手で確認する作業であり、買い手と売り手で基本的な事項についての理解を共通認識することが目的である。なお、合意書等の作成に時間を要する場合があるため、案件が小規模な場合には、基本合意や基本合意書の締結を省略することもある。買収価格、買収形態、その他買収の基本的な条件は、基本合意書締結後の各種デューデリジェンスの結果により修正・変更されるのが通常であるため、その旨を基本合意書上明記し、両当事者で確認する。

また、買い手が負担し得ないリスク、例えば、債務保証・訴訟案件等の簿外債務・偶発債務、許認可に関する監督官庁からの行政指導、反社会的勢力とのかかわり等が存在する場合には、案件自体を中止する可能性がある旨も基本合意書上明記し、両当事者で確認する。さらに、買い手が不利な条件とならないよう、専門家であるファイナンシャル・アドバイザーや弁護士、公認会計士等にレビューを依頼し、基本合意書の記載内容についてアドバイスを求めることも必要である。

(4)　デューデリジェンスおよび事業価値評価

①　デューデリジェンス

基本合意書締結後に買い手はデューデリジェンスを実施し、買収対象会社の詳細な情報を入手し、さまざまな観点から分析のうえ、買収対象会社に内在するリスクを含む詳細な内容を把握する。代表的なデューデリジェンスにはビジネスデューデリジェンス、法務デューデリジェンス、財務デューデリジェンス、税務デューデリジェンスがある。

ビジネスデューデリジェンスは、主に買い手自身やアドバイザーが担当し、買収対象ビジネスの強み弱みの現状と将来性、詳細な事業内容、事業拠点、商品・製品の性質・品質、競合先、主要な販売先・仕入先、買い手とのシナジー等を把握・分析する。

財務デューデリジェンスは、主に買い手の経理・財務担当者やM&Aのサポートを専門とする公認会計士を有する会計事務所等が担当し、売上項目・売上原価項目等の収益性分析、運転資本・設備投資等の資金分析、資産・負債の過大計上・過少計上および簿外債務・偶発債務の有無等に関する貸借対照表項目の分析等を実施する。財務デューデリジェンスは、財務状況・資金状況を定量的情報として把握するため、ビジネスデューデリジェンスに関する収益性の情報や事業価値評価の参考となる情報を提供する。そのため、財務デューデリジェンスにはビジネスデューデリジェンス、事業価値評価と密接に関連した調査内容が求められる。

税務デューデリジェンスは、財務デューデリジェンス同様、買い手の経理・財務担当者やM&Aのサポートを専門とする税理士を有する税理士法人等が担当し、案件実行に伴う両当事者の課税関係の把握、税務ストラクチャーの検討、租税に関する簿外債務の把握等を実施する。

買収形態の違いにより課税対象者・課税額等が異なる場合があるため、税務デューデリジェンスを実施するとともに最適な税務ストラクチャーの検討を実施する必要がある。

②　事業価値評価

各種デューデリジェンスの結果を受け、買い手は買収対象会社の事業価値評価を行う。一般的な事業価値評価方式には、市場株価法、類似会社比較法、ディスカウント・キャッシュ・フロー法（DCF法）、純資産法があり、昨今では市場株価法、DCF法が主流になりつつあるようである。事業価値評価は、通常ファイナンシャル・アドバイザーや会計事務所等が担当しているが、会計事務所等のアドバイスを受けながら買い手自身が評価を実施することもある。

③　買収価格・買収形態の検討

買収価格・買収形態の検討にあたっては、事業価値評価の算定結果に基づき買収価格を検討するとともに、選択可能な法的ストラクチャーおよび税務ストラクチャーのメリット・デメリットの観点から検討し、買収形態を選択する必要がある。財務の観点からは、各種買収ストラクチャー実行後の自社の予測連結貸借対照表、予測連結損益計算書の試算を行う。この際、買収対象会社が自社の連結子会社となる場合や合併等により、のれんが発生する場合、のれんの推定発生金額や償却による自社の連結損益計算書への影響を事前に把握することは留意事項の1つと考えられる。

(5)　最終条件交渉、最終契約書締結

買い手において各種デューデリジェンス、事業価値評価の結果を踏まえて買収価格・買収形態・その他の買収条件を決定する。決定した買収価格・買収形態・その他の買収条件に基づきアドバイザーである弁護士とともに最終契約書のドラフトを作成し、ファイナンシャル・アドバイザーや公認会計士・税理士等のレビューを受け、買い手における最終契約書のドラフトを完成させる。売り手との最終条件交渉を経て、個々の論点につき当事者間の合意に基づき最終契約書ドラフトの修正を行い、最終的にすべての条件について合意に達したら、最終契約書を締結する。

(6)　クロージング（取引の実行）

①　クロージング手続

最終契約書で合意したクロージング日に取引を実行する。その際、アドバイザーの助言を受けながらクロージングに必要な従業員・金融機関・取引先等の利害関係者への説明および調整、許認可の取得・届出等の各種法的手続等を実施する。そのため、最終契約書で合意するクロージング日は上記の調整や手続等の所要日数を勘案して決定する必要がある。

②　クロージング調査

クロージング後、最終契約書に基づき買収価格修正の要否を把握するため、会計事務所等が買い手とともにクロージング調査を実施する場合がある。クロージング調査は、買収価格算定基準日以降、クロージングまでの間に買収対象会社の事業や財務の状態に重大な悪化の発生が懸念される場合等に当該事実の発生の有無を確かめ、買収価格の修正を行うための手続である。例えば、買収価格算定基準日後、クロージングまでの間に買収対象会社が多額の配当・退職金の支払いを実施し、クロージング調査にて当該事項が発見された場合には、買収

価格の減額調整を行う旨の条項を最終契約書に記載し、このようなリスクを回避することを検討する必要がある。

3 財務デューデリジェンスの留意点

(1) 予備的デューデリジェンスの留意点

ターゲット企業を選定した後、意思決定のための基本的条件を決めることや、事前の企業価値評価を実施することを目的として、予備的デューデリジェンスが実施される。予備的デューデリジェンスは、ターゲットからインフォメーションメモランダムを入手できる場合を除き、公知情報に基づき実施されることになる。そのため、詳細な情報や正確な情報が得られない状態で、ある程度の仮定に基づいて実施しなければならない。以下では、その過程に基づくデューデリジェンスであることから求められる留意点について簡単にまとめた。

① 損益計算書分析

財務デューデリジェンスを実施する際、損益計算書分析では損益構造の把握と正常収益力の分析が主になる。正常収益力とは、正常な営業活動のもとで本来有している収益獲得能力のことをいい、財務デューデリジェンスではEBITDA（Earnings Before Interest, Tax, Depreciation and Amortizationの略。支払利息、税金、減価償却費控除前の利益）が指標として用いられることが多いと考えられる。EBITDAはさらに損益上の影響を調整して、調整後EBITDAを計算する必要がある。公知情報のみで調整後EBITDAを計算する場合や損益構造を把握する場合、下記のような情報は十分に得られない可能性がある。

a　引当金の具体的な計算方法など会計方針の相違による影響

b　スポットで入った大口の取引など一時的な非経常的な取引によ

る影響

c　事業再編やリストラの計画などのうち将来事業年度に関する情報の影響

② 貸借対照表分析

予備的デューデリジェンスの段階での貸借対照表分析は、調査基準日における貸借対照表項目の時価評価や潜在的なリスクがないかの検討により行われる。その際、以下の項目については十分に情報を得られない可能性があるため留意が必要である。

a　会計方針の相違についての具体的な情報

b　会計処理の誤りや粉飾決算の有無

c　固定資産の時価評価に係る情報

d　偶発債務に係る詳細な情報

(2) 詳細なデューデリジェンスの際の留意点

買収企業が詳細なデューデリジェンスを実施する際、法務デューデリジェンス、財務デューデリジェンス、人事デューデリジェンス、ITデューデリジェンス、環境デューデリジェンスなどさまざまなデューデリジェンスが考えられ得る。

ここでは、財務デューデリジェンスに焦点を絞って、簡単に説明をすることとする。

① 基礎的情報の分析

a　内部環境の分析

まずはターゲット企業の沿革を把握することが必要である。過年度にどのような経営判断が行われ、どのような行動をとったか把握することは重要である。その際、取締役会議事録などの閲覧を実施することができれば、経営者がどのような経営管理指標を重視し、経営の方向性を定めているのか把握することができる。経営判断を行う経営陣そのものについても、その構成や略歴を把握しておくことが必要となる。従業員数や人事制度、労働組合についても情報を入手しておき、買収完了後のリストラクチャリングや人事制度の統合に備える必要がある。また、ターゲットの経営方針にも影響を与える株主構成を把握することが必要である。買収を検討しているのであれば、直接の取引相手ともなる株主構成は重要な情報となる。

b　外部環境の分析

外部環境を分析する際には、まずは基礎情報である政治、経済、法律、文化、技術などマクロ環境を分析する必要がある。さらにターゲットの属する業界、市場について、市場全体の規模はどのくらいであるのか、今後成長が見込める産業なのか、成熟している産業であるのか、業界に属する企業の平均的な財務数値はどのようになっているのか、ターゲット企業が業界の中でどのような地位にあるのかなどを検討する。食品業界の場合、さらに細分化された業界ごとにそれぞれの特徴が見受けられ、それぞれに検討する必要がある。ただし、一般的に、中小企業であれば労働集約的、大企業であれば装置産業的であるという傾向は見受けられると考えられる。

c　SWOT分析

競合他社の分析も実施し、自社と比較することにより自社の強み、弱みを分析することも必要となる。その際SWOT分析が有効な手続となる。SWOTとは、Strength（強み）、Weakness（弱み）、Opportunity（機会）、Threat（脅威）のことであり、この4つの視点からの分析がSWOT分析となる。

②　損益計算書分析

損益計算書の分析をする際には、過去3～5期間程度の損益構造の分析と正常収益力の分析の2つの視点が重要となる。食料品製造業の中には、麺類やパンのように業績に季節性のあるもの、ビールや清涼飲料水のように季節における天候に影響を受けるものなどがある。そのような業界に属する企業の損益分析をする際には年次の決算書のみではなく、月次の決算書の分析をすることも有用である。ただし、財務デューデリジェンスを実施する際には時間も限られているため、コストとベネフィットを比較し、例えば四半期決算を利用することなどが考えられる。

a　損益構造の分析

過年度における損益構造を分析するのは、将来にわたってどのように損益が推移するかのトレンドを予測するのに役立てるためである。

売上高であれば、製品別、地域別、顧客別に粗利と併せてその推移を分析することが有用である。売上高の増減は販売数量の増減を理由とするものと販売単価の上下を理由とするものに分けることができるため、マーケットの状況を知るためにも数量と単価両者の分析を併せて行うと有用である。また、食品製造業では製造業者と卸売業者との間で商慣習としてリベートのやりとりをしていることが多いと考えられる。リベートの会計処理については、収益認識会計基準が適用される前までは、リベートの支払い目的に関する多様な理解を背景に、売上高から控除する事例と販売費及び一般管理費とする事例があった。ただし、収益認識会計基準では、リベートは顧客に支払われる対価に該当して、会計処理が定められており、顧客から受領する別個の財またはサービスと交換に支払われるものである場合を除き、収益から控除される。販売政策によりその多寡が左右されるものであるため、総売上高と純売上高の比率や、販管費と総売上高の比率の推移を分析し、販売政策の変更の有無を検討することが有用であると考えられる。

製造原価については、単位当たりの材料費、人件費、製造間接費を比較するのが有用である。食料品製造業は基本的に装置産業である業種が多いため固定費である減価償却費がかさむ。また日本企業全般の特徴でもあるが、人件費が固定費的な要素が強いため、単位当たりの原価は操業度の大きさによって影響を受ける傾向がある。

単位当たり材料費についても、大豆などの穀物相場の影響を受ける産業については、市況の変動により大きく影響を受ける傾向がある。販売単価に転嫁させることができているか検討することも有用と考えられる。

販売費及び一般管理費については、販売活動に係る費用である販売費と、管理部門の費用である一般管理費に分けて分析する。販売費は一般に変動費であり、売上高や販売数量との比率をもとに分析をするのが有用である。一般管理費については、人件費と減価償却費、その他の経費に分けて分析するのが有用である。M&A後の事業統合を考える場合に、１人当たりの人件費は重要な問題となり得る。あらかじめ賃金制度、退職金制度、賞与制度、その他の制度を把握しておくことが重要と考えられる。

b　正常収益力分析

正常収益力を図る指標としては調整後EBITDAが用いられる。

財務デューデリジェンスの結果、会計処理の誤りなどが検出されれば、その誤りを修正してEBITDAが計算される。また会計処理の誤りのほかにも、自社とターゲット企業との会計方針の相違、スポットで入った大口の取引など一時的な非経常的な取引、会計方針の変更が過年度に行われたことによる影響の調整、などが加味される。

③　貸借対照表分析

制度会計に従い作成されている貸借対照表は、例えば、固定資産について簿価で計上され含み益が反映されていないなど、買収価格の算定などの用途に必ずしも適した形で作成されているとはいえない部分がある。また、会計方針の違いや、特に財務諸表監査を受けていないターゲットの場合に会計処理の誤りが見つかることなども考えられ得る。そのため、貸借対照表の分析を実施し、必要な修正を加えたうえで、純資産を計算する必要がある。特に見積りや判断を要する項目について検討する際には留意が必要である。

ａ　売上債権

売上債権については、その評価が妥当になされているかが大きな論点となる。売上債権の評価は、売上債権が回収できるか否かが大きなポイントとなり、回収の可否は取引先の財政状態および経営成績などにより判断されることとなる。そのため、売掛金の滞留がないか検討する際には、取引先ごとに期別の増減分析、月次推移を作成し増減の理由を分析する必要がある。また、期末の売掛金残高を１日当たり平均売上高で除して回転期間を計算し、回収サイトと異常な乖離がないか確認することが有効である。

さらにターゲットが取引先別に年齢調べ表を作成しているのであれば、年齢調べ表により長期に滞留している債権がないか確認することが有効である。回収可能性に問題のある債権については、貸倒引当金の積増しを検討することが必要となる。

ｂ　棚卸資産

棚卸資産についても、評価の妥当性について論点となる。棚卸資産会計基準が適用され、期末における棚卸資産は簿価が正味売却価額を下回っている場合には、正味売却価額により評価されることとなっている。しかし、正味売却価額の代わりに再調達原価を採用することができるものもあれば、収益性の低下を判断する際の単位を個別品目とすることやグルーピングすることも認められており、その具体的な計算は会社ごとに個別に異なっているのが通常である。そのため、ターゲット企業の計算方法が買い手会社にとって納得できるものであるか、そうでなければ棚卸資産の評価を計算して、評価額を修正する必要がある。また、棚卸資産会計基準では先入先出法や後入先出法などの評価方法に関しては取り扱っていないため、評価方法に相違があれば、その差額を修正することが必要な場合もある。長期滞留しているか否かについても売上債権と同様に増減分析、回転期間分析、年齢調べを実施し、必要に応じて評価減を実施する必要がある。

c　投融資

投資有価証券、貸付金についても同様に評価の妥当性が論点となる。貸付金については、売上債権と同様の手続などで検討することが有用であるとともに、関連当事者に対するものがないか検討しておくことが必要である。投資有価証券の中では特に子会社株式、関連会社株式の評価が妥当になされているか留意が必要である。子会社株式、関連会社株式は市場価格のない株式として、取得原価をもって貸借対照表に計上されている場合が多いと考えられるが、実質価額が著しく低下した時には減損処理をしなければならない。通常、実質価額は一般に公正妥当と認められる会計基準に準拠して作成した財務諸表を基礎に、資産の時価評価等を加味した純資産が用いられる。しかし、実質価額を算定する際には会社の超過収益力や経営権等を反映することも認められている。そのため、会社の超過収益力等を反映することによって、実質価額が著しく低下した場合に該当しないと判断している場合には、その超過収益力が妥当なものであるか検討し、減損処理が漏れていないか慎重に判断することが必要である。また、保険積立金については、実務上、法人税法上の規定に従って資産計上している事例が多く見受けられるが、解約返戻金や満期の払戻金が実際にはいくらになるのか確認し、実際に回収できる金額をもって実質的な資産計上額とすることも考えられる。

d　固定資産

固定資産についても評価の妥当性が論点となる。減損会計基準が適用されたことにより、減損損失を計上している資産については時価評価額に近い金額が計上されているが、固定資産の計上額は基本的には取得原価から減価償却累計額を控除した簿価とされているのが通常である。買収価額を算定する際には、特に土地などの不動産については不動産鑑定評価額をとり、時価に基づき評価する必要があり、動産についてはアイテムごとに市場価格や経済的便益を把握することは実務上困難な場合が多いため、取得価格や取得日といった固定資産台帳上の情報を利用してコストアプローチにて評価することが一般的である。また、固定資産の減損損失について、減損の兆候を判定する際の固定資産のグルーピングが適切になされずに、本来減損損失を計上すべき固定資産について、減損損失の計上が漏れていないか慎重に検討する必要がある。無形固定資産として計上されている資産には、商標権や特許権などがあるが、ターゲット企業にとって経済的に価値のある権利が、買収企業にとってはほとんど価値のないものとなることもあり得る。したがって、買収企業にとっての経済的価値を判断することが必要となる。

e　引当金

引当金については評価の妥当性とともに網羅的な計上がなされているかが論点となる。引当金の中でも特に金額が大きく、見積りの要素が多いのが退職給付引当金である。退職給付引当金の構成要素のうち、退職給付債務についてはその数理計算が複雑でありデータ量も膨大であることから、外部の専門家にその計算を委託している会社が多く見受けられる。そのため、委託先からの結果の報告書や場合によっては年金数理人にその計算の妥当性の検討を依頼することが必要となることがある。また、年金資産については、時価評価額が適切に反映されていることを確認するため、年金資産の運用を委託している金融機関から評価時点の時価を入手することが望ましいと考えられる。買収により役員が退職する場合には、退任役員に対する退職慰労金が支払われることもあるので、実際の支払額と既に計上している引当金の差額を修正する必要がある。

また、その他の引当金について、計上漏れがないか、定性的な情報からも判断し検討する必要がある。

f　偶発債務

将来発生する可能性のある負担である偶発債務についても、将来の特定の費用または損失であって、その発生が当期以前の事象に起因し、発生の可能性が高く、その金額を合理的に見積もることができるという引当金の計上要件を満たすものがないかを調査し、もしあるとすればその計上が漏れていないか検討することが必要である。また、法務デューデリジェンスを実施しているチームと連携をとり、訴訟案件の有無などを検討する手続も有用である。

第10節
税　務

食品業界に特有の税務としては、酒類を扱う事業における酒税法があるが、その他に業界特有の税制度と呼べるものはほぼなく、一般的な税制度が適用される。この一般的な税制度の中で、特に巨額の課税処分を国税当局より受け、一部は訴訟にまで発展している事例があるのは、移転価格税制である。食品業界においても、海外に子会社を設立し、現地に生産もしくは販売拠点を有する会社は数多く存在するので、適用関係に留意すべき企業も多く存在するはずである。また、近年、海外においてはブランドの獲得を目的とした世界的なM&Aが繰り広げられている。日本企業においても成熟した国内市場では、売上の大きな拡大は見込まれないため、海外へ販路拡大を目的としたM&Aが行われている。そうした中で、無形資産取引に関する移転価格問題にも留意する必要がある。

そこで第10節では、税務問題として、多くの食品会社に影響の大きい移転価格税制と食品業界特有の酒税法について取り扱うことにする。

1　移転価格税制

(1)　移転価格税制とは

①　概　要

移転価格税制とは、企業が、国外の関連企業との間の取引において、一般的な取引価格と異なる金額を設定した場合であっても、通常の取引価格で取引が行われたものとみなして所得を計算し、課税するという制度である。これは、わが国の所得が、海外関連企業を通じて、国外に移転することを防ぐ目的で定められた。

一般的な価格としては、基本三法といわれる、独立価格比準法、再販売価格基準法、原価基準法のほか、これらに準ずる方法が認められている（措法66の４Ⅱ）。

ａ　独立価格比準法

特殊の関係にない売り手と買い手が、当該国外関連取引と同様の状況下で売買した場合の取引の対価を用いる方法

ｂ　再販売価格基準法

国外関連取引に係る棚卸資産の買い手が、特殊の関係にない者に対して当該棚卸資産を販売した場合の対価の額から通常の利潤の額を控除して計算した金額を用いる方法

ｃ　原価基準法

国外関連取引に係る棚卸資産の売り手の購入、製造その他の行為による取得の原価の額に通常の利潤の額を加算して計算した金額を用いる方法

また、その他政令で定める方法として、取引単位営業利益法、利益分割法、ディスカウント・キャッシュ・フロー法があり、利益分割法には寄与度利益分割法、比較利益分割法、残余利益分割法がある。

ｄ　取引単位営業利益法

国外関連取引に係る棚卸資産の買い手が、当該棚卸資産を用いて製品等の製造をし、これを特殊の関係にない者に対して販売した場合の、販売価格から営業利益、製造原価（棚卸資産の価格を除く）、販売費及び一般管理費を控除した金額を用いる方法

ｅ　寄与度利益分割法

利益分割法は、国外関連取引当事者が利益に貢献した貢献度に

よって両者の合算利益（以下「分割対象利益」という。）を分割して価格を算定する方法であり、この適用にあたり、分割対象利益の発生に寄与した程度を推測するにふさわしいもの（人件費、投下資本の額等）を用いて分割する方法

f　比較利益分割法

利益分割法の適用にあたり、国外関連取引と類似の状況下で、特殊の関係にない者と取引した場合に発生する利益の配分割合を用いて、分割対象利益の配分を合理的に行う方法

g　残余利益分割法

利益分割法の適用にあたり、重要な無形資産を有する場合、分割対象利益のうち、特殊の関係にない者との取引において、当該資産がないと仮定した場合に通常得られる利益相当額をまず配分し、残額を当該資産の価格に応じて合理的に配分する方法

h　ディスカウント・キャッシュ・フロー法

国外関連取引に係る棚卸資産の販売または購入の時に当該棚卸資産の使用その他の行為による利益（これに準ずるものを含む。）が生ずることが予測される期間内の日を含む各事業年度の当該利益の額として当該販売または購入の時に予測される金額を合理的と認められる割引率を用いて当該棚卸資産の販売または購入の時の現在価値として割り引いた金額の合計額をもって対価の額とする方法

②　租税特別措置法

66条の４第１項

法人が、昭和61年４月１日以後に開始する各事業年度において、当該法人に係る国外関連者(注１)との間で資産の販売、資産の購入、役務の提供その他の取引を行った場合に、当該取引(注２)につき、当該法人が当該国外関連者から支払を受ける対価の額が独立企業間価格に満たないとき、又は当該法人が当該国外関連者に支払う対価の額が独立企業間価格を超えるときは、当該法人の当該事業年度の所得に係る同法その他法人税に関する法令の規定の適用については、当該国外関連取引は、独立企業間価格で行われたものとみなす。

（注１）外国法人で、当該法人との間にいずれか一方の法人が他方の法人の発行済み株式又は出資（当該他方の法人が有する自己の株式または出資を除く）の総数又は総額の100分の50以上の数又は金額の株式又は出資を直接又は間接に保有する関係その他政令で定める特殊の関係のあるものをいう。
（注２）当該国外関連者が恒久的施設を有する外国法人である場合には、当該国外関連者の法人税法第141条第１号イに掲げる国内源泉所得に係る取引として政令で定めるものを除く。

③　移転価格税制の仕組み

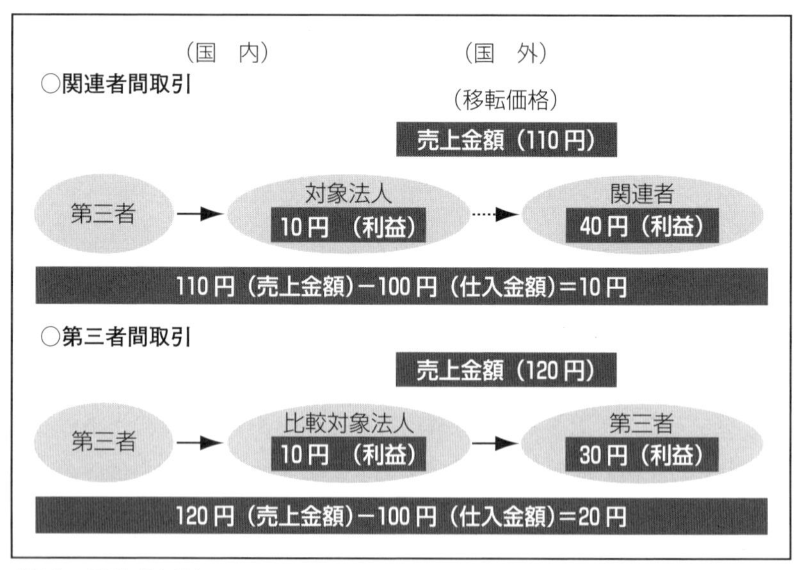

（出典：財務省 HP）

会社は、100円で仕入れたものを、海外子会社に対して110円で売却しても、この取引が第三者との取引において、120円で売買されている場合には、実際の110円による取引ではなく、120円で売却した場合の利益額20円をベースに課税されることになる。

通常、製品の売買は取引頻度が高いため、移転価格税制上の問題が生じた場合、大量の取引が対象になる可能性がある。また、遡及期間は、過去７事業年度までさかのぼることができる（措法66の４XXVII）ので、追徴税額が多額になる懸念も否定できない。事実、移転価格税制に関連する巨額の追徴税額に関する報道も多くみられるようになった。

　このような税制度は、いつ頃導入されることになったのだろうか。

(2)　国際課税に係る主な改正の経緯

米国		日本		OECD	
				1928	●国際連盟モデル租税条約草案
1939	●米スウェーデン租税条約（以後、主要国との条約ネットワークを構築）				
				1943	●メキシコ・モデル租税条約
				1946	●ロンドン・モデル租税条約
		昭28	●外国税額控除制度の導入		
		昭30	●日米新租税条約（以後、主要国との条約ネットワークを構築）	1956	● OECDにてモデル租税条約の検討開始
1962	●外国子会社合算税制の導入	昭37	●外国税額控除制度の拡充（間接外国税額控除制度の導入）	1963	● OECDモデル租税条約
1968	●移転価格税制に関する規則の整備				
1969	●過少資本税制の導入				
		昭53	●外国子会社合算税制の導入		
				1979	●「移転価格課税」報告書 ●国連モデル租税条約
1980～	（●加州等でユニタリー課税強化）				
1986	●移転価格税制の強化：「所得相応性基準」の導入等	昭61	●移転価格税制の導入		
1989	●アーニング・ストリッピング・ルールの導入				
		平4	●過少資本税制の導入	1992	●米国移転価格税制強化への提言
1993	●移転価格税制：「利益比準法」の導入				
				1995	●「移転価格ガイドライン」（全面改定）第一部確定
				1998	●「有害な税の競争」報告書
		平21	●国際的な二重課税排除方式の見直し（間接外国税額控除制度の廃止および外国子会社配当益金不算入制度の導入）	2009	●税の透明性及び情報交換に関するグローバル・フォーラムの改組・強化

米国		日本		OECD	
2010	●「外国口座税務コンプライアンス法(FATCA)」の成立			2010	●「移転価格ガイドライン2010年版」 ●「恒久的施設に帰属する利得」報告書
		平24	●過大支払利子税制の導入		
				2013	●「税源浸食と利益移転（BEPS）行動計画」
		平26	●国際課税原則の見直し （総合主義から帰属主義への変更）	2014	●「BEPS報告書（第一弾)」を公表 ●自動的情報交換に関する「共通報告基準(CRS)」を策定
		平27	●非居住者に係る金融口座情報の報告制度の整備	2015	●「BEPS最終報告書」を公表
		平28	●移転価格税制等に係る文書化制度の整備		
2017	●国際的な二重課税排除方式の見直し （外国子会社配当益金不算入制度の導入） ●税源浸食・濫用対策税の導入等	平30	●恒久的施設の定義の見直し	2018	●BEPS防止措置実施条約発効
				2021	●「BEPS包摂的枠組み」において、経済のデジタル化に伴う課税上の課題に対する合意が実現

（出典：財務省HP）

戦後の日本経済は、高度成長期を経て飛躍的に伸び、物価も大きく上昇した。人件費の低い地域へ進出するなど、日本企業の活動は、海外においても大きく広がりをみせた。同時に為替レートも１ドル＝360円（昭和46年からは１ドル＝308円）の固定相場制から、昭和48年には変動相場制へ移行し、円安が進むことで輸出取引に有利な状況が生まれた。昭和61年の移転価格税制の導入は、こうした日本企業のグローバル化を背景に、わが国における適正・公平な課税の確保を目指して行われたといえる。

その後、移転価格税制は幾度となく見直しが行われているが、税務当局と企業との「見解の相違」による追徴課税が増加した結果、2000年代では巨額な更正案件が発生しており、世間の注目を集めるようになった。近年においては、数百億円規模の巨額な更正案件は減少している一方、比較的少額な更正案件の件数が増加しているのが特徴である。

(3) 移転価格税制に係る事例

新聞等で報道された、移転価格税制に関する巨額の更正案件としては、下記のようなものがある。

業　種	更正所得金額	追徴税額
輸送用機器（自動車）	1,400億円	800億円
化学（医薬）	1,223億円	570億円
電気機器	744億円	279億円

これは日本の国税局による指摘案件であるが、米国等海外でも巨額の追徴税額の事例が報道されている。日本企業も海外において申告漏れを指摘されるケースがあり、移転価格税制による追徴課税のリスクは世界規模で拡大している。海外子会社が増加している食品業界にとっても、決して他人事ではない。

なお、移転価格税制による申告漏れを指摘された企業の中には異議申立てによる主張が認められて、一部を還付されるケースもある。

(4) 移転価格税制の問題点

① 移転価格税制の現状

移転価格税制による指摘が急増している背景としては、海外現地法人の利益拡大に加え、無形資産取引の増大や海外子会社同士の取引拡大による親会社の回収問題といった、判断の難しい無形資産関連の取引が増加していることが挙げられる。

② 移転価格税制の問題点

申告上・課税上の問題としては、独立企業間価格の算定方法の選定について、算定者の主観によるところが大きく、算定者により結果に大きな差異が生じることなどが挙げられている。

課税後の問題としては、相互協議の申立ておよび権限ある当局による合意がなければ二重課税の問題が生じること、また、相互協議の終了までに長期を要するため、その間のキャッシュ・フローが悪化することなどが挙げられている。

事前確認制度上の問題としては、申請案件が多いため処理に時間がかかり、多くの案件が毎年繰り越されてしまうことや、事前確認手続中は納税者の立場が不明確になることなどが挙げられる。

これらの作業過程の成果としては、平成19年度税制改正において、国税に限られてはいるものの、相互協議中の納税猶予制度が導入された。これにより、長期に及ぶ相互協議期間のキャッシュ・フローが改善されることになった。また、平成19年６月には移転価格事務運営要領が改正され（最新改定は令和４年６月）、無形資産の範囲や、独立企業間価格の算定方法についてさらに明確化された。また、事前確認担当者が倍増され、事前確認の処理の迅速化が図られている。

2　酒税法

(1)　酒税とは

①　酒税法

酒税法は酒類に課される税金について定めたもので、課税対象となる酒類の種類や納税義務者、申告・納付等を規定している。時代の経過とともに新しい商品が誕生した場合など、環境の変化に応じた改正が繰り返されている。

②　課税対象

酒税法の対象となるのは、アルコール分１度以上の飲料になる。薄める、もしくは溶解することによって飲料とすることができるものも含まれる。ただし、アルコール事業法の適用を受けるアルコール分90度以上のものは対象外とされている（酒税法２Ⅰ）。

③　課税標準と納税義務者

酒類の製造者が酒類を製造場から移出した場合、または酒類を引き取る者が酒類を保税地域から引き取った場合に、その数量を基準に税金を計算する（酒税法22）。納税義務は、製造場からの移出の場合は酒類の製造者に、保税地域からの引き取りの場合には引き取る者に課されている（酒税法６）。

なお、製造場や保税地域で飲用された場合も、移出、引き取りとみなされ、課税される。（酒税法６の３）

④　酒類の区分

酒類は、発泡性酒類、醸造酒類、蒸留酒類、混成酒類の４種に区分され、それぞれ定義されている（酒税法２Ⅱ）。ビールや発泡酒は発泡性酒類に区分され、清酒やワインは醸造酒類に区分される。蒸留酒類の中には、焼酎やウイスキー、ブランデーなどが含まれ、混成酒類としては、みりんなどがある。

⑤　税　率

税率も酒類の区分により定められている。

発泡性酒類：15.5万円／ｋℓ

醸 造 酒 類：10万円／ｋℓ

蒸 留 酒 類：20万円／ｋℓ

混 成 酒 類：20万円／ｋℓ

ただし、蒸留酒類および混成酒類は、アルコール分が21度以上の場合、20度を超える１度ごとに１万円が加算される。

また、それぞれの酒類において、特定のものに関する詳細な定めがある（酒税法23）。例えば、発泡性酒類の中でも、ビール以外は税率が別途設定されており、発泡酒の値段がビールに比べて安いのは、税率が低いことと大きく関係しているといわれている。なお、ビール系飲料の税率について、2026年10月に１kℓあたり15.5万円で一本化される。

⑥　申　告

酒類製造業者は、毎月、製造場ごとに、所管税務署長に酒税に係る申告書を提出する。申告期限は翌月末となっている（酒税法30の２）。

⑵　酒類製造・販売を目的としていない場合

飲むための酒類を製造していなくても、酒税の対象となる場合がある。例えば、製菓用として使用する目的で酒類を製造した場合、その商品がアルコール分１度以上で、かつ飲用することができるものであれば、酒税法の適用対象となり、酒税が課されることになる。

なお、この酒類を製造するのではなく、輸入する場合、酒税の対象となるかどうかは、関税にて判断されることになる。

第11節 国際財務報告基準（IFRS）が食品製造業に与える影響

ここでは、日本の会社が国際財務報告基準（IFRS）を導入した際に検討すべきと考えられる主要な論点を紹介する。なお、参考としている基準は、2023年12月31日現在施行・公表されているものである。

1 個別の基準の概要

(1) 棚卸資産（IAS 第2号）

① 原価の配分方法

IFRSでは、原価配分方法は個別法、先入先出法、加重平均法による。そのため、現在の実務でこれら以外の原価配分方法を採用している会社は、IFRSを導入する場合に留意が必要である。また、IFRSでは原価の測定方法は実際原価法が原則であり、標準原価法、売価還元法はその適用結果が実際原価と近似する場合に簡便法として認められることになる。そのため、現在の実務で標準原価法、売価還元法を用いている会社がIFRSを導入する場合は、測定の精度を検証する必要がある点も留意が必要である。

② 期末の測定方法

IFRSでは、棚卸資産は「原価」と「正味実現可能価額」のいずれか低い金額で測定しなければならない。また、「正味実現可能価額」

は毎期評価を行い、過去に評価減を行った棚卸資産について、評価減の原因となった状況が存在しなくなるか、または正味実現可能価額の増加に関する明らかな証拠がある場合は、当該評価減の金額を上限として戻し入れる必要がある。

食品製造業では製品の性質上、一般的に在庫回転期間が短く、また、賞味期限等による厳格な在庫管理が行われており、タイムリーに廃棄を行っているため、期末に棚卸資産の評価減が問題になることは他の業種に比べ少ないと考えられる。しかし、日本基準では簿価切下額の戻入れを行う洗替法と、戻入れを行わない切放法の選択適用となり、また臨時の事象の場合には洗替法の下でも戻入れができない等、IFRSと取扱いが異なっている点があるため留意が必要である。

⑵　有形固定資産（IAS 第16号、IAS 第23号「借入コスト」）

食品製造業は、食品・飲料を大量生産するために製造設備に多額の投資を行うため、食品製造業にとって有形固定資産は金額的に重要な科目となっていることが多いと考えられる。有形固定資産に関する規定は、主に以下の点でIFRSと日本基準で異なるため、留意が必要である。

①　取得原価の構成要素

a　延払による利息

IFRSでは、有形固定資産の対価に延払による利息部分が含まれている場合は、当該利息部分を区別して金融費用として会計処理する必要がある。

b　借入コスト（IAS 第23号）

IFRSでは、適格資産の取得、建設または製造を直接の発生原因とする借入コストは当該資産の取得原価の一部として資産化しなければならず、適格資産と直接的な関係が識別できない借入れ等に関する借入コストも資産化率を用いて資産化される。一方、日本基準では、一定の条件のもと借入コストの資産化が容認規定となっているうえ、借入コストを資産化できる借入金の範囲や、資産化できる借入コストの範囲などの点についてもIFRSと異なるため留意が必要である。

c　資産除去債務、原状回復費用

IFRSでは、資産除去債務や原状回復費用の見積額は取得原価を構成する。

② 当初認識後の測定

IFRSでは、日本基準と異なり、資産の種類ごとに原価モデルと再評価モデルを選択適用する。再評価モデルを選択した場合、再評価は資産の簿価が公正価値と著しく乖離しない程度の頻度で行う必要があり、再評価による有形固定資産の増加額は、原則としてその他包括利益を通じて資本の再評価剰余金として計上される。減価償却も新たな帳簿価額を基礎に行われる。

③ 減価償却

a　耐用年数

IFRSにおいては、耐用年数は、企業が当該資産を使用すると予想される期間、または当該資産から得られると予想される生産数または類似単位数とされている。

日本では実務上、明らかに不合理であると認められる場合を除き法人税法の規定を参照したうえで耐用年数を決定していることが多いと考えられる。IFRSでは実際の使用期間を見積もることが必要で、法人税法の耐用年数のみに基づいて耐用年数を決定することは認められないことに留意が必要である。

b　コンポーネント・アプローチ

IFRSでは、減価償却については、一体として取得した有形固定資産の全体の取得原価に対して重要である構成部分は個別に減価償却計算を行う必要がある。日本の実務では、税法の法定耐用年数における償却資産の区分に従い減価償却するケースが多く、場合によっては、重要である構成部分を個別に減価償却していないことも考えられる。また、IFRSを適用していない海外子会社においてもコンポーネント・アプローチをとっていない場合が考えられる。これらの場合には、IFRSの導入にあたり重要な構成部分の識別を検討する必要があると考えられる。

④　修繕引当金

日本では、定期的な検査やオーバーホール等に係る費用については特別修繕引当金を計上する場合があるが、IFRSではこれらの費用について現在の債務といえないことから引当金として計上することは認められず、資産としての要件を充足すれば支出時点で有形固定資産として認識される。

⑤　残存価額、耐用年数、減価償却方法の見直し

IFRSでは、残存価額、耐用年数、減価償却方法は少なくとも各事業年度末に見直す必要がある。変更による影響は会計上の見積りの変更として将来に向かって会計処理する。

(3)　資産除去債務（IAS第16号、IAS第37号、IFRIC第1号）

IFRSでは、資産除去債務はIAS第37号「引当金、偶発負債及び偶発資産」に基づき負債計上される。有形固定資産に含めるべき資産除去債務や原状回復費用の見積額は、有形固定資産の取得原価を構成する。資産除去債務の計算にあたって貨幣の時間価値に重要性がある場合は、貨幣の時間価値と負債特有のリスクを反映した税引前割引率を使用して割引計算しなければならない。また、資産除去債務の算定の基礎となる前提が変動した場合には資産除去債務に反映するため、原価モデルを適用しているのであれば、この変動による影響額は資産の帳簿価額に加減算する。なお、税引前割引率の上昇や原状回復費用の増加等の資産除去債

務の変動要因が減損の兆候にあたらないか慎重な検討も必要である。

⑷　無形資産（IAS 第38号）、のれん（IFRS 第３号「企業結合」）

IFRS では、商標や販売権等、資産計上した無形資産は合理的に決定した耐用年数にわたり、無形資産がもたらす経済的便益の費消パターンを基礎として選択して規則的償却を行う。費消パターンが信頼性をもって決定できない場合には定額法が用いられる。また、耐用年数を確定できない無形資産は償却を行わずに、毎期減損テストを行う必要がある。

また、「のれん」は日本基準では20年以内で規則的償却を行うが、IFRS では償却を行わずに、毎期減損テストを行う必要がある。

食品・飲料業界では昨今、国内市場の成熟化やグローバル・マーケットへの進出に向けての競争力確保等のため無形資産の取得や大規模な M&A の動きがみられ、無形資産やのれんの計上額、およびその償却額が貸借対照表や損益計算書に占める割合は次第に大きくなっている。日本基準と異なるこうした IFRS の取扱いは、会計処理のみならず今後の M&A に関する投資意思決定にも影響を与える可能性があると考える。

⑸　資産の減損（IAS 第36号）

日本基準、IFRS ともに固定資産について減損の規定があるが両者の間には以下のとおり差異が存在するため、特に多額の不動産や製造設備を有する食品・飲料の製造会社は IFRS 導入による影響に留意する必要がある。

IFRS では減損の兆候のある資産の回収可能価額と簿価を比較し、回収可能価額が簿価を下回った部分を減損損失として認識する。日本基準では減損損失の認識にあたり簿価と比較するのは割引前将来キャッシュ・フローで、割引前将来キャッシュ・フローが簿価を上回っている限り減損損失を認識しない。また、IFRS では過年度に認識した減損損失が存在しない、または減少している可能性を示す兆候がある場合、回収可能価額の見積りを行い、その変更がある場合には、過年度に認識した減損損失がなかったと仮定した場合の減価償却控除後の簿価を上限に減損損失の戻入れが必要となる。なお、「のれん」については減損損失の戻入れは認められない。

⑹　リース（IFRS 第16号）

IFRS 第16号では、使用権モデルに基づくため、日本基準であればオペレーティング・リースとして費用処理していた取引についても、原則としてリース開始時に使用権資産とリース負債を計上する処理が要求される。借手のリースの会計処理は以下の３つのステップを通じて処理が行われる。

①　リースの識別（ステップ１）

まず初めに IFRS 第16号で定義されるリースに該当するか、リースを含んでいるかを識別する。リースの判定自体は従来の会計基準でも求められており、契約の形態を問わず、リースに該当するか否か判断する必要があったが、IFRS 第16号では判定要件がより精緻化されている。

ａ　資産の特定

「特定の資産」として資産が個別に識別できる。契約に明記されているか否かは問わない。

ｂ　支　配

資産の使用から生じる経済的便益の実質的にすべてを得る権利があり、また、資産の使用を指図する権利、具体的には顧客が資産の使用方法と目的を自由に決定できる。

リースの識別について支配モデルを適用しており、顧客による特定された資産の使用を支配する権利があるかどうかに基づいて、リース契約であるかどうかが判定される。リース取引は、サービスとは異なる会計処理が採用されており、両者の会計処理に大きな違いが生じるため、契約にリースまたはサービスのいずれが（もしくはその両方が）含まれるかをより注意深く検討する必要がある。多くの契約では、契約にリースが含まれるかどうかの評価は明白であると思われるが、重要なサービスが含まれる契約など一定の契約についてはリースの定義を適用するうえで判断が求められる。

② 少額リースまたは短期リースの判断（ステップ2）

ステップ1にて、リースが識別された段階で、当該リース取引をオンバランス処理する必要のない免除規定を適用するか否かを判断する。具体的には以下のとおりである。

a 少額リース

少額リースに該当するリースについて、貸借対照表に使用権資産およびリース負債を認識せず、個々の原資産ごとに関連したリース料を、リース期間にわたって定額法または他の規則的な基礎のいずれかによってリース費用を計上する。いくらが少額に該当するかの金額基準は、IFRS第16号において明示はされていないが、IFRS第16号開発にあたっての結論の根拠において、簡便的な会計処理を認めるうえで5,000米ドル以下という規模が念頭に置かれていたことが記載されている。また、この5,000米ドルの対象はリース料ではなく、新品時点の原資産の価値で判断される。

b 短期リース

短期リースとは、リース開始日においてリース期間が12か月以内のリースをいう。ただし、この前提として、リース期間をどのように見積もるか検討する必要がある。リース期間は、単なる契約書における解約不能期間ではなく、延長オプションおよび解約オプションを考慮し、リースの継続が合理的に確実と判断できる場合には、このオプション期間も含まれることになる。

③ 会計処理（ステップ3）

上記のステップ1と2の結果、オンバランス処理すべきリースに該当すると、使用権資産およびリース負債を貸借対照表に認識する必要がある。リース契約開始時点において、リース負債はリース料総額の割引現在価値で、使用権資産はリース負債に前払リース料、当初直接コスト等を調整した金額でそれぞれ測定される。

日本のリースに関する会計基準についてもIFRS第16号と整合性を図るため、今後の改正が予定されている。

2　今後の課題

IFRSの導入は、日本の食品製造業の会計処理に対して大きな影響を与える可能性がある。IFRS導入プロジェクトの計画にあたっては、会計処理に与える影響の範囲および程度、選択可能な会計処理のうちどれを採用すべきか等、十分に期間的な余裕を持ってシミュレーションを行うとともに、既にIFRSを適用している同業他社の会計処理や開示例に注意を払うこと等が重要と考えられる。

第3章

監　査

第1節 会計監査の種類

1 会計監査の目的

わが国における上場会社は約3,933社（令和５年12月末現在）存在するが、これらの会社には金融商品取引法に基づく監査が必要とされている。

今日の株式会社では出資者と経営者との分離を前提として制度設計が図られている。

この制度設計のもとにおいて、経営者は定期的に出資者に経営の状況を「財務諸表」（これを含んだ「計算書類」「有価証券報告書」等の書類）により報告することが求められる。この財務諸表の記載内容が正しいかどうか、出資者は自ら内容の適否を確かめる余裕・能力は必ずしもないため、利害関係のない第三者によるチェックとして監査が求められることになる。

したがって、会計監査の目的は、対象となる会社等の財務情報の適正性につき意見を表明し、その信頼性を保証することにあるといえる。

2 監査の種類

監査対象の観点から監査の種類を分けると、業務全般を対象とする業務監査と会計データを対象とする会計監査とに分けられる。

また、監査実施者が監査対象となる会社に属しているか否かという観点からは、内部監査と外部監査とに分けられる。

内部監査につき、会社法における大会社では取締役の執行を監視する機関として、「監査役」、「監査役会」、「監査等委員会」、「監査委員会」のいずれか（以下、「監査役等」）の設置が義務付けられている。また、経営者の指揮下に「内部監査人」を設置している場合も多く、公認会計士による外部監査とともに監査役、内部監査人を連携させた監査（三様監査）を行う例もみられる。

図表3-1-1

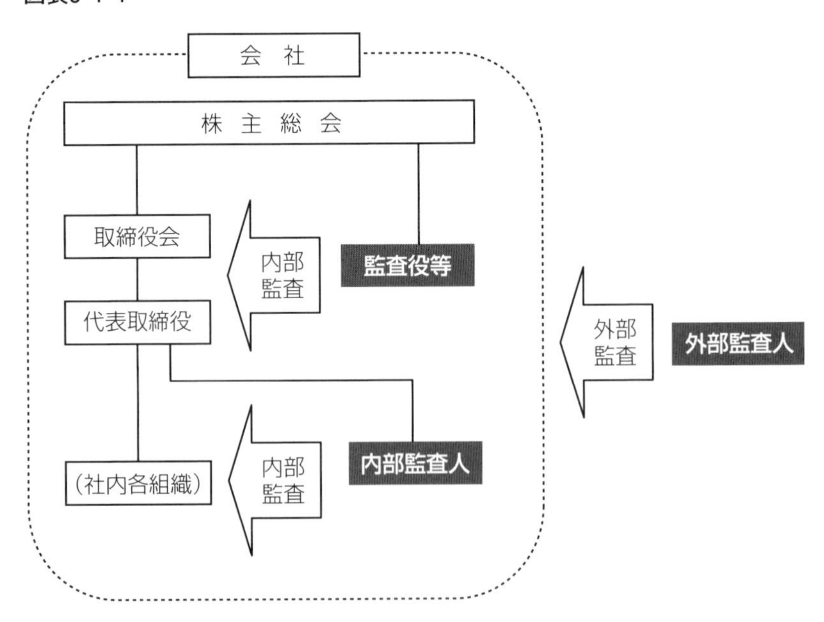

監査役等	株主から取締役の業務執行の監査を委託される。 会計監査人を設けない場合においては自らが会計監査をも行い、会計監査人が存在する場合においても会計監査人の監査の方法・結果の相当性の確認を行うことが必要になる。
内部監査	会社内部の組織として経営者により任命される。 社内における適正な業務の実施チェックや効率化の推進を行う。

公認会計士による監査は外部監査として、もっぱら会計監査をさす。

3　制度による分類

監査を制度で分類すると、法定監査と任意監査とに分けられる。

(1)　法定監査（法令等に基づく監査）

法定監査は法律の規定によって義務付けられているものである。代表的なものとしては、会社法に基づく監査と金融商品取引法に基づく監査があるが、これ以外にもさまざまな法定監査があり、主なものは次の例のとおりである。

例

- 信用金庫
- 労働金庫
- 農林中央金庫
- 信用協同組合
- 私立学校法人（国・地方公共団体から補助金を受けるもの、寄附行為等認可申請の場合）
- 労働組合
- 特定目的会社
- 投資法人
- 投資事業責任組合
- 受益証券発行限定責任信託

- 独立行政法人、地方独立行政法人
- 大規模一般社団法人、大規模一般財団法人
- 国立大学法人
- 大学共同利用機関法人
- 政党交付金の交付を受けた政党
- 地方公共団体
- 農業信用基金協会
- 消費生活協同組合の監査
- 放送大学学園

上記の例のほか、海外の証券取引所等に株式を上場している会社の監査や上場申請する会社の監査などがあり、そのほか、業種によってはその属する業法により法定監査が義務付けられている場合もある。

(2)　任意監査

任意監査の場合、監査の目的、対象の範囲などはさまざまになっている。例えば、会社等が自発的に受ける監査や、買収相手の監査、金融機関の融資の条件としての監査等がある。いずれにしても監査の内容は当事者間の契約によって定めることになるが、こうした任意監査の例としては次のものがある。

例

- 親会社による海外等遠隔地の子会社監査
- 一般社団法人、一般財団法人
- 医療法人、社会福祉法人の監査
- 宗教法人の監査
- 任意組合の監査

第2節
会社法監査

1　会社の機関

会社法においては、その機関設計としてさまざまな組織形態の採用が可能となっている。

図表3-2-1　会社法における機関設計

	機　関	公開会社	非公開会社
大会社	取締役	×	○
	取締役会	◎	○
	監査役	×	○
	監査役会	○	○
	監査等委員会	○	○
	指名委員会等	○	○
	会計監査人	◎	◎
大会社以外	取締役	×	○
	取締役会	◎	○
	監査役	○	○
	監査役会	○	○
	監査等委員会	○	○
	指名委員会等	○	○
	会計監査人	○※	○※

（◎設置必須、○選択可能、×採用不可）

※監査等委員会設置会社および指名委員会等設置会社の場合、会計監査人は必須

指名委員会等設置会社における指名委員会、監査委員会および報酬委員会を、「指名委員会等」という。

大会社以外かつ非公開会社の取締役会設置会社（委員会設置会社を除く）で、会計参与を設置する場合は監査役も不要になる。なお、会計参与は原則としていずれの区分の会社も任意に設置可能。

監査等委員会設置会社、指名委員会等設置会社および大会社は、会計監査人を置くことが義務付けられている（会社法327、328）。

また、定款に定めることにより、すべての株式会社は会計監査人を置くことができる。

会計監査人設置会社	●大会社（資本金５億円以上または負債総額200億円以上） ●監査等委員会設置会社 ●指名委員会等設置会社 ●定款で会計監査人の設置を定めた場合

比較的多くの会社で採用されている、取締役会・監査役会・会計監査人という機関設計を前提とすると、会社の機関と監査の関係は下図のようになる。

図表3-2-2

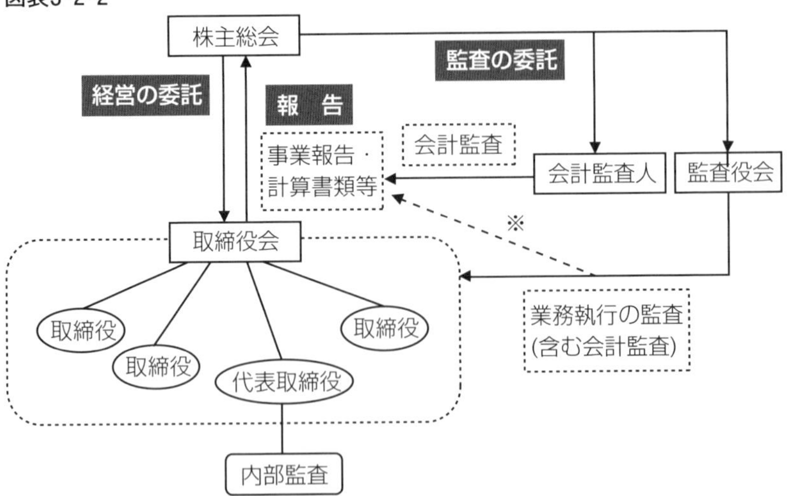

※会計監査人の監査の方法・結果の相当性の確認

2　会社が作成すべき書類と会計監査

会社は計算書類（貸借対照表、損益計算書、株主資本等変動計算書、個別注記表）および事業報告ならびにこれらの附属明細書を作成することが義務付けられている（会社法435Ⅱ）。

この計算書類（および附属明細書）につき、会計監査人設置会社においては、会計監査人による会計監査が義務付けられる（会社法436Ⅱ）。

（会計監査人の監査対象）
- 計算書類（貸借対照表、損益計算書、株主資本等変動計算書、個別注記表）およびその附属明細書
- 連結計算書類（連結貸借対照表、連結損益計算書、連結包括利益計算書、連結株主資本等変動計算書、連結注記表）

※「その他の記載内容」（計算書類等、連結計算書類等およびその監査報告書以外の情報）については、会計監査人は記載内容を通読して、計算書類等、連結計算書類等および監査人が監査の過程で得た知識と重要な相違があるかどうか検討する。

なお、会計監査人の資格は、公認会計士または監査法人でなければならないとされている（会社法337）。

会計監査人を置かない場合においては監査役が計算書類および附属明細書の会計監査を行うことになる。

委員会設置会社ではない会計監査人設置会社は監査役を置かなければならないとされ、監査役を置いている会社においては事業報告とその附属明細書が監査役の監査対象となる。なお、計算書類等について監査役は会計監査人の監査の相当性に言及することになる。

第3節
金融商品取引法監査

1 財務諸表監査

金融商品取引法においては、有価証券の募集または売出しを行う場合、一定の場合を除いて、内閣総理大臣への有価証券届出書の提出が義務付けられている（金商法４Ⅰ、５Ⅰ）。一度有価証券届出書を提出した会社、上場会社、店頭売買銘柄発行会社などは毎事業年度ごとに有価証券報告書を提出しなければならない（金商法24Ⅰ）。

発行市場 ⇒ 有価証券届出書の提出義務

流通市場 ⇒ 有価証券報告書の提出義務

また、金融商品取引所に上場されている有価証券等を発行する会社が、金商法に基づいて提出する財務計算に関する書類には公認会計士または監査法人の監査証明を受けなければならないとされている（金商法193の２）。

すなわち、有価証券報告書等に含まれる財務諸表については公認会計士または監査法人の監査が必要ということになり、これによって証券市場における財務情報の信頼性が担保されることになる。

図表3-3-1

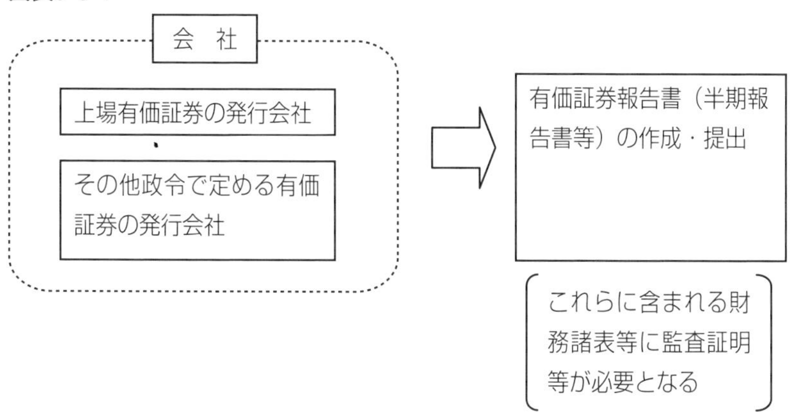

有価証券報告書に含まれる会計監査の対象となる財務諸表（および連結財務諸表）は次のとおりである。

●財務諸表（貸借対照表、損益計算書、株主資本等変動計算書、キャッシュ・フロー計算書（※）、附属明細表） ●連結財務諸表（連結貸借対照表、連結損益計算書、連結包括利益計算書、連結株主資本等変動計算書、連結キャッシュ・フロー計算書、連結附属明細表） ※連結財務諸表を作成している場合は作成不要 なお、それぞれの財務諸表には注記事項も含まれる。

また、上場会社等の場合、有価証券報告書以外に第2四半期において、半期報告書に含まれる財務諸表の作成・提出も義務付けられており、会計監査人によるレビューを受けることが義務付けられている。なお、第1四半期、第3四半期における決算短信に関するレビューは義務付けられていない。

2　内部統制監査

証券取引市場における不適切な事例の発生等を踏まえ、証券市場がその機能を十分に発揮するためには投資家に適正な情報を開示することが必要との観点から内部統制報告制度が導入され、上場会社等においては、内部統制報告書の提出が義務付けられている（金商法24の4の4）。これには公認会計士または監査法人による監査を受けることとされている（金商法193の2 Ⅱ）。また、令和6年4月1日以後開始事業年度から改訂後の内部統制報告制度が適用となる。改訂では、企業内外の変化への感度を高め、財務報告の信頼性に及ぼすリスクに対応した内部統制の適時適切な整備運用が期待されている。

⑴　内部統制とは

会社の経営者は経営目的を達成するため、さまざまな経営資源を組織し、組織の業務の適正を確保するための体制を構築している。

「財務報告に係る内部統制監査基準・実施基準」では内部統制とは、以下の4つの目的が達成されているとの合理的な保証を得るために業務に組み込まれ、組織内のすべてのものによって遂行されるプロセスとされている。

- 業務の有効性および効率性
- 報告の信頼性
- 事業活動に関わる法令等の遵守
- 資産の保全

図表3-3-2

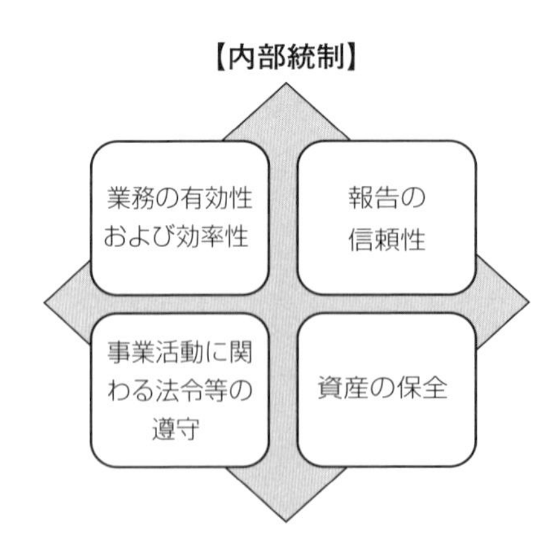

業務の有効性および効率性	事業活動の目的の達成のため、業務の有効性および効率性を高めること
報告の信頼性	組織内および組織の外部への報告（非財務情報を含む）の信頼性を確保すること 報告の信頼性には、財務報告の信頼性、すなわち財務諸表および財務諸表に重要な影響を及ぼす可能性のある情報の信頼性を確保することが含まれる。
事業活動に関わる法令等の遵守	事業活動に関わる法令その他の規範の遵守を促進すること
資産の保全	資産の取得、使用および処分が正当な手続および承認の下に行われるよう、資産の保全を図ること

内部統制監査ではこのうち「報告の信頼性」を確保するもののみが対象となるが、「報告の信頼性」は実際には他の３つと密接に結び付いており、実質的には４つの目的すべてが関わっている。

また、同基準においては内部統制の基本的な構成要素として、統制環境、リスクの評価と対応、統制活動、情報と伝達、モニタリング（監視活動）およびIT（情報技術）への対応の６つが示されている。

これらは内部統制の目的を達成するために必要とされる内部統制の構成部分であり、内部統制の有効性の判断の規準となっている。

図表3-3-3　内部統制のモデル

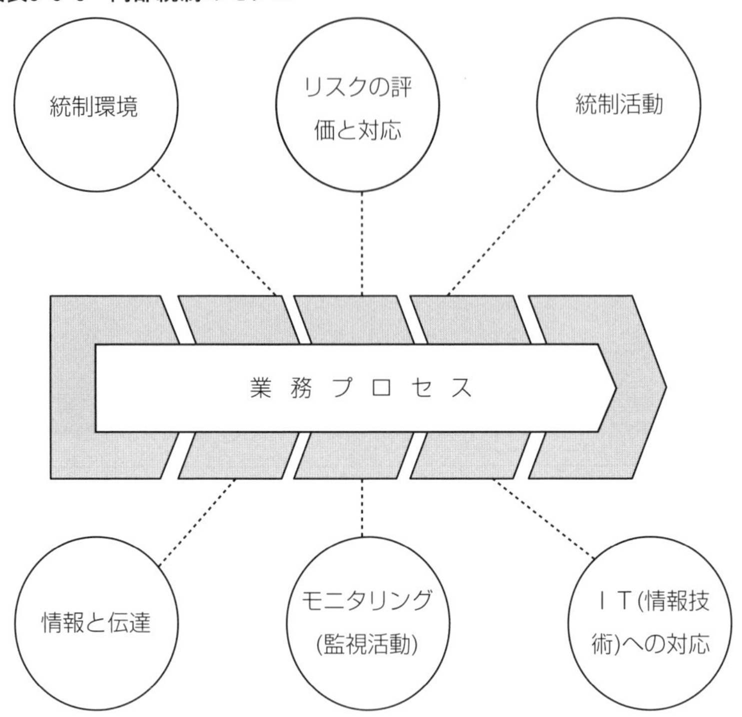

(2)　内部統制監査

経営者は経営目的達成のために自ら内部統制の整備運用を図るが、また同時に「財務報告における記載内容の適正性を担保する」ために、自らが構築した内部統制システムを「財務報告に係る内部統制基準・実施基準」に照らして、適切に整備運用されているかを評価し、「内部統制報告書」という形で報告する。

内部統制監査においては、この経営者による評価を前提として、これに対する監査人の意見を表明することになる。

また、内部統制監査は原則として同一の監査人により、財務諸表監査と一体となって行われるとされている。

財務諸表監査においては、監査人は必要な範囲で自ら内部統制の整備・運用状況を評価するが、内部統制監査においては、監査人は直接的には内部統制の整備・運用状況の検証は行わない。

しかしながら、内部統制監査の過程で得られた監査証拠は、財務諸表監査の内部統制の評価における監査証拠として利用され、逆に財務諸表監査の過程で得られた監査証拠が内部統制監査の証拠として利用されることもあるなど、両者は密接に関連している。

図表3-3-4

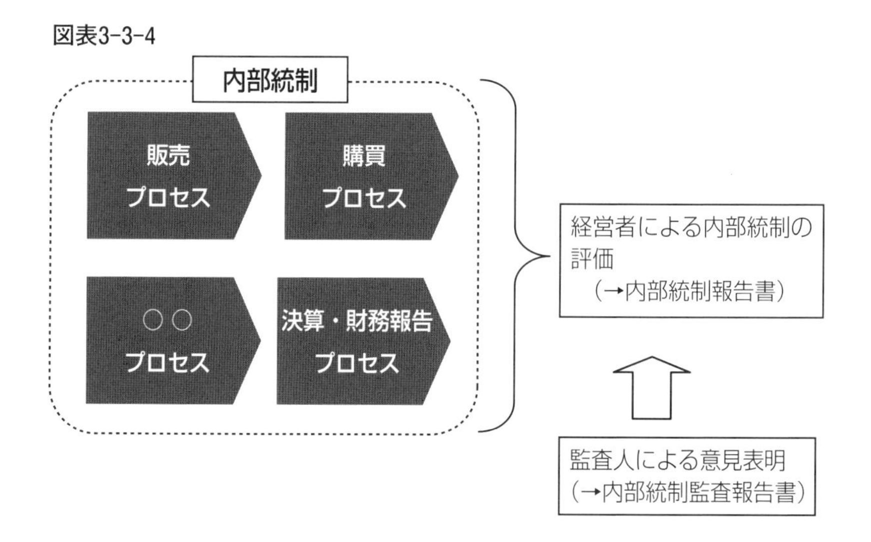

⑶　会社法における内部統制と監査

内部統制の整備そのものは会社法でも定められている。「内部統制」という直接的な表現ではないが、これに該当するものが、次のように定められている。

取締役会の権限として「取締役の職務の執行が法令及び定款に適合することを確保するための体制その他株式会社の業務の適正を確保するために必要なものとして法務省令で定める体制の整備」（会社法348Ⅲ④）があり、これは各取締役に委任することができないとされている。

この具体的な内容については、会社法施行規則98条に定められている。

①　取締役の職務の執行に係る情報の保存および管理に関する体制

②　損失の危険の管理に関する規程その他の体制

③　取締役の職務の執行が効率的に行われることを確保するための体制

④　使用人の職務の執行が法令及び定款に適合することを確保するための体制

⑤　当該株式会社ならびに親会社および子会社から成る企業集団における業務の適正を確保するための体制

取締役が2名以上いる場合は、さらに業務の決定が適正に行われることを確保するための体制も含まれる。

また、監査役が設置されている場合にはさらに次の項目も追加されている。

①　監査役がその職務を補助すべき使用人を置くことを求めた場合における当該使用人に関する事項

②　①の使用人の取締役からの独立性に関する事項

③　取締役および使用人が監査役に報告をするための体制その他の監査役への報告に関する体制

④　その他監査役の監査が実効的に行われることを確保するための体制

これらに対する監査については、前述のように監査役（または監査委員会）が取締役等の職務の執行を監査し、また、会計監査を含む業務監査を行うことになる。

すなわち、監査役（または監査委員会）は、業務監査の一環として、財務報告の信頼性を確保するための体制を含め、内部統制が適切に整備および運用されているかを監視しているということになる。

第4節
内部監査

1 内部監査の定義

内部監査の定義は、内部監査人協会（The Institute of Internal Auditors）が公表した「専門職的実施のフレームワーク」では、次のとおりとされている。

「内部監査は、組織体の運営に関し価値を付加し、また改善するために行われる、独立にして、客観的なアシュアランスおよびコンサルティング活動である。内部監査は、組織体の目標の達成に役立つことにある。このためにリスク・マネジメント、コントロールおよびガバナンスの各プロセスの有効性の評価、改善を、内部監査の専門職として規律ある姿勢で体系的な手法をもって行う。」

2 内部監査の機能

内部監査の定義に述べられているように、内部監査の機能としてはアシュアランスおよびコンサルティング活動ということになる。

アシュアランス（保証）	経営方針に沿った仕組み（＝内部統制）に基づいた活動が適切に行われているかどうか
コンサルティング	上記に不備・欠陥がある場合の改善の提言

内部統制を構成する各業務プロセス（販売プロセス、購買プロセス等）においては、仕組みの整備として、規程、マニュアル、職務分掌、組織等が設けられ、それらが実際に適切に運用されていることが前提となる。それらの仕組みが整備されているかどうか、また適切に運用されているかどうかを確かめることがアシュアランス活動である。

さらに仕組みの不備がある場合や運用が適切でない場合にそれを指摘するのみならず、改善方法やさらにより良い方法の相談・提案等を行うことがコンサルティング活動である。

なお、内部統制の各業務プロセスにおいては、上長による定期的なレビューやチェックという形でモニタリング活動が含まれているが、内部監査はさらに経営者としてのガバナンスの観点からのモニタリング活動と位置付けられる。

図表3-4-1

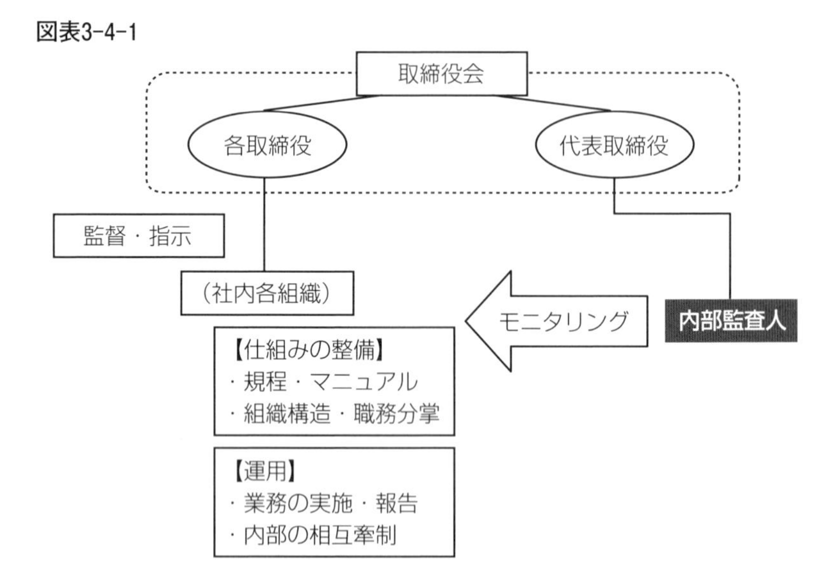

3　内部監査の実施

内部監査は、経営者の関心に沿って、企業活動の一部の事項・局面を選択して実施され、通常、年度計画に従い事業年度単位で実施されることが多い。

経営者は自らのモニタリングに必要とする内部監査の対象範囲・レベルを定め、必要となる内部監査コストの水準を決定することになる。

内部監査と監査役監査、会計士監査の違い

	内部監査	監査役監査	会計士監査
法的根拠	なし	会社法	会社法、金商法※
目　的	経営者のため	株主のため	株主・投資家保護
対　象	企業活動全般（全社的な内部統制および経営者の要請による個別業務）	取締役の職務執行計算書類および事業報告等	財務諸表等（上場会社の場合は内部統制報告書も）
特　徴	内部統制におけるモニタリング活動	モニタリングが適切に行われているかを監査	大会社・上場会社が対象

※ここでは一般事業会社における法定監査のみを想定

第５節
業種特有の事象に関する監査の留意点

食品製造業の監査においても、他の業種と同様、まず経営環境に十分に注意を払うことが重要である。特に原料に関する市況や消費動向、流通業の動向を把握する必要がある。

財務諸表項目においては、利益の源泉であり、また企業内部での業績評価の指標としても使われる売上高の実在性、期間帰属が最も重要であろう。

一方、業種特有の事象として特に留意すべき項目は、リベートの計上と棚卸資産の評価であると考えられる。これらの項目について、改めて監査上の留意点について振りかえってみることとする。

1　リベート計上の妥当性

リベートは、企業と直接的な取引先である卸・商社の２社間、あるいはその納入先である小売店などの３社間で取り決められ、その形態はさまざまなものがある。

得意先に対しての販売促進などを目的とする場合、期中における確定したリベートの支払いは売上の減額となり、期末において得意先に返金すると見込んでいる額を、契約条件や過去の実績等に基づいて貸借対照表において返金負債を見積りにより算定し、対応して売上が減額される。そのため、見積り要素を含む返金負債を過小計上する事で、売上の観点からは過大計上のおそれがある。

したがって、既に発生しているリベートが網羅的に計上されていることを十分に検討する必要がある。そのために、まず企業内にリベートの支払いを承認するプロセスおよび支払い時の会計処理のプロセスが整備・運用されていることを確認する必要がある。

期末における返金負債の見積りについては、見積り計算のプロセスに関する内部統制が整備・運用されていることを確認する必要がある。また、見積り計算の仮定を理解し、過年度や期中におけるリベートの支払い実績、推移との整合性を検討して、返金負債の会計処理が適切に処理されている事を確認する必要がある。

2　棚卸資産の評価

棚卸資産の会計基準によって、通常の販売目的で保有する棚卸資産についても、収益性の低下が認められる場合は、正味売却価額まで帳簿価額を引き下げることが求められている。正味売却価額の見積りの前提となる、事業環境の影響を受ける将来の需要動向や市場動向等の仮定は不確実性を伴っている。また、企業の取り扱う製品の性質に応じて正味売却価額に影響を与える複数の要素があり、複雑性を伴う。

食品製造業においては、取扱製品が多品種に及ぶことも多く、収益性の低下を判断するグルーピングが適切であるかについて十分検討する。また、正味売却価額はリベートが適切に反映されていることを確かめる。

内部統制の観点からは、正味売却価額の見積りプロセスが整備・運用されていることを確認する必要がある。

期末には、将来の需要動向や市場動向等を含めて、見積りの仮定の妥当性を検討する必要がある。需要動向の検討例として、食品製造業においてはPB製品や小売店による企画製品を製造販売することも多いが、これらは小売店からの仕様変更などによって、製品が出荷できなくなったり、原料が使用できなくなったりすることもあり得る。これらは収益性の低下につながることになるため、その評価に留意すべきである。

これらの項目ともに、企業の中で適切に会計処理される仕組みがあるかを把握するとともに、経営環境や経営戦略を十分理解し、それが取引に与える影響を把握することが鍵となる。

第 6 節
食品製造業における監査上の主要な検討事項（KAM）

1 KAM とは

監査上の主要な検討事項（KAM：Key Audit Matters）とは、当年度の財務諸表の監査において、監査人が職業的専門家として特に重要であると判断した事項をいい、令和３年３月31日以後終了する連結会計年度および事業年度にかかる監査から適用される。

監査人は、監査報告書に「監査上の主要な検討事項」区分を設け、個々のKAMについて適切な小見出しを付して記述する。監査報告書上、個々のKAMの内容、注記事項への参照、当該事項をKAMに決定した理由および当該事項に対する監査上の対応を記載することが求められている。

2 KAM の決定

監査人は、監査役等とコミュニケーションを行った事項の中から、監査を実施する上で監査人が特に注意を払った事項を決定し、さらに、当年度の財務諸表の監査において、職業的専門家として特に重要であると判断した事項をKAMとして決定する。

3　食品製造業におけるKAMの特徴

令和4年4月期～令和5年3月期のKAMについて、個数、項目、参照先および選定理由について傾向を分析している。分析の対象は以下である。

図表3-6-1

調査範囲	有価証券報告書
業種	食料品
対象年度	令和4年4月期～令和5年3月期
対象会社数	127社
KAM総数	263個
連結／個別	連結136個、個別127個
その他	令和4年7月～令和5年6月に提出されている有価証券報告書が対象

(1)　個数分析

連結財務諸表において、1個のみのKAMを報告している会社が92社(82.9%)と最も多くなっている。個数が多くなるにつれて2個は14社(12.6%)、3個は4社(3.6%)と会社数が減少し、最も多く報告している会社はDM三井製糖ホールディングス㈱の1社(0.9%)で4個である。

図表3-6-2

連結KAM個数	連結：会社数	比率	連結：個数集計
1個	92社	82.9%	92個
2個	14社	12.6%	28個
3個	4社	3.6%	12個
4個	1社	0.9%	4個
総計	111社	100.0%	136個

図表3-6-3

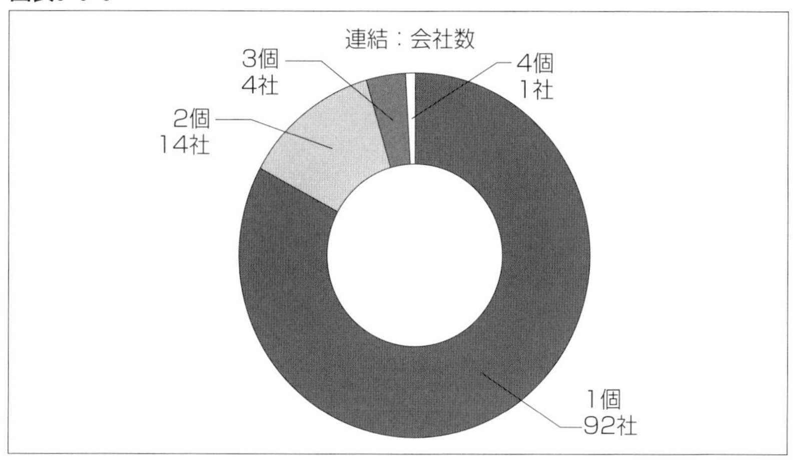

個別財務諸表においても、１個のみのKAMを報告している会社が113社（89.0%）と最も多くなっている。２個の会社と、０個の会社は７社（5.5%）と同数である。２個の７社の内６社では連結財務諸表のKAMと同一のため記載を省略している項目を含んでいる。０個とは、監査報告書において報告すべきKAMはないと判断していることを意味しており、純粋持株会社であり事業を行っていない場合などに限定されている。個別財務諸表のみを作成している会社でKAMを報告していない会社はなかった。

図表3-6-4

個別KAM個数	個別：会社数	比率	個別：個数集計
0個	7社	5.5%	0個
1個	113社	89.0%	113個
2個	7社	5.5%	14個
総計	127社	100.0%	127個

図表3-6-5

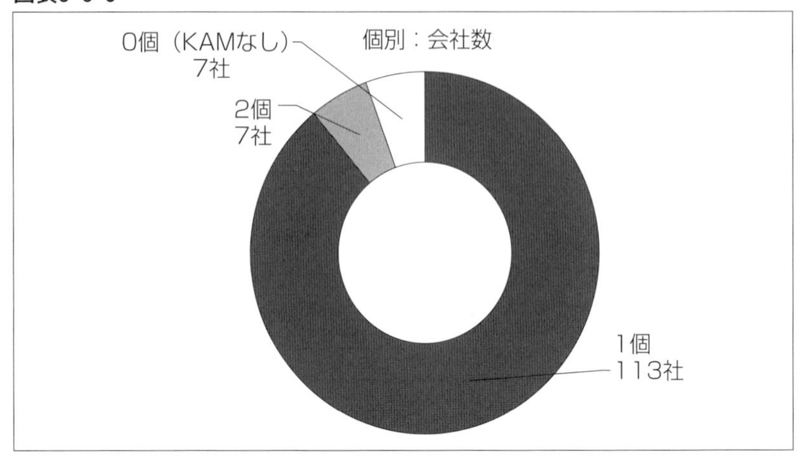

(2) 項目分析

監査人は、監査役等とコミュニケーションを行った事項の中から、監査を実施する上で監査人が特に注意を払った事項を決定する（ステップ1）。その中からさらに、当年度の財務諸表の監査において、職業的専門家として特に重要であると判断した事項をKAMとして決定する（ステップ2）。特に注意を払った事項（ステップ1）の決定において、①特別な検討を必要とするリスクまたは重要な虚偽表示リスクが高いと評価された領域、②見積りの不確実性が高いと識別された会計上の見積りを含む、経営者の重要な判断を伴う財務諸表の領域に関連する監査人の重要な判断、③当年度に発生した重要な事象または取引が監査に与える影響等を考慮する。

当年度の業績や環境の影響を受ける会計上の見積りを伴う項目が最もKAMとして選定され、次いで、通常は監査上特別な検討を必要とするリスクとなる収益認識が選定される傾向にあり、上記のステップと整合している。

食品製造業においても当該傾向は変わらず、連結財務諸表のKAMにおいて、見積り項目である、のれんを含む固定資産の評価が136個中60

図表3-6-6

連結：KAM 項目	個数	比率
のれんを含む固定資産の評価	60個	44.1%
収益認識	21個	15.4%
繰延税金資産の評価	14個	10.3%
その他	13個	9.6%
棚卸資産の評価	9個	6.6%
リベートの見積り	8個	5.9%
投融資の評価	3個	2.2%
営業債権の評価	3個	2.2%
関連当事者取引	3個	2.2%
外部在庫の実在性	2個	1.5%
総計	136個	100.0%

図表3-6-7

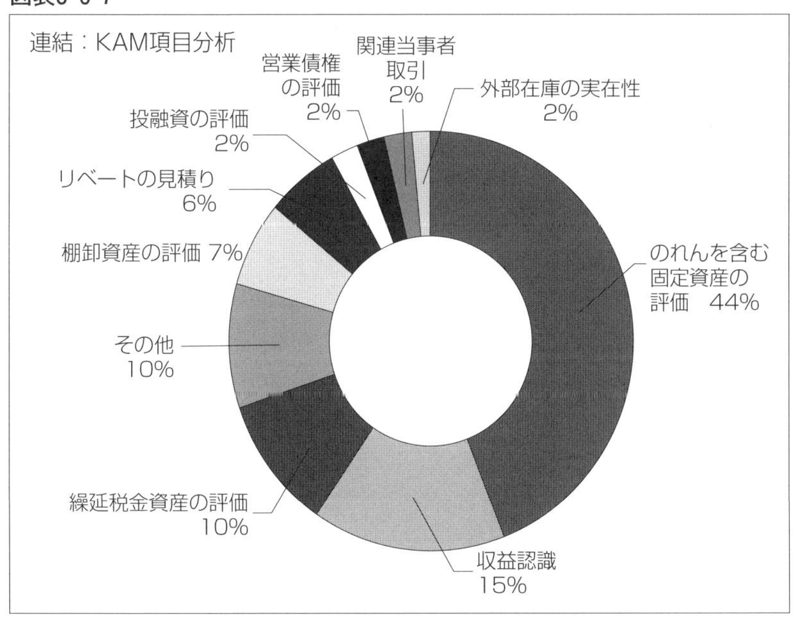

個（44.1%）と半分近くを占めており、次いで収益認識が21個（15.4%）と選定されやすい傾向にある。以下も見積り項目が続き、繰延税金資産の評価がこれに次いで14個（10.3%）となっている。第5節で言及した、棚卸資産の評価が9個（6.6%）、リベートの見積りが8個（5.9%）とこれに続いており、食品製造業の特徴がKAMの項目にも現れている。

個別財務諸表のKAMにおいても当該見積り項目、収益認識が相対的に多く、関係会社株式の評価を主とする投融資の評価が37個（29.1%）、固定資産の評価が21個（16.5%）と合わせて半数近くを占め、次いで収益認識が21個（16.5%）と選定されやすい傾向にある。

連結財務諸表のKAMにおいてのれんを含む固定資産の評価を選定した場合に、同一の投資案件を対象として、関係会社株式の評価が個別財務諸表において選定されるケースが多く、関係会社株式の評価を主とする投融資の評価の比率が高くなっている。以下も見積り項目が続き、繰延税金資産の評価が14個（11.0%）となっている。棚卸資産の評価が10個（7.9%）、リベートの見積りが9個（7.1%）とこれに続いており、連結財務諸表同様に食品製造業の特徴がKAMの項目にも現れている。

図表3-6-8

KAM項目	個別	比率
投融資の評価	37個	29.1%
固定資産の評価	21個	16.5%
収益認識	21個	16.5%
繰延税金資産の評価	14個	11.0%
棚卸資産の評価	10個	7.9%
リベートの見積り	9個	7.1%
その他	6個	4.7%
営業債権の評価	3個	2.4%
外部在庫の実在性	3個	2.4%
関連当事者取引	3個	2.4%
総計	127個	100.0%

図表3-6-9

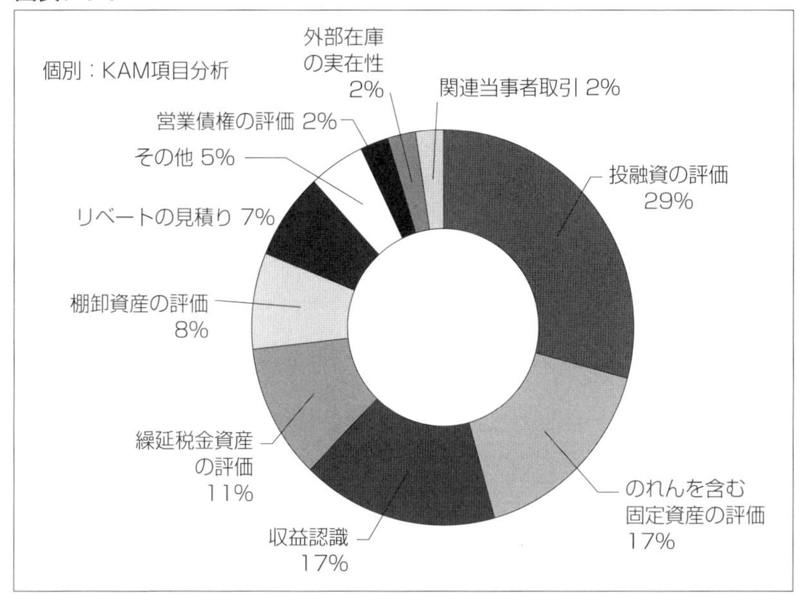

(3)　参照先分析

連結財務諸表における参照先の注記は図表3-6-10のようになっている。KAM 全体として見積り項目が多いことから、のれんを含む固定資産の評価 KAM において最多の41個、繰延税金資産の評価 KAM で６個、リベートの見積り KAM で６個など、「重要な会計上の見積り」が最も参照されている。収益認識 KAM においては、「セグメント情報等」６個、「収益認識関係」４個などが参照されている。

個別財務諸表における参照先の注記は図表3-6-11のようになっている。連結財務諸表と同様に、KAM 全体として見積り項目が多いことから、固定資産の評価 KAM において最多の17個、棚卸資産の評価 KAM で５個、リベートの見積り KAM で６個など、「重要な会計上の見積り」が最も参照されている。収益認識 KAM においては、「会計方針に関する事項」６個、「セグメント情報等」５個、「収益認識関係」３個などが参照されている。

図表3-6-10

項目（連結KAM）	連結損益計算書関係	重要な会計上の見積り	税効果会計関係	企業結合等関係	関連当事者情報	セグメント情報等
のれんを含む固定資産の評価	10	41	0	3	0	1
収益認識	0	1	0	0	0	6
繰延税金資産の評価	0	6	11	0	0	0
その他	1	2	0	3	0	1
棚卸資産の評価	1	4	0	0	0	0
リベートの見積り	0	6	0	0	0	0
投融資の評価	0	1	0	0	0	0
営業債権の評価	0	2	0	0	0	0
関連当事者取引	0	0	0	0	3	0
外部在庫の実在性	0	0	0	0	0	0

項目（連結KAM）	会計方針に関する事項	会計方針の変更	IFRS 注記（*）	収益認識関係	追加情報
のれんを含む固定資産の評価	4	0	12	0	1
収益認識	3	3	1	4	0
繰延税金資産の評価	0	0	1	0	0
その他	3	0	4	0	0
棚卸資産の評価	4	0	0	0	0
リベートの見積り	1	1	0	0	0
投融資の評価	0	0	1	0	0
営業債権の評価	1	0	0	0	0
関連当事者取引	0	0	0	0	0
外部在庫の実在性	0	0	0	0	0

（*）　IFRS における注記は日本基準における注記と一部性質が相違するため、切り出している。

図表3-6-11

項目（個別KAM）	貸借対照表関係	損益計算書関係	重要な会計上の見積り	税効果会計関係	企業結合等関係	有価証券関係
固定資産の評価	0	4	17	0	0	1
収益認識	0	1	1	0	0	0
繰延税金資産の評価	0	0	8	13	0	0
その他	0	1	2	0	0	0
棚卸資産の評価	0	2	5	0	0	0
リベートの見積り	1	0	6	0	0	0
投融資の評価	0	1	29	0	2	4
営業債権の評価	0	0	2	0	0	0
関連当事者取引	0	0	0	0	0	0
外部在庫の実在性	0	0	1	0	0	0

項目（個別KAM）	関連当事者情報	セグメント情報等	会計方針に関する事項	会計方針の変更	IFRS注記（*）	収益認識関係
固定資産の評価	0	0	0	1	0	0
収益認識	0	5	6	2	0	3
繰延税金資産の評価	0	0	0	0	0	0
その他	0	1	2	0	1	0
棚卸資産の評価	0	0	4	0	0	0
リベートの見積り	0	0	1	1	0	0
投融資の評価	0	0	5	0	0	0
営業債権の評価	0	0	1	0	0	0
関連当事者取引	3	0	0	0	0	0
外部在庫の実在性	0	0	0	0	0	0

（*）IFRSにおける注記は日本基準における注記と一部性質が相違するため、切り出している。

(4) 事　例

食品製造業における、KAMの事例を紹介する。ここでは、食品製造業の業種の特徴のでる棚卸資産の評価およびリベートの見積り、ならびに一般的にも多いのれんを含む固定資産の評価、投融資の評価および収益認識を取り上げている。

・棚卸資産の評価

会社名	年度終了日	連結／個別
一正蒲鉾㈱	令和4年6月30日	連結財務諸表 個別財務諸表

第5節で記載したように、棚卸資産の正味売却価額の見積りの前提となる、事業環境の影響を受ける将来の需要動向や市場動向等の仮定は不確実性を伴っている。また、企業の取り扱う製品の性質に応じて正味売却価額に影響を与える複数の要素があり、複雑性を伴う。

取り上げた一正蒲鉾㈱のKAMの決定理由においても、正味売却価額は、製品別に見積販売価格から見積販売経費を控除して算定しており、それぞれの要素に生ずる仮定について経営者の主観的判断に依拠することから生じる不確実性がKAMの決定理由に結び付いている。

商品及び製品、仕掛品の評価	
監査上の主要な検討事項の 内容及び決定理由	監査上の対応
監査先グループは食品製造業を展開している。当連結会計年度の連結貸借対照表において、商品及び製品が888,761千円、仕掛品が531,453千円計上されており、主要な帳簿価額は水産練製品・惣菜事業に係るものである。 棚卸資産の貸借対照表価額は、（重要な会計上の見積り）・棚卸資産の評価に記載のとおり、主として収益性の	当監査法人は、経営者が実施した商品及び製品、仕掛品の収益性の低下に基づく見積りに関して、下記のとおり監査手続を実施した。 **1．内部統制の評価** 商品及び製品、仕掛品の収益性の低下に基づく見積りに関連する内部統制の整備・運用状況の有効性を評価した。評価にあたっては、経営者等への

低下に基づく簿価切下げの方法により算定されており、正味売却価額が取得原価を下回る場合には、正味売却価額をもって連結貸借対照表価額としている。

水産練製品・惣菜事業においては、使用する主な原材料は冷凍すり身であり、漁獲高やその需給状況に応じて調達価格が変動しやすいビジネス環境にある。

正味売却価額は、製品別に見積販売価格から見積販売経費を控除して算定している。製品は食品という性質から賞味期限があり、見積販売価格は過去の販売実績及び期末日時点での賞味期限等を踏まえて見積っている。見積販売経費は将来の変動要因を踏まえた上で、過去の実績を基準として見積っている。これらの仮定は依拠できる客観的外部指標が乏しく、経営者の主観的判断に依拠することから不確実性を伴うものである。

以上により、当監査法人は正味売却価額の見積りには不確実性を伴うことから商品及び製品、仕掛品の評価が主要な検討事項に該当すると判断した。

質問及び基礎資料の閲覧により見積方法を理解した。また、正味売却価額及び取得原価の算定の正確性を確保するための査閲と承認に係る内部統制の有効性を評価した。

２．正味売却価額の算定の評価

正味売却価額の基礎となる見積販売価格及び見積販売経費の見積りの合理性を評価するため、主に以下の手続を実施した。

・評価対象の製造アイテムについて、期末日後の販売実績データを入手し、賞味期限が近い製品アイテムが評価対象に網羅的に含まれているか検討するとともに、見積販売価格が整合しているか検討した。
・見積販売経費について、翌期予算との比較検討を実施した。
・関連部署に対する質問や稟議書等の閲覧により、見積販売価格及び見積販売経費の変動要因の有無について検討した。
・過年度における正味売却価額の見積りと実績を比較し、経営者による見積りの精度を評価した。

３．収益性の低下に基づく評価

帳簿価額及び正味売却価額に基づき、商品及び製品、仕掛品の収益性の低下に基づく評価が網羅的かつ正確に行われているか検討した。

・リベートの見積り

会社名	年度終了日	連結／個別
江崎グリコ㈱	令和4年12月31日	連結財務諸表 個別財務諸表

第5節で記載したように、リベートは、企業と直接的な取引先である卸・商社の2社間、あるいはその納入先である小売店などの3社間で取り決められ、その形態はさまざまなものがある。江崎グリコ㈱においても、販売奨励金については、複数の形態が存在し、販売から一定期間後に支払額が確定する。会社は当連結会計年度末において、各販売先との契約により販売促進期間中の販売金額や過去の実績に基づいた料率を見積りにおける主要な仮定として、返金負債を計上している。これらの見積りから生じる不確実性がKAMの決定理由に結び付いている。

返金負債の見積り	
監査上の主要な検討事項の内容及び決定理由	監査上の対応
江崎グリコ株式会社（以下「会社」という。）及び連結子会社は、製品の販売に当たり販売促進を目的として販売先に対して販売奨励金を支払っている。【注記事項】（重要な会計上の見積り）に記載のとおり、会社及び連結子会社は、契約において顧客と約束した対価のうち、顧客に返金すると見込んでいる額を、契約条件や過去の実績等に基づいて算定し、返金負債として計上している。契約において顧客と約束した対価のうち変動する可能性のある部分である変動対価について、当連結会計年度末において支払義務が確定していないものを返金負債として連結貸	当監査法人は、会社の返金負債の見積りを検討するに当たり、主として以下の監査手続を実施した。 ・返金負債の見積りについて、見積りの対象となる得意先への売上金額の集計の正確性、割戻率及び支出額の見積りに係る計算過程及び結果の検証に関する内部統制の整備状況及び運用状況を評価した。 ・返金負債の算定に当たり使用された主要な仮定の根拠について経営者に質問し、当該主要な仮定を評価した。 ・見積計上資料の正確性及び網羅性について、関連するデータ間の整合性について検証した。また、サンプルベース

借対照表に3,681百万円計上しており、このうち会社において2,046百万円を計上している。なお、【注記事項】（会計方針の変更）に記載のとおり、当連結会計年度の期首から「収益認識に関する会計基準」等を適用しており、従来の販売奨励金に係る「販売促進引当金」は「返金負債」として表示されている。

会社の変動対価のうち販売奨励金については、一定期間において一定の支払率で支払うもの、一定期間の販売実績に応じて変動する支払率で支払うもの、随時の契約に応じた条件により支払うもの等の形態が存在し、販売から一定期間後に支払額が確定する。会社は当連結会計年度末において、各販売先との契約により販売促進期間中の販売金額や過去の実績に基づいた料率を見積りにおける主要な仮定として、返金負債を計上している。これらの見積りは不確実性を伴うことから、当監査法人は返金負債の見積りを監査上の主要な検討事項に該当するものと判断した。

で関連証憑と照合するとともに再計算を実施した。

・販売金額の達成に応じて支払われる販売奨励金で計算対象期間が未到来の得意先について当年度の販売実績を入手し、サンプルベースで関連証憑と照合するとともに、過年度の販売実績と比較し契約条件の達成の可能性を検証した。

・会社が主要な仮定として使用した過去の実績に基づいた料率を評価するため、売上高及び売上高控除額（変動対価及び顧客に支払われる対価）の月次推移及び比率を分析し、過去の実績との比較を実施した。

・過年度における返金負債（従来の販売促進引当金）の見積額と実績額とを比較することにより、見積りの精度を評価した。

・のれんを含む固定資産の評価

会社名	年度終了日	連結／個別
㈱伊藤園	令和4年4月30日	連結財務諸表

3(2)（270頁）において記載したように、見積りの不確実性が高いと識別された会計上の見積りを含む、経営者の重要な判断を伴う財務諸表の領域に関連する監査人の重要な判断、当年度に発生した重要な事象又は取引が監査に与える影響は、KAM決定のステップに含まれ、両方の要素を含むのれんを含む固定資産の評価はKAMとして決定される確率が最も高い。

取り上げた㈱伊藤園においても、新型コロナウイルス感染症の感染拡大に伴う外出機会の減少の影響により、資産グループについて減損の兆候が生じている。また、使用価値の算定の基礎となる将来キャッシュ・フローの見積りには不確実性があり、割引率の見積りにおいては、計算手法及びインプットデータの選択に当たり、評価に関する高度な専門知識を必要とすることが、KAMの決定理由に結び付いている。

ネオス株式会社に関する固定資産の減損損失の妥当性	
監査上の主要な検討事項の内容及び決定理由	監査上の対応
注記事項（連結損益計算書関係 ※9減損損失）に記載のとおり、当連結会計年度において自動販売機による飲料販売を行うネオス株式会社に関する有形固定資産について、減損損失を1,315百万円計上している。 固定資産は規則的に償却されるが、減損の兆候が認められる場合には、資産グループから得られる割引前将来キャッシュ・フローの総額と帳簿価額を比較することによって、減損損失の	当監査法人は、ネオス株式会社における固定資産の減損損失の妥当性を検証するため、主に以下の手続を実施した。 (1)　**内部統制の評価** 固定資産の減損に関連する内部統制の整備状況及び運用状況の有効性を評価した。評価に当たっては、事業計画におけるコロナの収束時期及びコロナ収束後の顧客の需要回復水準、並びに自動販売機関連投資の見直しによる費

認識の要否を判定する必要がある。その結果、減損損失の認識が必要と判定された場合、帳簿価額を回収可能価額まで減額し、帳簿価額の減少額は減損損失として認識される。なお、回収可能価額は使用価値と正味売却価額のいずれか高い方として算定される。

ネオス株式会社は、固定資産全体を１つの資産グループとしているが、新型コロナウイルス感染症（以下、「コロナ」）の感染拡大に伴う外出機会の減少の影響により、当該資産グループについて継続的に営業損益がマイナスとなっていることから、当連結会計年度において、固定資産全体について減損の兆候が認められ、割引前将来キャッシュ・フローの総額が帳簿価額を下回ったことから、減損損失の認識が必要と判定された。減損損失の測定に当たっては、回収可能価額として使用価値を採用しており、この使用価値の算定に用いられる将来キャッシュ・フローは経営者が作成した事業計画を基礎として見積もられている。当該事業計画におけるコロナの収束時期及びコロナ収束後の顧客の需要回復水準、並びに自動販売機関連投資の見直しによる費用削減の施策の効果等には高い不確実性を伴うため、これらの経営者による判断が将来キャッシュ・フローの見積りに重要な影響を及ぼす。

また、使用価値の算定に用いる割引用削減の施策の効果について不適切な仮定が採用されることを防止又は発見するための統制に、特に焦点を当てた。

⑵　将来キャッシュ・フローの見積りが適切かどうかの評価

将来キャッシュ・フローの見積りの基礎となるネオス株式会社の事業計画の作成に当たって採用された主要な仮定の適切性を評価するため、その根拠についてネオス株式会社の経営者及び同社の管理本部の責任者に対して質問したほか、主に以下の手続を実施した。

- コロナの収束時期及びコロナ収束後の顧客の需要回復水準について、当監査法人が独自に入手した外部調査機関による自動販売機による飲料販売市場の見通しと比較した。
- 自動販売機関連投資の見直しによる費用削減の施策の効果について、当該施策の内容を把握し、当連結会計年度の当該施策の実績等と比較した。

⑶　割引率の適切性の評価

割引率については、当監査法人が属する国内ネットワークファームの評価の専門家を利用して、主に以下について検討した。

- 割引率の計算手法について、対象

率の見積りにおいては、計算手法及びインプットデータの選択に当たり、評価に関する高度な専門知識を必要とする。

以上から、当監査法人は、ネオス株式会社に関する固定資産の減損損失の妥当性が、当連結会計年度の連結財務諸表監査において特に重要であり、「監査上の主要な検討事項」の一つに該当すると判断した。

とする評価項目及び会計基準の要求事項等を踏まえ、その適切性を評価した。

- インプットデータと外部機関が公表している関連データとを照合し、インプットデータの適切性を評価した。

・投融資の評価

会社名	年度終了日	連結／個別
㈱ニチレイ	令和５年３月31日	個別財務諸表

❸(2)において記載したように、連結財務諸表のKAMにおいてのれんを含む固定資産の評価を選定した場合に、同一の投資案件を対象として、関係会社株式の評価が個別財務諸表において選定されるケースが多い。㈱ニチレイにおいても、連結で「株式会社ニチレイバイオサイエンスの保有する有形固定資産及び無形固定資産の評価」が選定され、個別では「固定資産の評価と関連する、関係会社株式（株式会社ニチレイバイオサイエンス）の評価」が同一案件を対象として選定されている事が見て取れる。

固定資産の評価と関連する、 関係会社株式（株式会社ニチレイバイオサイエンス）の評価	
監査上の主要な検討事項の 内容及び決定理由	監査上の対応
「（重要な会計上の見積り）関係会社株式の評価」に記載のとおり、2023年３月31日現在会社が保有する株式会社ニチレイバイオサイエンスに係る帳簿価額は1,088百万円であり、貸借対照表における「関係会社株式」69,701百万円の約1.6％を占める。 注記事項（重要な会計上の見積り）及び注記事項（有価証券関係）に記載のとおり、会社が保有する関係会社株式は取得原価をもって貸借対照表価額としているが、各関係会社の財政状態の悪化により実質価額が著しく低下したときは、事業計画等により回復可能性が十分な証拠によって裏付けられる	当監査法人は、関係会社株式（株式会社ニチレイバイオサイエンス）の評価に関する判断を検討するに当たり、主に以下の監査手続を実施した。 **（関係会社株式に関する監査手続）** ・株式会社ニチレイバイオサイエンスの直近の財務諸表を基礎とした純資産額と帳簿価額を比較した。 **（株式会社ニチレイバイオサイエンスの固定資産に関する監査手続）** （内部統制の評価） ・固定資産評価に関連する内部統制の整備及び運用状況の有効性を評価した。

場合を除き、相当の減額を行い、評価差額を当期の損失として処理している。

株式会社ニチレイバイオサイエンスの2023年3月31日現在の純資産額は2,574百万円、有形固定資産及び無形固定資産の帳簿価額は2,873百万円であり、固定資産の減損損失が計上された場合、当該会社の財政状態の悪化により実質価額が著しく低下する可能性がある。

株式会社ニチレイバイオサイエンスは、過年度において継続して営業損益がマイナスであったものの、当会計年度の営業損益及び翌会計年度の事業計画上の営業損益がいずれもプラスであることに加え、その他減損の兆候となる事象が生じていないことから、経営者は、同事業の有形固定資産及び無形固定資産には減損の兆候が認められないと判断している。

当該事業の有形固定資産及び無形固定資産には減損の兆候は認められないとの判断をしているものの、減損の兆候の判断で利用された事業計画の策定には、将来の需要想定に基づく、イムノクロマト事業における販売数量を主要な仮定に用いており、経営者による主観的な判断を伴う重要な会計上の見積りが含まれる。当該事業計画には将来の販売数量及び販売単価など不確実性を伴う仮定が使用されており、経営

また、減損の兆候判定に用いられた事業計画策定に係る社内の査閲や承認手続を確認した。

（将来の営業損益及びキャッシュ・フロー見積りの合理性の評価）

・経営環境の著しい悪化の有無について検証するために、取締役会議事録及び経営会議議事録を閲覧するとともに、当該状況の有無について経営者に質問した。
・減損の兆候判定に用いられる事業計画について、過年度の事業計画と実績とを比較した。
・資金生成単位の減損の兆候の有無を確かめるため、減損兆候判定資料を入手し、事業損益の推移を分析した。また、翌事業年度の事業損益の予算について、経営者によって承認された事業計画との整合性を検討した。
・需要想定に基づく販売数量について、将来の需要予測について経営管理者と討議し、その回答について事業計画との整合性を検討した。
・販売数量について、外部調査機関が公表した情報との整合性の確認、過去の実績販売数量との比較分析、および主要な仮定の変動に関する営業利益の感応度分析を実施した。

者による判断が重要な影響を及ぼす。

当該事業の売上高は、新型コロナウイルス及びインフルエンザの感染者数の増加に対応した需要の動向により大きな影響を受け不確実性が高く、また新型コロナウイルスの感染症法上の分類変更の影響により、イムノクロマト事業における抗原検査薬等の需要が低減し、経営環境が著しく悪化する可能性がある。当該事業計画の大幅な未達、利用可能な企業内外の情報に照らして、事業計画の見直しが必要と判断された場合には、翌会計年度以降の営業損益の見込みがマイナスとなり、減損の兆候に該当する可能性がある。この場合、回収可能価額が固定資産の帳簿価額を下回り、減損損失の認識が必要となる可能性がある。

上記の通り、経営環境の著しい悪化が見込まれ、減損の兆候が識別される場合、有形固定資産及び無形固定資産の減損損失の発生が財務諸表に与える影響は重要となる可能性があることから、当監査法人は、固定資産の評価と関連する、関係会社株式の評価を監査上の主要な検討事項に該当するものと判断した。

・**収益認識**

会社名	年度終了日	連結／個別
モロゾフ㈱	令和5年1月31日	連結財務諸表 個別財務諸表

❸(2)において記載した様に、収益認識については、通常特別な検討を必要とするリスク又は重要な虚偽表示リスクが高いと評価され、見積り項目が選定されない場合にKAMとなる確率が高い。

モロゾフ㈱においては、製品出荷時点で収益を認識する納品店販売は、一般消費者に製品を引き渡し、代金と引き換えに収益を認識する委託店販売に比して、相対的に売上高の発生、期間帰属に関するリスクが高いと考えられること、および決算月における収益認識のタイミングを誤る可能性は他の月に比して相対的に高く、また処理を誤った場合には、連結財務諸表に重要な影響を及ぼす可能性が考えられる事がKAMの決定理由につながっている。

・**連結財務諸表**

納品店販売における年度決算月の洋菓子売上高に関する発生及び期間帰属の適切性	
監査上の主要な検討事項の内容及び決定理由	監査上の対応
会社は洋菓子製造販売を主たる事業活動としており、【注記事項】（セグメント情報等）に記載の通り、連結売上高 32,505,834千円のうち、洋菓子製造販売事業の連結売上高は30,875,974千円（95.0%）を占めている。 洋菓子製造販売に関する収益認識のタイミングは販路によって異なっている。すなわち、買取型の取引先への販売（以下、納品店販売という。）は製品出荷時点で、消化仕入型の取引先で	当監査法人は、納品店販売における年度決算月の洋菓子売上高に関する発生及び期間帰属の適切性について、検討するにあたり、主として以下の監査手続を実施した。 **●内部統制の評価** 売上計上の発生及び期間帰属の適切性を確保するプロセスを理解するとともに主として以下の内部統制の有効性を評価した。 ・出荷指示データと出荷実績データの

の販売（以下、委託店販売という。）は一般消費者に製品を引き渡した時点で、それぞれ収益を認識している。この点、製品出荷時点で収益を認識する納品店販売は、一般消費者に製品を引渡し、代金と引き換えに収益を認識する委託店販売に比して、相対的に売上高の発生、期間帰属に関するリスクが高いと考えられる。

　また、売上高には顕著な季節的変動がみられる。すなわち、バレンタインデー、中元、歳暮、クリスマスなど、大きなイベントがある月の売上高は、イベントがない月に比して膨らむ傾向にある。特に会社の決算月である１月はバレンタインデーの前月に当たることから、例年、決算月の納品店販売高は他の月に比して大きく、取引件数は膨らみ、販売事務量や出荷作業量が多くなっている。このような特徴から、決算月における収益認識のタイミングを誤る可能性は他の月に比して相対的に高く、また処理を誤った場合には、連結財務諸表に重要な影響を及ぼす可能性が考えられる。

　以上のことから、納品店販売における年度決算月の洋菓子売上高に関する発生及び期間帰属の適切性について、監査上の主要な検討事項に該当すると判断した。

照合確認作業及び受注データ訂正の上席者による承認行為
- 月次で実施される返品実績推移表の上席者による査閲

●リスク評価手続

- 売上高について販路別、製品別に前年同月比較分析、得意先別に前年同期比較分析を実施するとともに、返品金額の前年同月比較分析を実施した。
- 年度決算月については日別売上高の推移分析を実施し、合理的に説明できない多額の売上高の有無を検討した。
- 期末日後翌月の返品取引について、多額の返品処理の有無を検討した。

●実証手続

- 期末日前一定期間に計上された売上高からサンプリングにより詳細テスト対象を抽出し、関連する出荷証憑等との照合により、発生、期間帰属の適切性を検討した。
- 得意先に対する売上債権の残高確認を実施し、差異がある場合にはその理由に問題がないかどうかを検討した。

第 4 章

経営分析

第1節
経営指標

 主要経営管理指標（KPI:Key Performance Indicators）

財務的主要経営管理指標としては、以下のようなものがある。

これらは、経営者が企業の状況を把握し意思決定に生かすための指標となるほか、投資家が行う投資意思決定における評価の基準になる。

- 収益性分析（売上高営業利益率、売上高経常利益率など）

  売上高営業利益率等の取引収益性を示す経営指標は、食品製造業のような成熟産業においては一般的に低めである。ROE や ROA、ROIC といった資本収益性を測る指標は、取引収益性分析指標と活動性分析指標とに分解されて把握されることが多い。

- 安全性分析（当座比率、流動比率、固定長期適合比率など）

  一般的には資金繰り面での安全性を示す指標であるが、資金の調達原資と運用のバランスをみることにより、より長期的な収益性を示す指標と考えることもできる。

- 成長性分析（CAGR：売上高伸び率、営業利益伸び率など）

  食品製造業のような成熟産業においては一般的に低めである。事業を多角化している企業や海外への積極的な展開が成功している企業においては比較的高めの値になる場合がある。

- 効率性分析（総資本回転率、株主資本回転率、１人当たり売上高など）

食品製造業は機械化が進んでおり、ビール製造業など装置産業の分野もあるが、総じて他の製造業と比べて突出した比率になることは少なく、平均的な水準であることが多い。

●その他の指標（1株当たり当期純利益、配当性向など）

前述のほかにもさまざまな主要経営管理指標が存在し、また、経営管理指標は必ずしも財務的経営管理指標に限定されるものではなく、例えば、市場シェアや取扱高、売り場面積や契約者数などがある。どの経営管理指標が企業の管理にとって適切なのかは、その企業が置かれた経営環境や経営戦略によって異なるものである。

2　KPIの傾向

これまでわが国の伝統的な企業では、経営において重視すべき指標は売上高や売上高利益率、営業利益といった段階利益に置かれていることが多かった。一方で、資本市場では従前から資本効率性や株主還元政策を重視する投資家が多く、乖離が生じていた。新型コロナウイルス感染症の感染拡大による従来型ビジネスモデルの行き詰まりから、ビジネスモデルの転換や選択と集中の過程の中で、投資家との対話がより求められており、これまで以上に資本コストを意識した経営や対外開示が行われる企業が増加している。

以下のグラフは、時価総額上位の消費者製品製造業を対象に、令和4年10月時点で進行している現行の中期経営計画（中計）と、その1世代前の中計とで、KPIとして開示している財務指標を調査した結果である。従来重視してきた連結売上高や段階利益をKPIとする企業が若干減少している一方で、ROICをKPIとして開示する企業が大きく増え、資本市場を意識していることがうかがえる。

図表4-1-1

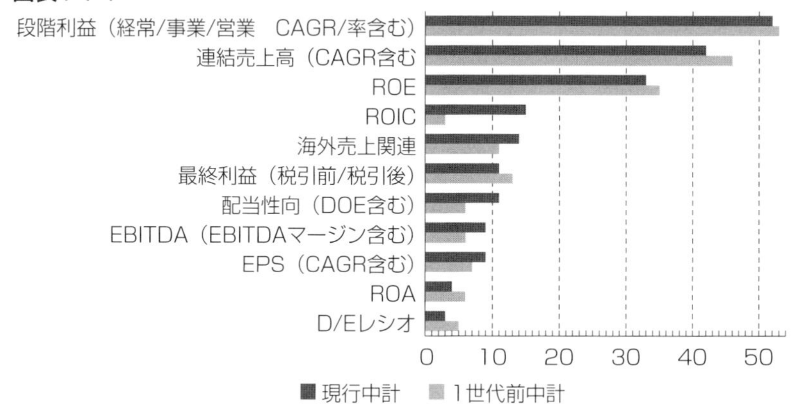
段階利益（経常/事業/営業　CAGR/率含む）
連結売上高（CAGR含む）
ROE
ROIC
海外売上関連
最終利益（税引前/税引後）
配当性向（DOE含む）
EBITDA（EBITDAマージン含む）
EPS（CAGR含む）
ROA
D/Eレシオ
0
10
20
30
40
50
現行中計
1世代前中計

第2節
予算管理

1 予算立案と実績管理

中長期の経営計画を具体化していく中で、年間予算の策定が行われる。

予算達成へ向けて営業部門などになされる指示は、目標とする主要経営管理指標として提示される場合があるが、年間予算はより大局的な経営管理指標（財務指標）で示されることが一般的である。

決算短信において公表される業績予想は、売上高、営業利益、経常利益、当期純利益、１株当たり当期純利益である。業績予想は年間予算に基づいており、年間予算作成には売上予測や生産計画、在庫投資、設備投資、資金繰りに関する仮定と判断が必要である。

年間予算を設定した後に、月次での対予算進捗管理が行われる。予算において定めた指標に対する進捗率をフォローするのが一般的であり、進捗の遅れがある場合にはその原因分析を行い、対策を講じる。上期予算とその実績との比較による進捗状況管理が行われ、上期実績を踏まえた修正予算が策定される場合も多い。

この節では、予算策定時の考慮要件となる外部環境と、予算策定の基礎となる統計について紹介する。

2 基礎となる統計

(1) 景気動向

消費者製品製造業の場合には大量生産を前提としていることが多く、売上予算の策定にあたっては市場の需要予測や販売動向を適時に把握することが求められる点で特徴がある。消費者の嗜好の変化が激しく商品のライフサイクルが短くなっていることに加え、消費者の安全意識の高まりが顕著になっていることが業種の特徴といえよう。売上高利益率や在庫回転率などの経営管理指標は、企業の実情に応じた市場別、製品種類別、部門別等のセグメントごとに作成される。

景気動向の予測・仮定にあたっては、内閣府が調査・公表する「景気動向指数」や「消費動向調査」を基礎となる統計として用いることができる。

「景気動向指数」は、生産、雇用などさまざまな経済活動に関する指標の動きをもとにした、景気の現状把握および将来予測のための指標である。景気動向指数には、コンポジット・インデックス（CI）とディフュージョン・インデックス（DI）がある。前者は変化の大きさ、後者は変化の波及度合いをみる指標である。CIとDIにはそれぞれ、景気に対し先行して動く先行指数、ほぼ一致して動く一致指数、遅れて動く遅行指数の3つがある。 先行指数は数か月先の景気の動きを示し、一致指数は景気の現状を示す。遅行指数は半年から1年遅れで反応する。「景気動向指数」は30の指標（先行指数11、一致指数10、遅行指数9）をもとに作成されている。これら30項目の指標は図表4-2-1のとおりであり､その各々もまた売上予算策定にあたり参考となる資料といえよう。

そのほか予算編成にあたっては、季節変動による需要予測が必要な場合もある。例えば飲料メーカーでは、夏の天候に関して冷夏であるのかないのか、いつからどの程度高い気温の時期が続くかなどに対する予測・仮定も必要になる。

「景気動向指数」の算定基礎となる30の指標とそのデータソースは、

図表4-2-1のとおりである。

図表4-2-1　消費動向指数

	系列名	内　容	作成機関	資料出所	系列出所ホームページアドレス
先行系列					
L１	最終需要財在庫率指数（逆）		経済産業省	鉱工業指数	https://www.meti.go.jp/statistics/tyo/iip/index.html
L２	鉱工業生産財在庫率指数（逆）		経済産業省	鉱工業指数	https://www.meti.go.jp/statistics/tyo/iip/index.html
L３	新規求人数（除学卒）	新規学卒者を除きパートタイムを含む	厚生労働省	一般職業紹介状況	https://www.mhlw.go.jp/toukei/saikin/index.html
L４	実質機械受注（製造業）	機械受注（船舶・電力を除く民需）÷国内品資本財企業物価指数	内閣府経済社会総合研究所	機械受注統計調査報告	https://www.esri.cao.go.jp/jp/stat/juchu/menu_juchu.html
			日本銀行	最終需要・中間需要物価指数	https://www.boj.or.jp/statistics/index.htm
L５	新設住宅着工床面積		国土交通省	建築着工統計	https://www.mlit.go.jp/statistics/details/jutaku_list.html
L６	消費者態度指数	２人以上世帯	内閣府経済社会総合研究所	消費動向調査	https://www.esri.cao.go.jp/jp/stat/shouhi/menu_shouhi.html
L７	日経商品指数（42種総合）	月末値	㈱日本経済新聞社	日本経済新聞	-
L８	マネーストック（M２）	前年同月比	日本銀行	マネーストック統計	https://www.boj.or.jp/statistics/index.htm
L９	東証株価指数	月中平均値	㈱東京証券取引所	東証統計月報	-
L10	投資環境指数（製造業）	総資本営業利益率（製造業）［営業利益（製造業）（当期末）÷総資本額（資産合計）（当期末）（製造業）］－長期国債（10年）新発債流通利回り（月末値）	営業利益（製造業）及び総資本額（資産合計）（製造業）：財務省	法人企業統計季報	https://www.mof.go.jp/statistics/
			長期国債（10年）新発債流通利回り：日本相互証券（株）	マーケットデータ	https://www.bb.jbts.co.jp/ja/historical/main_rate.html
L11	中小企業売上げ見通しDI		日本政策金融公庫	中小企業景況調査	https://www.jfc.go.jp/n/findings/tyousa_sihanki.html
一致系列					
C１	生産指数（鉱工業）		経済産業省	鉱工業指数	https://www.meti.go.jp/statistics/tyo/iip/index.html
C２	鉱工業用生産財出荷指数		経済産業省	鉱工業指数	https://www.meti.go.jp/statistics/tyo/iip/index.html
C３	耐久消費財出荷指数		経済産業省	鉱工業指数	https://www.meti.go.jp/statistics/tyo/iip/index.html

C４	労働投入量指数（調査産業計）	総実労働時間指数（調査産業計、事業所規模30人以上）×雇用者数（非農林業）	厚生労働省	毎月勤労統計調査月報	https://www.mhlw.go.jp/toukei/list/30-1.html
			総務省統計局	労働力調査報告	https://www.stat.go.jp/data/roudou/2.html
C５	投資財出荷指数（除輸送機械）	出荷指数（資本財、除輸送機械）と出荷指数（建設財）の加重平均	経済産業省	鉱工業指数	https://www.meti.go.jp/statistics/tyo/iip/index.html
C６	商業販売額（小売業）	前年同月比	経済産業省	商業販売統計	https://www.meti.go.jp/statistics/tyo/syoudou/result-1.html
C７	商業販売額（卸売業）	前年同月比	経済産業省	商業販売統計	https://www.meti.go.jp/statistics/tyo/syoudou/result-1.html
C８	営業利益（全産業）		財務省	法人企業統計季報	https://www.mof.go.jp/statistics/
C９	有効求人倍率（除学卒）	新規学卒者を除きパートタイムを含む	厚生労働省	一般職業紹介状況	https://www.mhlw.go.jp/toukei/saikin/index.html
C10	輸出数量指数		内閣府	月例経済報告	https://www5.cao.go.jp/keizai３/getsurei/getsurei-index.html
遅行系列					
Lg1	第３次産業活動指数（対事業所サービス業）		経済産業省	第３次産業活動指数	https://www.meti.go.jp/statistics/tyo/sanzi/index.html
Lg2	常用雇用指数（調査産業計）	事業所規模30人以上、前年同月比	厚生労働省	毎月勤労統計調査月報	https://www.mhlw.go.jp/toukei/list/30-1.html
Lg3	実質法人企業設備投資（全産業）	法人企業設備投資（全産業）÷民間企業設備デフレーター	財務省	法人企業統計季報	https://www.mof.go.jp/statistics/
			内閣府経済社会総合研究所	四半期別 GDP 速報	https://www.esri.cao.go.jp/jp/sna/data/data.html
Lg4	家計消費支出（勤労者世帯、名目）	２人以上、前年同月比	総務省統計局	家計調査報告	https://www.stat.go.jp/data/kakei/2.html
Lg5	法人税収入	還付金を含む	財務省	租税及び印紙収入、収入額調	https://www.mof.go.jp/tax_policy/index.html
Lg6	完全失業率（逆）		総務省統計局	労働力調査報告	https://www.stat.go.jp/data/roudou/2.html
Lg7	きまって支給する給与（製造業、名目）	定期給与、事業所規模30人以上	厚生労働省	毎月勤労統計調査月報	https://www.mhlw.go.jp/toukei/list/30-1.html
Lg8	消費者物価指数（生鮮食品を除く総合）	前年同月比	総務省統計局	消費者物価指数（CPI）	https://www.stat.go.jp/data/cpi/
Lg9	最終需要財在庫指数		経済産業省	鉱工業指数	https://www.meti.go.jp/statistics/tyo/iip/index.html

（注）（逆）とは逆サイクル系列のことであり、指数の上昇・下降が景気の動きと反対になる指標であることを指す。
（出典：内閣府ホームページ「個別系列の概要」）

⑵　市場金利

在庫投資や営業債権を保有するためには運転資金が必要となる。一般に運転資金とは棚卸資産、売掛金・受取手形の保有に充てられる資金であり、買掛金・支払手形、短期借入金・コマーシャルペーパーにより調達される。営業債権を回収するまでの期間は月末締め翌月20日払いなどさまざまなケースがあるが、消費者製品製造業における営業債権のサイトは企業によって異なるものの３か月程度が一般的である。一方原材料・製品在庫の保有期間は、企業によって、あるいは製品の種類によって異なる。製品のライフサイクルの短縮化に加え、賞味期限・消費期限に対する消費者の関心の高まりと、製品のロット管理の厳格化により、在庫が長期間にわたり滞留することは一般的ではない。よって予算策定にあたっては、３か月 TIBOR（Tokyo Interbank Offered Rate）などの短期市場金利が参考となる。

また設備投資を行うにあたっては、フリー・キャッシュ・フローの範囲内での投資でない限り、資金調達が必要になる。社債発行による資金調達であれば、長期国債の利回りに企業の信用リスク等を反映したスプレッドを上乗せした金利が指標となる。

⑶　原材料価格

企業は、販売数量の予測に裏付けられた製品在庫や原料在庫の必要水準の最適化を図り、欠品による販売の機会を逸するリスクとの兼ね合いにおいて在庫の保有量や保有コスト（保管料や金利）の極小化を図っている。また、原材料の調達に関して、長期契約・共同購買等の工夫により調達コストを削減する取組みが積極的になされている。しかし、近年の原料・燃料価格の変動は激しく、これらのコスト削減の取組みの効果を上回る変動幅で、予算と実績の乖離を生む大きな要因となっている。

海外からの輸入に依存する原材料、とりわけ小麦・大豆などは著しく海外の市況に左右される。主な商品の取引価額に関する統計は、以下のホームページより入手できる。

●株式会社東京商品取引所
https://www.jpx.co.jp/derivatives/products/index.html

(4) 為替相場

原材料の多くを輸入に依存する場合、あるいは海外への輸出が多い場合には、為替相場変動による業績への影響を予算策定にあたって織り込む必要がある。USドル建あるいはユーロ建の取引が一般には多いが、生産拠点を海外に移転している企業の場合など、その他の通貨についての為替相場変動による影響が大きい。近年では中国や東南アジア、南米などに生産拠点を設けている例が多く、想定を超えた為替相場の変動による予算からの乖離もしばしばみられる。

「想定為替レート」の設定は、採算のとれる為替相場水準等を考慮して定められる。実際の決済にあたっては、為替予約・デリバティブの利用による円貨回収額・支払額の固定を図っている事例も多い。

(5) 原油価格

中国やインドなど新興国の経済成長による世界的な需要の増加と投機資金の流入により、原油価格は高騰し、また乱高下しやすい環境にある。原油価格の国際的な指標は、米国ニューヨーク・マーカンタイル取引所（NYMEX）で取引されるウエスト・テキサス・インターミディエート（WTI）の取引価格である。国内におけるガソリンの小売価格は、原油価格が米国ドル建であるため為替相場の変動の影響を考慮しなければならないが、価格の推移は密接な関係にある。

WTI原油価格については、NYMEXのホームページ（https://www.cmegroup.com/）よりデータが入手可能である。

ガソリン小売価格については、一般財団法人日本エネルギー経済研究

所 石油情報センター（https://oil-info.ieej.or.jp/price/price.html）より
データが入手可能である。

第3節

経営指標と経営戦略との関係

この節では主要な上場食品メーカーについて、業界の特徴と経営環境および経営戦略に注目した経営指標の特徴を紹介するため、製粉業・油脂製造業・調味料製造業・食肉加工業・ビール・酒類製造業の各分野に限定した分類を行っている。なお、対象とした令和４年11月期～令和５年３月期は、原燃料価格が高騰する中で食品製造業の各企業が日本国内において値上げに踏み切ることができた時期となっている。これまで日本国内における食品製造業は、スーパーの特売チラシに代表されるような小売店における集客の目玉という位置付けであった。そのため、メーカーは販促費を多額に拠出する一方、大手流通各社の影響が強く、原価増を売価に転嫁しにくい環境が長らく続いていた。しかし、令和４年半ばから、徐々にではあるが値上げが受容されるようになったタイミングであることを念頭に置いてもらいたい。

なお、第１節❶（293頁）で取り上げた主要経営指標は以下の算式に基づいて算出している。財務データは、有価証券報告書に基づく数値である。

＜収益性分析＞

- 売上高営業利益率＝営業利益÷売上高
- 自己資本利益率（ROE）＝当期利益÷自己資本（２期平均）
- 総資本利益率（ROA）＝当期利益÷総資本（２期平均）
- フリー・キャッシュ・フロー＝営業活動によるCF＋投資活動による

CF

●経常収支額＝営業活動によるCF＋法人税等の支払額

<安全性分析>

●流動比率＝流動資産÷流動負債

●当座比率＝当座資産※÷流動負債

●自己資本比率＝自己資本÷総資産

●固定比率＝固定資産÷自己資本

●固定長期適合率＝固定資産÷（自己資本＋固定負債）

<成長性分析>

●売上高伸び率＝（当期売上高－前期売上高）÷前期売上高

●営業利益伸び率＝（当期営業利益－前期営業利益）÷前期営業利益

<効率性分析>

●株主資本回転率＝　売上高÷自己資本（2期平均）

●1人当たり売上高＝売上高÷従業員数（2期平均）

●棚卸資産回転率＝売上原価÷棚卸資産（2期平均）

●固定資産回転率＝売上高÷固定資産（2期平均）

●労働装備率＝（有形固定資産－建設仮勘定）÷従業員数

※当座資産＝現金及び預金＋受取手形＋売掛金＋契約資産＋一時所有の
有価証券等＋営業未収入金

1　製粉業

小麦は、国内需要の84%を輸入に依存している。精穀・製粉業においては原材料である小麦の輸入依存度が高いため、原料価格変動による収益への影響が大きい。原料である小麦の仕入価格は、輸入麦の売渡制度として政府が買い付けて製粉会社に売り渡す輸入小麦価格が規制されており、平成19年４月から売渡価格は国際相場に連動する相場連動制となっている。これは、過去の一定期間における政府の買入価格の平均値に、年間固定のマークアップ（売買差額）を上乗せするものであり、年に２回改定され、小麦の国際相場や為替変動が自動的に反映される仕組みである。

輸入小麦の売渡価格の変動は販売価格に転嫁することにより売上高に反映されるが、最終的な製品であるめんやパンなどは主食となるため、売渡価格が上昇する局面では家計への直接的な影響が大きく、仕入価格の販売価格への転嫁がどの程度進んでいるかが、会社の収益性を左右する。

令和５年３月期は東欧での地政学的なリスクの高まりを受けたことに伴い、小麦相場、原燃料相場が高い水準で推移したものの、麦価改定やエネルギーコスト増を製品価格に転嫁できていたことから、各社とも製粉事業では増収増益となった。一方で、㈱日清製粉グループ本社は令和元年に進出した豪州製粉事業が、新型コロナウイルス感染症の感染拡大によるインストアベーカリーの不振等から、多額ののれん減損損失を計上したことで最終利益は赤字となっている。

㈱日清製粉グループ本社は、同業他社に比し、流動比率や当座比率が高い。これは、迅速な設備投資・事業展開へ向けた手元資金の積増しや資金調達コストを削減する戦略をとったためと読み取れる。

主要な経営指標の企業間比較（連結ベース）

	A社	B社	C社
収益性分析			
売上高営業利益率（％）	4.11	3.36	1.24
自己資本利益率（ROE）（％）	-2.37	5.65	7.11
総資本利益率（ROA）（％）	-1.44	3.06	3.24
フリー・キャッシュ・フロー（百万円）	23,909	10,029	-9,085
経常収支額（百万円）	37,359	18,851	-1,813
安全性分析（％）			
流動比率	219.66	181.93	130.69
当座比率	127.01	115.67	65.12
自己資本比率	59.37	54.75	45.60
固定比率	90.55	106.82	109.99
固定長期適合率	69.91	76.91	82.90
成長性分析（％）			
売上高伸び率	17.5	21.3	16.5
営業利益伸び率	11.6	21.2	-24.8
効率性分析			
株主資本回転率（回）	1.82	2.01	3.06
棚卸資産回転率（回）	5.66	6.52	5.48
固定資産回転率（回）	1.93	1.84	2.72
１人当たり売上高（百万円）	87.1	95.9	116.8
労働装備率（％）	21.9	29.0	28.2

※Ａ社：㈱日清製粉グループ本社（令和５年３月期）
　Ｂ社：㈱ニップン（同上）
　Ｃ社：昭和産業㈱（同上）

2 油脂製造業

植物油脂製造業は、搾油に用いられる原材料（大豆、とうもろこし、菜種等）の多くを輸入に依存するため、原料価格変動および為替相場による収益への影響が大きい。対象年度は大豆、菜種ともにC&F価格の上昇、為替相場ともに減益側に振れたものの、製品価格への転嫁および副産物であるミールの売価増により、日清オイリオグループ㈱と㈱Ｊ－オイルミルズは増収増益（㈱Ｊ－オイルミルズは営業損失から営業利益への転換）となった。

不二製油グループ本社㈱は大幅増収であるものの減益となっているが、これは令和元年に買収した業務用チョコレート大手の米国ブラマー社の販売数量の落ち込みによる減益影響が大きい。

代表的な原材料である大豆は、世界全生産量の約40％が米国産、約25％がブラジル産、約20％がアルゼンチン産である。とりわけ米国の気候変動による相場の変動が大きい。需要予測のほか作付面積・単位収穫量の増減予測が先物相場に影響する。とうもろこしも米国が最大の生産国であり、大豆と同様に先物相場の変動があるが、家畜の配合飼料原料としての用途が多く、甘味料としての用途（ぶどう糖、水あめ、異性化糖など糖化用）や工業用原材料としての用途も多いことが特徴的である。

また、在庫投資は原料価格の推移を見越して行われる。原料価格変動により収益性の指標が変動するが、以下のような各社の原料調達から製造、販売までのリードタイムの違いにより、業績に反映されるタイミングが異なる場合がある。

- 米州から船舶で移送する際の原料購入から入庫までの時間
- 原料在庫が多いことによる入庫から工程への投入までの時間
- その他一般的な製造から販売までの製品在庫

フリー・キャッシュ・フローは３社ともにマイナスであるが、これは各社とも棚卸資産の残高が大きく増えている影響が大きく、前述のC&F価格の上昇と円安影響によるものである。

主要な経営指標の企業間比較（連結ベース）

	D社	E社	F社
収益性分析			
売上高営業利益率（%）	2.90	0.28	1.96
自己資本利益率（ROE）（%）	6.99	1.01	3.14
総資本利益率（ROA）（%）	3.10	0.57	1.38
フリー・キャッシュ・フロー（百万円）	-5,745	-13,731	-8,893
経常収支額（百万円）	2,409	-10,302	14,335
安全性分析			
流動比率（%）	201.96	215.01	156.12
当座比率（%）	97.37	90.69	76.78
自己資本比率（%）	43.41	52.54	43.26
固定比率（%）	86.63	72.23	118.78
固定長期適合率（%）	56.34	53.51	76.54
成長性分析（%）			
売上高伸び率	28.6	29.2	28.5
営業利益伸び率	38.7	-	-27.1
生産性分析			
株主資本回転率（回）	3.49	2.77	2.86
棚卸資産回転率（回）	5.14	4.16	4.80
固定資産回転率（回）	3.92	3.85	2.44
1人当たり売上高（百万円）	185.8	193.5	97.6
労働装備率（%）	32.8	37.6	25.1

※D社：日清オイリオグループ㈱（令和5年3月期数値）
E社：㈱J－オイルミルズ（同上）（営業利益伸び率は営業損失から営業利益となったため算出していない）
F社：不二製油グループ本社㈱（同上）

3　調味料製造業

調味料製造業は、みそ、しょうゆ、ソース類、その他香辛料、ルウ類、うま味調味料等の製造業者からなる。生活必需品である各々の調味料において、大手メーカーが存在し有名ブランドにより全国展開している。大手スーパーによるPB（プライベートブランド）商品との価格面での競争もみられるが、消費者の嗜好の変化をとらえた高付加価値化による製品の差別化を行うことで競争力を維持している。このため、他の業種に比べて売上高研究開発費率や売上高広告宣伝費率が高い傾向にある。

また、成長性分析において、国内の売上高伸び率が低いことに加え、原燃料価格の上昇といったコスト増を売価に転嫁しにくい傾向がある。令和５年３月以降の急激な円安も寄与し、味の素㈱やキッコーマン㈱は高い海外売上高比率（それぞれ６割超、７割超）に支えられる形で大きく増収増益を果たした。キユーピー㈱やカゴメ㈱はそれぞれ海外進出を強化しており、海外事業はいずれも好調に推移しているが、いずれも現時点では日本国内向けの売上が中心となっていることから増収幅も小さく、減益となった。両社とも海外事業の強化を進めていること、令和５年半ばごろから日本国内での価格改定も消費者の理解を得られ始めていることなどが今後の業績に寄与してくると考えられる。

主要な経営指標の企業間比較（連結ベース）

	G社	H社	I社	J社
収益性分析				
売上高営業利益率（%）	9.63	4.32	9.49	7.67
自己資本利益率（ROE）（%）	12.92	4.79	11.38	8.30
総資本利益率（ROA）（%）	6.33	3.17	8.17	4.24
フリー・キャッシュ・フロー（百万円）	87,553	6,004	32,577	8,888
経常収支額（百万円）	156,785	29,839	78,792	-1,439
安全性分析				
流動比率（%）	181.23	223.76	284.75	164.74
当座比率（%）	87.29	163.60	178.59	84.07
自己資本比率（%）	50.84	66.16	72.47	49.78
固定比率（%）	116.58	86.53	69.46	75.75
固定長期適合率（%）	80.17	77.37	61.83	62.21
成長性分析（%）				
売上高伸び率	18.2	5.7	19.8	9.2
営業利益伸び率	9.2	-22.5	12.4	44.9
効率性分析				
株主資本回転率（回）	1.86	1.65	1.61	1.78
棚卸資産回転率（回）	3.63	8.20	4.73	2.18
固定資産回転率（回）	1.53	1.89	2.25	2.28
１人当たり売上高（百万円）	39.5	42.6	80.0	78.3
労働装備率（%）	14.3	13.0	20.4	19.8

※Ｇ社：味の素㈱（令和５年３月期数値　IFRS）
　Ｈ社：キユーピー㈱（令和５年11月期数値）
　Ｉ社：キッコーマン㈱（令和５年３月期数値　IFRS）
　Ｊ社：カゴメ㈱（令和５年12月期数値　IFRS）

※比較可能性を担保するため、IFRS 任意適用会社の営業利益は、売上から売上原価、販管費、持分法による投資損益、金融収益および金融費用を加減した金額としている。

4　食肉加工業

国産の畜産物は主に食肉用に用いられるが、ハム・ソーセージなどの加工品用の原料は主に輸入に依存している。飼料価格の高騰と新興国を中心とした畜産物の世界的な需要の高まりにより、食肉加工業は原料価格高騰の影響を受ける。このことは、収益性分析においては売上高営業利益率の低下として表れる。

令和５年３月期は国内外で食肉相場や飼料相場が上昇し、加工食品売価改定を複数回行うなど価格転嫁が進んだことから３社とも売上収益は増加した。一方で、コストの大幅増を補うほどの価格転嫁ができていないことから、営業利益は減益となった。日本ハム㈱のフリー・キャッシュ・フローが大きくマイナスとなっているのは、上記要因に加え、保有するプロ野球球団の新本拠地の建設費として多額のキャッシュアウトが発生していることによる。日本ハム・ソーセージ工業協同組合の調査によれば、年次別食肉加工品（ソーセージ・ハム・ベーコン）の生産数量は、平成19年に480,582トンと底を打った後は緩やかに回復し、平成30年には554,342トンまで回復している。その後、緩やかに減少基調だが、令和４年も534,485トンと、一時期贈答文化の衰退に伴い中元・歳暮ギフト需要が落ち込みをみせていた時期と比べると、ソーセージやベーコン類を中心に生産数量は回復をみせている。大手小売りチェーンの販促の目玉になりやすい商品であること、国内景気低迷に伴う消費者の低価格品へのシフトもあり、食肉相場や飼料相場、原燃料価格増といったコストアップを十分に転嫁することが困難な環境にあり、各社ともに減益となっている。

主要な経営指標の企業間比較（連結ベース）

	K社	L社	M社
収益性分析			
売上高営業利益率（%）	0.86	2.49	2.25
自己資本利益率（ROE）（%）	3.42	6.39	4.00
総資本利益率（ROA）（%）	1.80	3.99	1.99
フリー・キャッシュ・フロー（百万円）	-52,346	-18,979	-3,370
経常収支額（百万円）	24,889	13,075	13,406
安全性分析			
流動比率（%）	153.66	167.68	127.30
当座比率（%）	75.98	77.19	76.57
自己資本比率（%）	52.59	61.49	49.22
固定比率（%）	103.29	67.12	118.91
固定長期適合率（%）	78.47	63.67	92.81
成長性分析（%）			
売上高伸び率	7.2	7.9	2.6
営業利益伸び率	-73.9	-6.5	-24.9
効率性分析			
株主資本回転率（回）	2.59	3.47	3.82
棚卸資産回転率（回）	6.71	7.26	15.20
固定資産回転率（回）	2.50	5.27	3.30
１人当たり売上高（百万円）	78.1	114.6	118.1
労働装備率（%）	24.5	12.0	26.1

※K社：日本ハム㈱（令和５年３月期数値　IFRS）
　L社：伊藤ハム米久ホールディングス㈱（令和５年３月期数値）
　M社：プリマハム㈱（同上）

※比較可能性を担保するため、IFRS 任意適用会社の営業利益は、売上から売上原価、販管費、持分法による投資損益、金融収益および金融費用を加減した金額としている。

5 ビール・酒類製造業

ビール・酒類製造業においては、ビールメーカーの規模が大きいため、ビールを製造している大手総合酒類メーカーについて取り上げる。

取り扱う製品はいずれもビール類のほか日本酒以外の和酒・ワイン洋酒等にも及んでいるほか、歴史的経緯から清涼飲料水も取り扱っている。また、日本国内の酒類需要の緩やかな減少を見越し、キリンホールディングス㈱の子会社である協和キリン㈱や持分法適用会社である㈱ファンケルのような、医薬や化粧品といったヘルスケア分野への進出や、アサヒグループホールディングス㈱によるSABMiller plcの中東欧事業の買収といった海外酒類事業の強化といった動きがみられる。事業規模が大きく、M＆Aが活発に行われていることもあり、ビール大手４社はいずれもIFRSを任意適用している。

総合酒類メーカーは、一般的には資本集約型の装置産業であり、設備投資・固定費が多い点で特徴がみられ、経営指標上では他の食品製造業に比べると固定資産回転率（回）の低さとなって表れている。

ビール市場は、キリン・アサヒ・サントリー・サッポロの４社による寡占市場であることもあり、各社の商品に価格差があまりない。特にビールについては、他社製品との差別化も顕著ではないことから、商品名の定着を意図した広告宣伝投資が多くなり、他の業種に比べて一般的に売上高広告宣伝費率が高い傾向にある。

主要な経営指標の企業間比較（連結ベース）

	N社	O社	P社	Q社
収益性分析				
売上高営業利益率（%）	9.44	9.52	10.14	3.01
自己資本利益率（ROE）（%）	10.66	7.25	7.43	5.00
総資本利益率（ROA）（%）	4.16	3.24	2.99	1.33
フリー・キャッシュ・フロー(百万円)	−22,885	229,834	99,426	29,007
経常収支額（百万円）	239,853	421,461	353,288	45,557
安全性分析				
流動比率（%）	142.36	60.62	126.55	92.23
当座比率（%）	85.66	37.62	61.49	60.26
自己資本比率（%）	39.46	46.54	41.60	27.47
固定比率（%）	168.79	180.40	165.21	267.24
固定長期適合率（%）	100.43	114.29	103.69	103.34
成長性分析（%）				
売上高伸び率	7.2	10.2	11.0	8.4
営業利益伸び率	5.4	8.1	15.6	67.8
効率性分析				
株主資本回転率（回）	2.02	1.22	1.27	2.97
棚卸資産回転率（回）	3.77	7.04	2.42	7.60
固定資産回転率（回）	1.19	0.64	0.73	1.09
１人当たり売上高（百万円）	70.3	94.5	71.6	78.0
労働装備率（%）	18.2	28.7	23.0	19.1

※N社：キリンホールディングス㈱（令和５年12月期数値　IFRS）
　O社：アサヒグループホールディングス㈱（同上）
　P社：サントリーホールディングス㈱（同上）
　Q社：サッポロホールディングス㈱（同上）
※比較可能性を担保するため、IFRS 任意適用会社の営業利益は、売上から売上原価、販管費、持分法による投資損益、金融収益および金融費用を加減した金額としている。

第４節
サステナビリティ情報

1　サステナビリティ情報開示

(1)　サステナビリティ情報の重要性の高まり

気候変動問題などを受け、企業をめぐる利害関係者の期待が短期的な利益追求から、社会・環境に配慮した長期的な持続可能性を重視するようになり、企業経営や投資家の投資判断においてサステナビリティの重要性が急速に高まっている。これにより企業の開示情報も従来は財政状態や経営成績といった財務情報が中心であったが、今後はサステナビリティ情報の開示の充実が求められる。

企業が経営にサステナビリティの観点を取り入れ、投資家がサステナビリティの観点を投資判断に組み入れることで、企業には次のような便益がもたらされることになる。

①　事業成長と資本調達

例えば、サステナビリティに配慮した原料を使用した製品など、サステナビリティを製品・サービスにおける付加価値として取り入れられることができた場合、企業の売上増加につながる可能性がある。また、サステナビリティに配慮した企業活動を行うことで、取引先や地域コミュニティなどと良好な関係を築き、原料調達や事業開発機会の促進につながる可能性がある。さらにサステナビリティの観点から投資意思決定を行う投資家からの投資を呼び込むことができる。

②　コスト削減と効率のよい資源分配

例えば、エネルギー消費量の削減や紙・プラスチック使用量の削減などに取組むことで、事業のコストを削減できる可能性がある。また、環境への配慮が足りない設備は将来、資産価値を大きく下げる可能性がある。このようなリスク（座礁資産リスク）は、化石燃料を使用した発電設備から再生可能エネルギー設備への転換などにより低減することができる。

③　行政機関・規制当局との良好な関係

社会と自然環境への負荷を低減することによって、規制リスク、地政学リスク、政治的リスク、評判リスク等を低減することができる。また、政府や行政機関との良好な関係を維持することによって公的事業に係る調達機会を維持・発展することができ、公的な資源やサービスへのアクセスが促進される。

④　優秀な人材の採用と定着

特に若い世代は環境問題やサステナビリティに関する関心が高い傾向にあり、サステナビリティに積極的に取り組む企業は従業員の帰属意識やロイヤリティを高め、優秀な人材を呼び込むことや、従業員のモチベーションおよび生産性の向上、離職率の低下などにつなげることができる。

(2)　サステナビリティ情報開示の枠組み

海外の機関投資家などを中心にESGの観点から投資意思決定を行う投資家は年々増加しているため、企業の情報開示において統合報告書やサステナビリティレポートの中でサステナビリティ情報の開示を充実化する動きが広がっている。しかし、サステナビリティ情報の開示にあたっては、グローバルで複数の枠組みやガイダンスが発行されていたため、さまざまな実務があり収斂していないのが実情であった。そこで、国際サステナビリティ基準審議会（ISSB）が、国際的に統一し比較可能なサステナビリティ開示基準策定を目的に、IFRS財団内に国際会計基準審議会（IASB）の姉妹組織として2021年11月のCOP26において設立された。ISSBは2023年６月に最初のIFRSサステナビリティ開示基準として、IFRS S１「サステナビリティ関連財務情報の開示に関する全般的要求事項」およびIFRS S２「気候関連開示」を公表した。ISSB基準はサステナビリティ関連事項が企業に与える財務インパクトを投資家に対して適切に開示することが意図されている。

(3)　IFRS S１の概要

ISSBが公表した２つの基準、IFRS S１とIFRS S２は、2024年１月１日以降開始する事業年度の年次報告から適用となるが、各国・地域においてISSB基準の適用を制度化する場合の規制報告上の適用日は各国・地域の規制当局が定めることとしている。

IFRS S１はIFRSサステナビリティ開示基準の一般原則を定める基準であり、企業が短期、中期および長期にわたって直面するサステナビリティ関連のリスクおよび機会について、TCFD（気候関連財務情報開示タスクフォース）提言を取り入れ、ガバナンス、戦略、リスク管理、指標と目標の４つの柱に基づく開示を要求している。そのほか、IFRS S１において特に重要と考えられる要求事項は次のとおりである。

①　報告企業

サステナビリティ情報の報告企業は、関連する財務諸表と同一でなければならないとされている。すなわち、連結財務諸表に含まれる親会社と子会社がサステナビリティ情報の開示対象に含まれることになる。したがって、サステナビリティ情報の開示にあたって国内子会社の情報のみ収集し、海外子会社の情報を報告から除くというようなことは認められなくなる。

②　結合された情報

企業は、サステナビリティ情報におけるさまざまなリスクと機会の間のつながり、サステナビリティ情報開示の間のつながり、サステナビリティ情報とそのほかの一般目的財務報告とのつながりのそれぞれを理解できるように記述しなければならないとされている。また、サステナビリティ情報開示で使用された財務データおよび仮定は、財務諸表を作成する際に使用された財務データおよび仮定と可能な限り整合的でなければならないとされている。したがって、例えば、ある企業が消費者の低炭素代替品への選考により、製品の需要減少に直面する可能性がある。そのような状況で企業が主要工場の閉鎖などの戦略的対応をした場合に、資産の耐用年数や減損の評価にどのように影響を与えるかを説明する必要性が出てくる可能性がある。

③　開示箇所

サステナビリティ情報の開示は一般目的財務報告の一部として開示することが求められている。実際、一般目的財務報告の中のどこで開示するかについては、企業に適用される規制や要求事項に従うため、さまざまな箇所になるとされる。

④　報告の時期

企業は、サステナビリティ情報を関連する財務報告と同時に報告し、かつサステナビリティ情報の報告期間は関連する財務報告と同じとすることが求められている。なお、これに関しては適用初年度の移行措置としてサステナビリティ情報開示を翌期の上半期の期中報告書と同じタイミングで公表できるとされている。

(4)　IFRS S２の概要

IFRS S２は一般基準であるIFRS S１傘下のテーマ別基準という位置付けである。IFRS S１と同時に最初のテーマ別基準として気候変動に関する基準がIFRS S2として公表されたのは、サステナビリティ情報の中でも気候変動が最も重要なテーマであると考えられたためである。IFRS S2もTCFD提言における4つの柱に基づき、ガバナンス、戦略、リスク管理、指標と目標の4つの観点から、気候関連のリスクと機会に関する情報の開示を要求するものとなっている。

(5)　日本における動向

サステナビリティ情報の重要性の高まりを受け、サステナビリティ情報開示の拡充に向けた取組みが行われている。令和5年1月に「企業内容等の開示に関する内閣府令」等が公布・施行され、令和5年3月31日以後に終了する事業年度に係る有価証券報告書等から、サステナビリティ情報の開示が義務付けられることとなった。具体的には、有価証券報告書にサステナビリティ情報の記載欄が新設され、「ガバナンス」と「リスク管理」については必須の記載事項とされている。また「戦略」と「指標と目標」について各企業が重要性を判断して開示することとされた。なおサステナビリティ情報の中でも人的資本および人材の多様性に関する「戦略」と「指標と目標」についてはすべての企業が開示することとされ、「戦略」においては人材の多様性の確保を含む人材の育成に関する方針と社内環境整備の方針の記載が求められ、「指標と目標」においては「戦略」に記載した方針に関する指標の内容と、当該指標を用いた目標および実績の記載が求められているほか、「従業員の状況」に女性活躍推進法等に基づく男女間賃金格差、女性管理職比率、男性育児休業取得率の開示が追加されている。

また、日本国内におけるサステナビリティ開示基準の設定主体の動きとしては、令和4年7月に、国内のサステナビリティ開示基準の開発および国際的なサステナビリティ開示基準の開発への貢献を目的として公益財団法人会計基準機構（FASF）がサステナビリティ基準委員会（SSBJ）を設立している。IFRS財団におけるISSBと同様、SSBJは会計基準の設定主体である企業会計基準委員会（ASBJ）の姉妹組織として位置付けられている。SSBJ は日本版のＳ１基準、Ｓ２基準の開発に着手しており、令和６年度中の確定基準公表に向けて取組みを行っている。

2 食品製造業におけるサステナビリティ情報開示

日本においてはISSBが公表したサステナビリティ開示基準に基づく情報開示は制度化されていないことから、日本国内の食品製造業がホームページ、統合報告書、サステナビリティレポート、有価証券報告書などの各媒体で、どのような開示を行っているかについて紹介する。調査対象時期は令和４年度（３月決算については令和５年３月期、12月決算については令和４年12月期）における開示とし、調査した企業は食品製造業の各カテゴリにおける業界大手企業であり、飲料５社、調味料４社、乳製品４社、菓子３社、冷凍食品２社、製パン１社、製粉３社、製油２社、食肉・水産加工４社の合計28社を調査対象とした。

(1) 食品製造業のサステナビリティ課題

食品製造業の企業でサステナビリティ課題としてとらえているものの多くは、そのビジネスモデルとバリューチェーンから導き出されている。食品製造業の企業は①まず消費者ニーズに合致した製品の企画・開発を行う。②次に当該製品に必要な原料を調達する。③調達した原料をもとに自社または子会社・委託先の工場にて製品を製造する。④製品はそのコンセプトなどを基に広告宣伝や営業活動が行われ、得意先に販売される。⑤得意先に販売された製品は最終的に消費者の元にわたり、消費される。また売れ残った製品や包装資材、製造工程で生じたくずなどは廃棄又は再利用される。⑥そしてその原料の仕入れから最終的な消費に至るまでの各所で物流が関与する。この一連のバリューチェーンにおける各段階においてどのようなサステナビリティ上の課題があるかを示したのが図表4-4-1である。

図表4-4-1

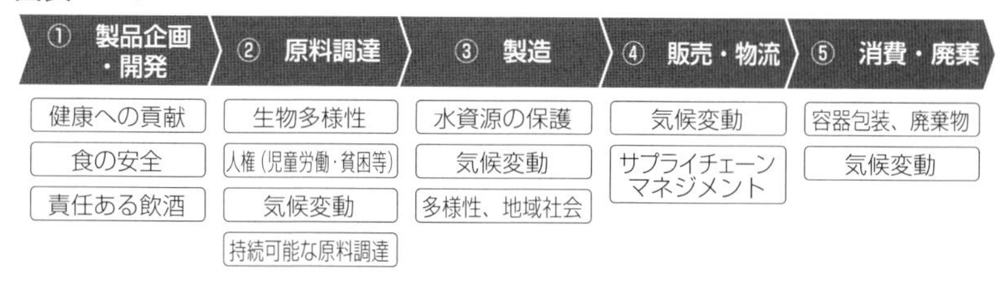

図表4-4-1のとおり、バリューチェーン上にはさまざまなサステナビリティ課題が存在していると考えられるが、これらのサステナビリティ課題がバリューチェーンの各段階において、どのように導き出されているかについて説明する。

① 製品企画・開発

製品の企画・開発段階において導き出されるサステナビリティ課題は次の図表4-4-2のとおりである。

図表4-4-2

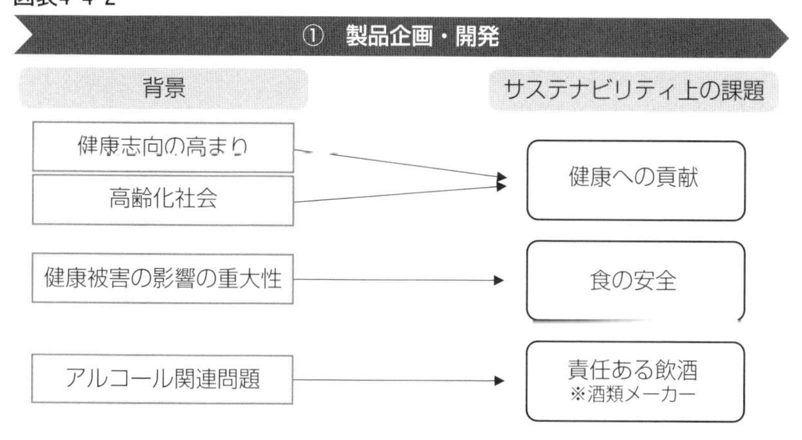

健康への貢献

日本は少子化・高齢化が進行しており、また、食品に求める価値というのも多様化している。これらに対応しなければ食品製造業の企業として持続的な成長を遂げることはできない。高齢化や消費者志向の多様化に対応して健康寿命を延ばすような価値、例えば、免疫機能向上、低カロリー、低糖質などの価値を付加した商品の開発や特定保健用食品表示の許可を取得するなどの取組みを進めていかなければならないという点は業界共通の認識となっており、「健康への貢献」、あるいはそれに似た概念をサステナビリティ課題として識別している企業が多くみられた。

食の安全

また、直接人間が摂取するものを広く一般消費者に提供するビジネスであるため、食中毒などの健康被害の広がりは非常に大きなものとなり、企業の評判も著しく失墜することになる。したがって、異物の混入、残留農薬、賞味期限切れ品の出荷、トレーサビリティの担保など「食の安全」も大切な要素としてサステナビリティ課題に含めている会社も多くみられる。

その他（酒類メーカー）

その他、アルコール飲料を製造する企業においては、未成年の飲酒、飲酒運転、過度の飲酒、依存症、飲酒マナーなどのアルコール関連問題についても大切な要素として認識しており、主要酒類メーカーにおいてはいずれも「責任ある飲酒」といった課題をサステナビリティ課題として識別している。

②　原料調達

原料調達段階において導き出されるサステナビリティ課題は次の図表4-4-3のとおりである。多くの企業は生物多様性、人権、気候変動、持続可能な原料調達を別個のサステナビリティ課題として識別しているが、後述のとおり、それらは互いに影響し合っている課題であるといえる。

図表4-4-3

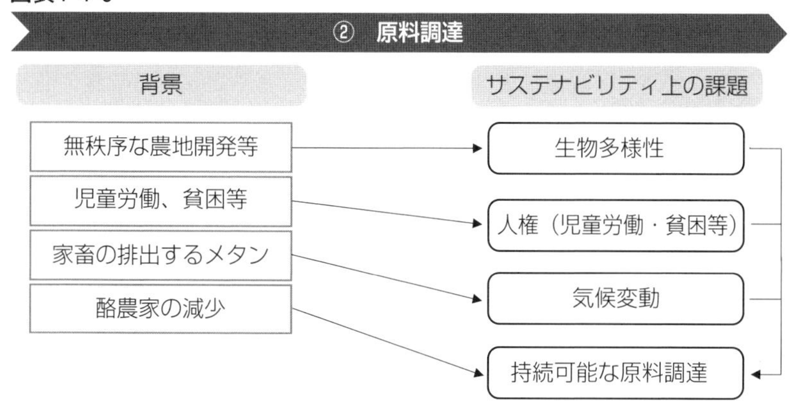

生物多様性

特に日本の食品製造業においては、その原料を発展途上国から輸入しているケースも多い。例えば、食品に多く使用されているパーム油はアブラヤシから採取されるが、その生産地においては無秩序な開発による生物多様性の喪失が生じている。自然環境は多様な生物が直接的・間接的に支え合って成り立っているため、森林破壊等により生物多様性が喪失してしまうとめぐりめぐって原料となる農畜産物の収量低下や病虫害の発生につながる。したがって、生物多様性は食品製造業における主要なサステナビリティ課題であるといえる。

人権（児童労働・貧困等）

また、原料によっては原産地での児童労働や劣悪な労働環境、低賃金による貧困などの問題も生じている。もし原料価格の安さのみを追い求め、こうした原産地における人権問題を放置すれば、原料の生産性も高まらないばかりか、企業イメージの悪化による消費者離れ、サステナビリティ経営を実践する取引先との取引ができなくなるリスク等が生じる。このようなことから、人権（児童労働・貧困等）は食品製造業におけるサステナビリティ課題として広く認識されている。

気候変動

食品製造業の主原料は農地から収穫されるが、一部の原料の原産地においては農地拡大のため森林を伐採することによる森林の減少が問題となっている。二酸化炭素の吸収源である森林が減少すれば地球温暖化が加速することになる。地球温暖化が進行すれば、それまである地域で獲れていた作物が獲れなくなるおそれや、風水害の激甚化により農地が打撃を受けるおそれが高まるため、原料の仕入元として森林の減少を放置することはできない。このことから、ほとんどの食品製造業の企業において気候変動をサステナビリティ課題として識別している。

持続可能な原料調達

前述のとおり、原料調達の段階においては生物多様性、人権、気候変動といった課題が存在するが、これらの課題はいずれも、将来にわたって同じ原料を調達し続けることができるかどうかという課題につながってくる。そのため、食品製造業においては、持続可能な原料調達を生物多様性、人権、気候変動とは別個のサステナビリティ課題として識別している企業は多い。

その他（乳業・乳製品業）

食品製造業の中でも乳業・乳製品業においては、酪農家の減少・経営難が問題となっている。前者はその労働環境の過酷さや生乳の需給の変動に翻弄されることに起因しており、持続可能な生乳調達のため、酪農家への経営アドバイスや技術支援を行っているケースがみられる。

また、気候変動の観点においては、牛の曖気に含まれるメタンガスが、二酸化炭素の28倍の温室効果を持つ（環境省 温室効果ガス排出量の算定・報告・公表制度における算定方法・排出係数一覧 https://ghg-santeikohyo.env.go.jp/calc）ことから世界的にも問題視されており、メタンガスの発生を抑える飼糧の開発などの取組みを行っているケースがみられている。このように乳業・乳製品業においては、持続可能な原料調達、気候変動という同じテーマではあるが、業界特有の論点が存在する。

③　製　造

製造は、食品製造業の企業にとってバリューチェーン上で最も主体的に関与している部分であり、この段階に存在しているサステナビリティ課題は必ず解決に向けた取組みを行わなければならないものとなる。製造段階において導き出されるサステナビリティ課題は次の図表4-4-4のとおりである。

図表4-4-4

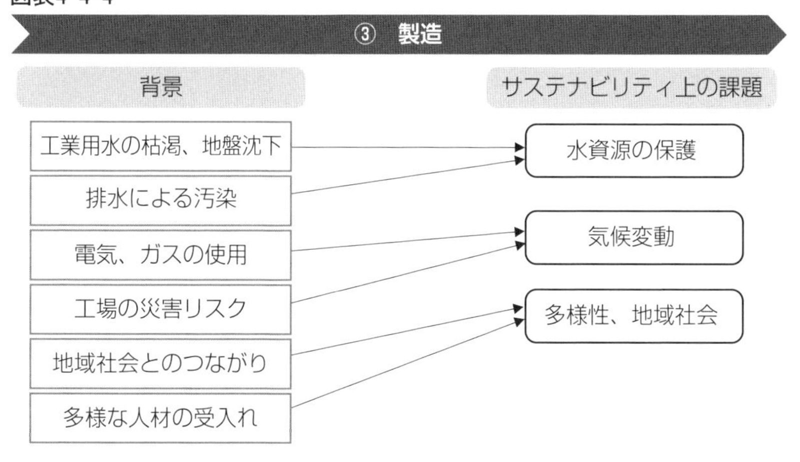

水資源の保護

食品製造業においては、仕入れた原料をもとに自社または子会社・委託先の工場で製品を製造する。製造にあたっては機械設備の洗浄、加熱、冷却、あるいは原料として大量の水を使用する。水は上水道のほか、河川からの取水や地下水の汲上げによって確保されるが、その使用できる量には限りがある。また、地下水の無計画な汲上げは地域の地盤沈下を招くことになる。

さらに、工場で使用された水は洗浄に使用した化学物質や汚れを含むため、そのまま河川等に放流することはできない。排水規制等に対応した排水処理設備の導入が求められるのに加え、もし汚染された排水が近隣に流出してしまった場合には、工場の立地する地域社会との関係も悪化するとともに、汚染除去のための追加コストも発生する。このことから、食品製造業の多くの企業では水資源の保護をサステナビリティ課題とするケースが多くみられる。

気候変動

工場では機械装置の稼働のため電気を使用する必要がある。自前の発電設備を持つケースもあるが、基本的に電力会社から電気を調達する。自前調達、外部調達を問わず、電源をすべて再生可能エネルギーで賄うことは難しく、火力発電等に由来した温室効果ガスが排出されることになる。加えて食品を扱う工場であるため、殺菌や調理といった過程でガスが使用され、その燃焼によってもまた温室効果ガスが排出されることになる。したがって、製造段階においては食品製造業の企業は温室効果ガス排出の直接の当事者（Scope 1およびScope 2）になるため、必ず取り組まなければならない課題であると考えられる。

また、気候変動が進行すれば洪水等の災害の頻度が増える。さらにその程度もひどくなれば、工場が操業停止になるとともに、その復旧に多額の費用と多くの時間を費やさなければならなくなる。そういった観点でも気候変動は製造段階において無視できない課題である。

多様性、地域社会

工場には労働力が必要である。工場の立地する近隣の地域から労働者を雇う必要があるうえ、近年は人手不足から外国人労働者を雇うケースも増えている。したがって、地域社会と良好な関係を維持するための活動や、多様な人材を受け入れるため多様性に関する従業員の意識改革、工場の環境整備も必要になってきており、これをサステナビリティ課題とする企業も多い。

④　販売・物流

販売・物流段階において導き出されるサステナビリティ課題は次の図表4-4-5のとおりである。なお、販売・物流に関しては原料の調達からはじまり、最終消費者の手元に届くまでの一連の流れに関連するため、サステナビリティ課題の説明もその一連との関連で説明する。

図表4-4-5

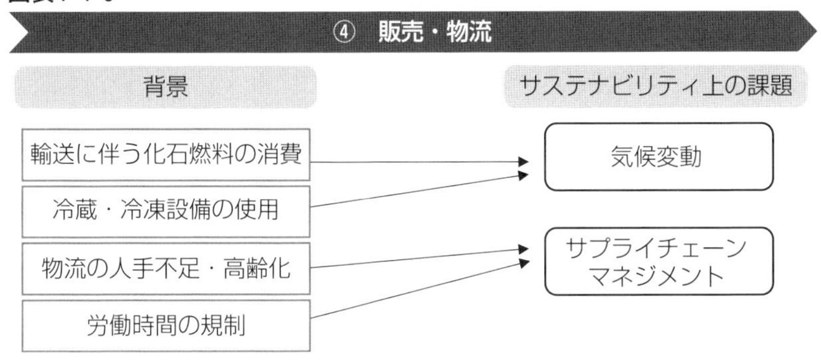

気候変動

食品製造業における原材料は海外からの輸入に頼っているものも多い。原産地から日本まで船舶等で輸入が行われ、港からトラック等で工場に輸送される。工場で製造された製品はトラック等で得意先に出荷される。また、EC取引の場合、得意先からさらに最終消費者の元までトラック等による配送が行われる。なお、それぞれの各段階において物流センターを中継することや工場や倉庫間での保転による配送も行われる。船舶やトラックは化石燃料を消費して運行されるため、温室効果ガスの排出源となる。

さらに、原材料や製品はその輸送や製造の各段階において倉庫に保管されることになるが、物によっては冷蔵や冷凍が必要となる。冷蔵・冷凍倉庫は主に電力を消費してその低温を一定に維持するため、倉庫保管においても温室効果ガスの排出は問題となる。

このようなことから食品製造業の企業の多くは物流を含めたScope 3の削減をサステナビリティ課題として掲げている。

サプライチェーンマネジメント

物流業界ではその過酷な労働環境から人手不足、高齢化が深刻化している。平成31年4月1日に施行された働き方改革関連法によって、令和6年4月1日以降、自動車運転の業務に対し、年間の時間外労働時間の上限が960時間に制限されることとなった（物流業界の2024年問題）。これが人手不足にさらに拍車をかけることとなり、今までタイムリーに運べていたものが運べなくなり、生産や販売計画にも影響が生じる可能性が出てくる。このような状況を踏まえ、サプライチェーンマネジメントやそれに類似の概念をサステナビリティ課題に上げている食品製造業の企業もある。

⑤　消費・廃棄

消費・廃棄段階において導き出されるサステナビリティ課題は次の図表4-4-6のとおりである。

図表4-4-6

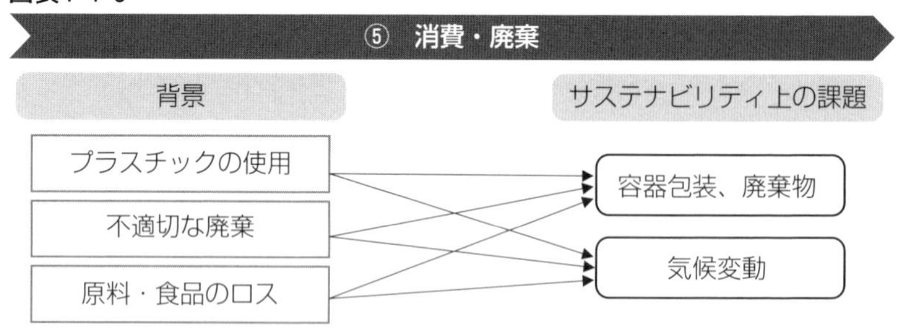

容器包装、廃棄物

食品は出荷されて以降も形状や品質を維持する必要があるため、包装が必要となる。包装材の多くは耐久性等の問題からプラスチック製であることが多い。また飲料などはペットボトルに充填されて販売される。このような石油由来のプラスチックは自然界で分解されずに残ってしまう。廃棄が適切に行われず、山中や河川、海に流出した場合に延々と残り続け、動物が誤食により命を落とすおそれや、マイクロプラスチック化して人間や動物の体内に蓄積されるおそれがある。

また、食品の製造過程においては原料の端切れや使用期限切れの原材料、輸送中の破損が生じ得る。さらに最終消費者においても購入した食品をすべて食べるわけではなく、食べ残しや賞味期限切れ食品などが発生する。

食品製造業において１製品あたりの容器や包装資材の使用量、廃棄物は少ないものの、大量に市場へ供給され、また、その包装資材や食べ残し等の廃棄も最終消費者の各人に委ねられることから適切に廃棄されないリスクも高いため、容器包装や廃棄物の問題は重要なサステナビリティ課題といえる。

気候変動

前述のとおり、製品の製造から最終消費者のもとまでの一連の中で容器包装の廃棄や食べ残し等の廃棄が発生することになる。これらを焼却処分した場合には温室効果ガスの排出につながることになる。

(2)　食品製造業におけるサステナビリティ課題に関する開示内容

前述のとおり、食品製造業のバリューチェーン上においていくつものサステナビリティ課題が識別されているが、自然資本を消費して製品を生み出し消費者に提供するという事業の性質上、地球環境とのかかわりを重視する傾向が強く、①気候変動、②生物多様性、③持続可能な原料調達、④容器包装・廃棄物、⑤水資源の保護の５つについては調査対象としたほぼすべての企業で重点的に情報開示されていた（図表4-4-7）。

図表4-4-7

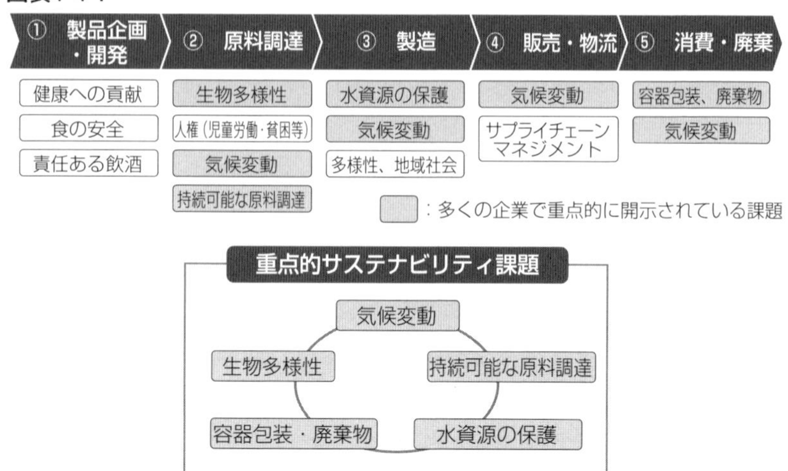

食品製造業の企業でサステナビリティ課題として多く識別されている上記5つの課題について、具体的にどのような情報開示がされているかについて説明する。

① 気候変動

気候変動については、TCFDの提言に基づき、ガバナンス、戦略、リスク管理、指標と目標という4つの観点から開示している例が多くみられる。またTCFDの提言に沿ったシナリオ分析として、地球の平均気温が1.5度もしくは2度上昇した場合と、4度上昇した場合に企業にどのようなリスクと機会が生じうるかの分析を行っている事例も多くみられる。

リスク

リスクとしては、カーボンプライシングや炭素税の導入による原料調達コストの上昇、消費者ニーズの変化に伴う需要減、規制強化に伴う追加コスト、農畜産物の生育不要による収量減少などを識別している会社が多く、4度シナリオとして風水害の激甚化に伴う操業停止を識別するなど、シナリオに応じたリスクの書き分けもみられる。

機会

機会については、最も多く言及されていたのはサステナビリティに配慮した商品や志向の変化に対応した商品の需要拡大であった。そのほか、省エネ設備導入によるコスト削減、サステナビリティへの取組に伴う企業イメージの向上、品種改良による農畜産物の収量改善などを記載している企業がみられる。全体としてはリスクの認識に比べ、機会の認識は少ない企業が多く、気候変動をプラスの事業インパクトとして会社の事業戦略に取り入れる取組みが今後望まれる。

指標と目標

指標と目標については、ほとんどの企業で温室効果ガスの段階的な削減目標が掲げられている。ただし、Scope１、２のみの目標を掲げている企業もあれば、Scope３もその範囲に含む企業もあるなど、その削減範囲についてはばらつきがみられる。なお温室効果ガスの排出量実績の開示においても、Scope３の開示が無いケースや、Scope３の一部のカテゴリの開示にとどまるケースが多くみられる。そのほかの気候変動に関する指標と目標としては、再生可能エネルギーへの転換目標やフロン全廃目標などを掲げているケースなどがみられる。

②　生物多様性

生物多様性についてはサステナビリティ課題として識別しつつも、気候変動と比較して取組みや開示実務の広がりもまだ途上であることから、現状での取組みなどを定性的に開示している例が多い印象である。ただし一部の企業においてはTNFD（自然関連財務情報開示タスクフォース）の提言の中で提案されたLEAPアプローチ（Locate 発見、Evaluate 診断、Assess 評価、Prepare 準備）に基づく評価・対応に着手している旨の開示がみられた。

リスク

LEAPアプローチによって評価した結果、どの地域やカテゴリにおいてどのようなリスクが存在するかについての開示はあるものの、気候変動のように企業にとってのリスクや機会が具体的にどのようなものがあるかについての開示例はわずかである。開示例はわずかではあったものの、リスクとしては生物多様性の喪失による資源の枯渇、規制強化による収量減少、病虫害の発生などを識別されている。

機会

一方、機会としては、原料を転換し天然資源への依存を減らすことで製品のコスト上昇リスク等を低減することや、生物多様性に配慮した製品をリリースすることで環境意識の高い消費者の需要を取り込むことなどが識別されている。

指標と目標

指標と目標については、生物多様性保全活動の実施拠点比率、持続可能な原料調達比率などで定量的な目標を掲げているケースもあったが、生物多様性に関する事業拠点ごとのアセスメント、森林破壊ゼロへの活動、資源管理強化、外来種の流入に関する配慮など定性的な目標を掲げているケースもみられた。

③　持続可能な原料調達

持続可能な原料調達については、原料の多くを輸入に頼る食品製造業の企業においては重要な課題であるが、他のサステナビリティ課題と密接に関連し、気候変動による収量減少の関連で説明する企業や、原産地での人権問題の関連で説明する企業などさまざまな切り口が存在する。一部の企業においては、それぞれの原料調達先のリスク評価を行い、リスクの高い調達先にフォーカスした取組みを開示するなど先進的な例もある。

具体的な取組み内容としては、原産地の農園の経営支援や、認証パーム油への切替え、取引先へのアンケート実施といったものの開示がみられた。

リスク

リスクとしては、法規制への対応が遅れることによる機会損失や、持続可能でない原料調達による企業イメージの低下、原材料の調達停止リスクなどを開示する例が多くみられた。

機会

機会について開示されている例は少数にとどまったものの、持続可能な原料調達に取組むことによる企業イメージの向上や、人権に配慮した商品をリリースすることによる環境意識の高い消費者の需要を取り込むこと、サプライチェーンの強化につながること等を機会として捉えている例がみられた。

指標と目標

指標と目標については、認証パーム油への切替えに向けた目標やFSC認証紙の採用比率の目標、水使用量の削減目標などのほか、原産地や酪農家を対象とした経営支援活動量などの目標を掲げている例があり、生物多様性などと比べると具体的な指標と目標が多くの企業で掲げられている。

④　容器包装・廃棄物

容器包装・廃棄物に関する開示としては、他のサステナビリティ課題で行われているようなシナリオ分析やリスク評価が行われているケースは少なく、基本的には容器包装・廃棄物に関する企業としての取組みを３R（Reduce、Reuse、Recycle）の観点で開示しているケースが殆どである。Reduceの観点では、容器包装の形状の工夫や薄肉化、FSC認証紙の使用、Reuseの観点では使用済み容器の回収・再利用、Recycleの観点では再生プラスチックの使用などの取組みが多く開示されている。容器包装・廃棄物に関しては企業が主体となって取り組みやすいテーマであるため、製品に使用する容器の重量を複数年度にわたってグラフにより可視化して実績を示している企業も多い。

リスク

リスクについては、化石燃料由来の原料を使用した製品の忌避や、環境を意識した消費者からの厳しい評価、炭素税の導入等の法規制強化に対応する追加コストなどを識別している企業が多い。

機会

一方、機会については包材の使用量削減に伴うコストダウン、化石燃料への依存度の低下、生産の効率化、環境に配慮した製品の需要増加などを識別している例が多くみられた。

指標と目標

容器包装・廃棄物に関してはリサイクル樹脂の使用率を20XX年までに○○％削減、廃棄物の再資源化率を20XX年までに○○％、といった具体的な指標と目標を掲げている企業が多い。これは食品製造業の企業にとって重要なサステナビリティ課題であると同時に、主体的に関与して取り組みやすい課題であるためであると考えられる。

⑤　水資源の保護

水資源の保護に関する開示としては、基本的に水資源の保護の重要性についての説明と企業としての取組みを開示するにとどまっている。水資源の保護のための取組みとしては製造工程における水使用量の削減や水の再利用、工場の水源地の森林保護活動などを開示している企業がほとんどである。

リスク

リスクについては、各サプライヤー、原産地、拠点の水リスクを評価し、水リスクの大きい対象を特定し、その対象についてどのような取組みをしているか、どのような影響があるかを開示する先進的な例が数社みられた。そのような企業では、渇水になるリスクの高い地域を特定し、その地域に対する水源地の保全活動や地域住民への教育プログラムの提供などの取組みを開示することや、あるいは水害リスクの高い工場を特定し、仮にその工場が水害によって操業停止になった場合に復旧までに要する金額の開示が行われている。

機会

水資源の保護に関する機会まで分析し開示している企業は少ないが、気候変動に関する開示と同様に、水資源の保護に貢献するような製品をリリースすることによって環境意識の高い消費者の需要を取り込むことを機会としてとらえ、開示している例がみられる。

指標と目標

具体的な指標と目標として、用水使用量を20XX年までに用水使用量を○○％削減するなど、具体的な水削減目標を掲げている企業がほとんどである。その他、森林保全活動に関して地域住民への啓発活動回数や森林保全活動を行っている工場等の拠点数の目標等を掲げている企業がみられた。

3　サステナビリティ情報の保証

(1)　第三者保証の必要性

企業は、温室効果ガス排出量、エネルギー消費量、水使用量、廃棄物排出量、女性管理職比率、男女間賃金格差などの定量的なサステナビリティ情報を統合報告書などで開示しているが、これらの情報の信頼性を高めるために第三者保証を得ることがある。第三者保証とは、企業から独立した第三者が、自ら収集した証拠に基づき基準に照らして判断した結果を結論として報告するもので、第三者保証報告書をホームページのESGデータ集、統合報告書、サステナビリティレポート等の中で外部に開示しているケースが多い。

第三者保証を得ることで、企業は次のようなメリットを得ることができる。

▷　ESG 情報の利用者に対する信頼感の向上
▷　ESG 評価機関、機関投資家、取引先、金融機関などからの高評価の獲得
▷　ESG 情報に関わる内部統制などの経営管理の継続的改善の機会の獲得

（出典：一般社団法人サステナビリティ情報審査協会著「ESG 情報の外部保証ガイドブック」（税務経理協会、令和３年））

サステナビリティ情報が第三者保証によって信頼できるものになれば、それらをベースとする将来のシナリオ分析などの信頼性も向上し、サステナビリティ情報の利用者も安心して情報を利用することができる。

また、第三者保証を受けているかどうかがESG 格付けの評価項目に含まれていることや機関投資家の投資意思決定における考慮要素になっていることがあり、ESG 投資を呼び込むことができる。

さらに、第三者によるサステナビリティ情報の検証過程において、企業が見落としていた情報の誤りや漏れを発見、是正することができ、また、情報を適時かつ精緻に収集するためのプロセスや内部統制の改善につなげることができる。企業内部の経営管理活動の改善といった観点でもメリットが存在する。

⑵　第三者保証の内容

サステナビリティ情報の第三者保証の概念は次の図表4-4-8のとおりである。

図表4-4-8

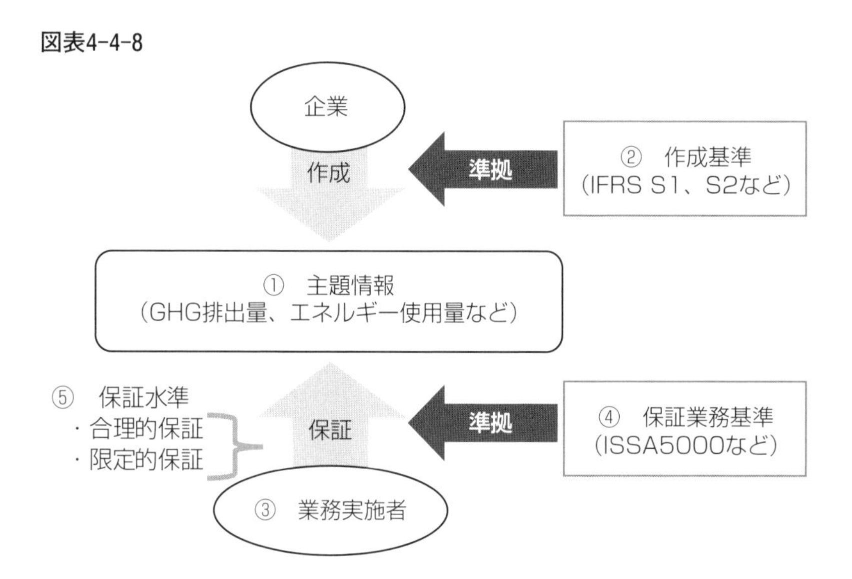

① 主題情報

主題とは規準の適用によって測定または評価される事象であり、主題情報とは基準に照らして主題を測定または評価した結果である。例えば、主題は温室効果ガス排出量などが該当し、その場合の主題情報は、「○○トン／年間」といったものが該当する。この主題情報が第三者保証の対象となる。

② 作成基準

主題情報は全く独自の評価・測定手法で作成されるのは適切ではなく、一定の水準を満たした作成基準に準拠することが必要となる。前述のとおり、ISSBがサステナビリティ情報開示基準であるIFRS S1、IFRS S2を開発しており、将来的にはISSBのサステナビリティ情報開示基準に準拠した情報が増えていくものと考えられる。

③ 業務実施者

保証を提供する業務実施者に関しては、現行の日本の実務において法令等でその資格が限定されているわけではないため、監査法人や監査法人系の機関のほか、保証を専門とする機関、ISO 認証機関などがその役割を担っている。

④　保証業務基準

第三者が保証を行うにあたって準拠する基準も必要となる。現行の実務において代表的なものとしては、さまざまな国際規格を定める国際 NGO である国際標準化機構（ISO）が発行する基準（ISO14064-３、ISO14065など）や、国際監査基準の設定機関である国際監査・保証基準審議会（IAASB）が発行する基準（ISAE3000、ISAE3410など）が挙げられる。

なお、2023年８月に IAASB が ISSA5000（国際サステナビリティ保証基準「サステナビリティ保証業務の一般的要求事項」）の公開草案を公表している。IAASB は従来から ISAE3000、ISAE3410を発行しており両基準は広くサステナビリティ情報の保証業務に使われていたものの、サステナビリティ情報の保証に特化した基準が必要との声が高まったことを受け、公表したものである。ISSA5000はサステナビリティ情報の保証業務に対するグローバルスタンダードとなるものであり、包括基準として将来に個別の保証基準を開発する際の土台となることが想定されている。ISSA5000は2024年９月に最終基準の承認審議を行う予定となっており、適用日は最終基準の承認から約18か月後から適用することが提案されている。

⑤　保証水準

保証水準には合理的保証と限定的保証の２種類が存在する。合理的保証は、主題情報がすべての重要な点において適用される基準に準拠して作成されていると積極的形式で結論を表明するものである。合理的保証を行う場合、主題情報に重要な虚偽表示が含まれるリスクを合理的に低い水準に抑えるため、業務実施者が実施しなければならない手続や収集しなければならない証拠の数は多くなり、証拠の証明力も強いものでなければならなくなる。限定的保証は、主題情報が適用される基準に準拠して作成されていないと業務実施者に信じさせる事項がすべての重要な点において認められないという消極的な形式で結論を表明するものである。限定的保証においては主題情報に重要な虚偽表示が含まれるリスクを許容可能な水準にまで抑えられればよいため、合理的保証よりも手続や証拠の数は少なく、かつ証拠の証明力も低いもので足りることになる。

財務諸表であれば、監査として合理的保証を与える実務が広く定着しているが、サステナビリティ情報の保証業務については現状、限定的保証が主流となっている。

(3) 第三者保証の動向

① 保証を受ける企業の数、保証の範囲

現状、日本ではサステナビリティの取組みに積極的な企業が自主的に第三者保証を受けており、その主題情報や主題情報の作成基準、業務実施者もさまざまというのが現状である。しかし今後は、サステナビリティ開示に対する要求の高まりを受けて第三者保証を受ける会社は増え、さらに主題情報もはじめは温室効果ガス排出量のみであったものがエネルギー消費量、廃棄物など対象が増えることや、国内子会社の情報のみ開示していたものが海外子会社も含めた開示に範囲を広げるなどの動きも加速すると考えられる。

② 業務実施者

前述のとおり、ISSBが公表したサステナビリティ開示基準に基づくと、サステナビリティ情報をほかの財務報告と同じ範囲、同じ期間、同じ報告書、同じタイミングで開示することが求められることになる。現状、ISSBのサステナビリティ開示基準は日本で制度化されているわけではないものの、将来的に同様の基準が日本で制度化され

た場合、業務実施者を財務諸表の監査人と同一にする流れが出てくる可能性がある。

③　保証水準

現状、日本の第三者保証実務における保証水準は限定的保証となっているが、将来第三者保証が制度化され、多くの企業でサステナビリティ情報開示に関する内部統制の構築などが十分に進んだ場合、次のステップとして合理的保証が制度化される可能性もある。

(4)　食品製造業における第三者保証

前述のとおり、食品製造業はその事業の性質から特に気候変動や生物多様性等に関するサステナビリティ情報の開示が進んでおり、その延長で第三者保証を取得しているケースは多い。食品製造業の主要な企業における令和４年度（３月決算は令和５年３月期、12月決算は令和４年12月期）における第三者保証の取得状況を確認した。ここで食品製造業の主要な企業とは、各カテゴリにおける業界大手企業であり、飲料メーカー５社、調味料メーカー４社、乳製品メーカー４社、菓子メーカー３社、冷凍食品メーカー２社、製パンメーカー１社、製粉メーカー３社、製油メーカー２社、食肉・水産加工メーカー４社の合計28社を対象としている。

①　第三者保証の有無

業界大手28社を確認したところ、第三者保証を受けている企業は18社であり、６割強となった。残りの10社についてはホームページや統合報告書などにおいてサステナビリティ情報の開示はされているものの、第三者保証を受けている旨の記載はなかった。

②　第三者保証の業務実施者

また、第三者保証を受けている18社のうち、監査法人又は監査法人系の機関が保証しているケースは5社、一般財団法人等の公益法人が保証しているケースは5社、残りはそれ以外の保証業務を提供している株式会社等の法人が保証をしているケースであった。

③　保証業務基準

保証業務基準については、監査法人系による保証の場合、いずれのケースもISAE3000およびISAE3410に基づく保証となっており、公益法人による保証の場合、いずれのケースもISOに基づく保証となっていた。それ以外の法人による保証の場合、ISAE3000とISOの併用がほとんどであり、1社のみAA1000とISOの併用による保証のケースがあった。第三者保証をどのような団体から受けているかという点については特段の特徴はなかったが、なにを保証業務基準とするかについてはどのような団体が保証を実施するかによって明確な違いを確認することができた。

④　主題情報

保証対象となる主題情報については各社複数存在する。温室効果ガス排出量については18社すべてにおいて保証対象となっており、Scope 1およびScope 2に加え、一部のScope 3について保証を受けているケースが最も多く12社、Scope 1とScope 2のみ保証を受けてScope 3の保証は受けていないケースは6社であった。気候変動は、ISSBにおいてIFRS S2として真っ先に個別テーマ別の基準が策定されたことからもわかるようにサステナビリティ情報の中でも最も関心が高い分野となってなっており、また、食品製造業の事業の性質を踏まえたときに将来の事業継続に大きな影響を及ぼす要素となっているため、いずれの企業においても保証の対象となっているものと考えられる。Scope 3は保証が一部の範囲に限られているケースや、保証の対象外となっているケースがほとんどであったが、これはそもそもScope 3については情報の収集や算定が難しく、Scope 3のすべてのカテゴリについて保証を得られるほどの精度がないためであると考えられる。温室効果ガス排出量以外で保証対象として多かったのはエネルギー使用量（9 社)、水使用量 / 排水量（6 社）であった。そのほか、廃棄物排出量や人的資本関連の指標（女性管理職比率や労働災害度数率など）などが保証対象となっている。食品製造業においてはその業種の性質上、電気・ガス・燃料といったエネルギーや水の消費が多いため、これらを優先的に削減する目標として取り組むために第三者保証も受けているものと考えられる。

参考文献

船津忠正『食料品製造業』(第一法規出版、1973年)
高木和男『食からみた日本史(下)』(芽ばえ社、1987年)
吉田照男『図解　食品加工プロセス』(工業調査会、2003年)
河岸宏和『食品工場のしくみ』(同文舘出版、2005年)
鈴木國朗『食品メーカー　新訂版』(実務教育出版、2005年)
芝崎希美夫・田村　馨『よくわかる食品業界［改訂版］(日本実業出版社、2007年)
『第11次　産業別審査事典第1巻　農業・畜産・水産・食料品・飲料』(金融財政事情研究会、2008年)
江原絢子・石川尚子・東四柳祥子『日本食物史』(吉川弘文館、2009年)
芝崎希美夫『食品　2011年度版』(産学社、2009年)
EY 新日本有限責任監査法人『収益認識の実務～影響と対応～』(中央経済社、2018年)
一般社団法人サステナビリティ情報審査協会『ESG 情報の外部保証ガイドブック』(税務経理協会、2021年)
日本経済新聞社『日経業界地図2024年版』(日本経済新聞出版社、2023年)

(ウェブサイト)
経済産業省ホームページ　http://www.meti.go.jp/
財務省ホームページ　http://www.mof.go.jp/
国税庁ホームページ　http://www.nta.go.jp/
財務会計基準機構ホームページ　https://www.asb.or.jp/jp/
日本公認会計士協会ホームページ　https://jicpa.or.jp/

事項索引

【こ】

【さ】

【し】

【せ】

【た】

【て】

【と】

【な】

EY 新日本有限責任監査法人について

EY 新日本有限責任監査法人は、EY の日本におけるメンバーファームであり、監査および 保証業務を中心に、アドバイザリーサービスなどを提供しています。
詳しくは ey.com/ja_jp/people/ey-shinnihon-llc をご覧ください。

EY ¦ Building a better working world

EY は、「Building a better working world ～より良い社会の構築を 目指して」をパーパス（存在意義）としています。クライアント、人々、そして社会のために長期的価値を創出し、資本市場における信頼の構築に貢献します。
150カ国以上に展開する EY のチームは、データとテクノロジーの実現により信頼を提供し、クライアントの成長、変革および事業を支援します。
アシュアランス、コンサルティング、法務、ストラテジー、税務およびトランザクションの全サービスを通して、世界が直面する複雑な問題に対し優れた課題提起（better question）をすることで、新たな解決策を導きます。
EY とは、アーンスト・アンド・ヤング・グローバル・リミテッドのグローバルネットワークであり、単体、もしくは複数のメンバーファームを指し、各メンバーファームは法的に独立した組織です。アーンスト・アンド・ヤング・グローバル・リミテッドは、英国の保証有限責任会社であり、顧客サービスは提供していません。EY による個人情報の取得・利用の方法や、データ保護に関する法令により個人情報の主体が有する権利については、ey.com/privacy をご確認ください。EY のメンバーファームは、現地の法令により禁止されている場合、法務サービスを提供することはありません。EY について詳しくは、ey.com をご覧ください。

サービス・インフォメーション

通話無料

①商品に関するご照会・お申込みのご依頼
TEL 0120(203)694／FAX 0120(302)640
②ご住所・ご名義等各種変更のご連絡
TEL 0120(203)696／FAX 0120(202)974
③請求・お支払いに関するご照会・ご要望
TEL 0120(203)695／FAX 0120(202)973

●フリーダイヤル(TEL)の受付時間は、土・日・祝日を除く9:00～17:30です。
●FAXは24時間受け付けておりますので、あわせてご利用ください。

業種別会計シリーズ　食品製造業　改訂版

令和6年9月15日　初版発行

編　者　EY新日本有限責任監査法人
発行者　田　中　英　弥
発行所　第一法規株式会社
〒107－8560　東京都港区南青山2-11-17
ホームページ　https://www.daiichihoki.co.jp/

業種別食品・改　ISBN 978-4-474-09443-7　C2032（3）